水利水电工程施工安全技术

崔 魁 韩仲凯 周春蕾 张 钊 牛景涛 等编著

黄河水利出版社
·郑州·

内 容 提 要

本书根据当前水利水电工程施工安全技术管理的基本情况，从水利水电工程施工安全技术管理的实际出发，结合国家现行法律法规和行业规范标准，介绍了水利水电工程施工安全基础、施工用电安全技术、安全防护设施、危险作业活动、施工作业安全技术及施工机械安全管理等内容。

本书可作为水利水电工程施工单位安全生产学习、培训教材，也可作为高等院校教学及水利水电工程建设参建单位安全生产参考用书。

图书在版编目(CIP)数据

水利水电工程施工安全技术/崔魁等编著. —郑州：黄河水利出版社，2024.1

ISBN 978-7-5509-3814-4

Ⅰ.①水… Ⅱ.①崔… Ⅲ.①水利水电工程-工程施工-安全技术 Ⅳ.①TV513

中国国家版本馆 CIP 数据核字(2024)第 009587 号

组稿编辑：王路平　电话：0371-66022212　E-mail：hhslwlp@126.com
田丽萍　66025553　912810592@qq.com

责任编辑：陈彦霞　责任校对：陈俊克　封面设计：张心怡　责任监制：常红昕

出版发行：黄河水利出版社

地址：河南省郑州市顺河路 49 号　邮政编码：450003

网址：www.yrcp.com　E-mail：hhslcbs@126.com

发行部电话：0371-66020550、66028024

承印单位：广东虎彩云印刷有限公司

开本：787 mm×1 092 mm　1/16

印张：14.5

字数：340 千字

版次：2024 年 1 月第 1 版　印次：2024 年 1 月第 1 次印刷

定价：150.00 元

前　言

党中央、国务院始终高度重视安全生产工作，特别是党的十八大以来，习近平总书记把安全发展摆在治国理政的高度进行整体谋划推进，提出了一系列安全生产工作的新思想新观点新思路。“十四五”时期是我国在全面建成小康社会、实现第一个百年奋斗目标之后，乘势而上开启全面建设社会主义现代化国家新征程、向第二个百年奋斗目标进军的第一个五年，党中央、国务院对安全生产的重视提升到一个新的高度。

当前，我国水利改革发展处于重要战略机遇期，安全生产工作处于爬坡过坎、着力突破瓶颈制约的关键时期。为提升水利水电工程施工本质安全水平，我们组织编写了《水利水电工程施工安全技术》一书，旨在为水利水电工程施工单位提供一套全面、实用的安全技术指南，同时还可作为高等院校教学及水利水电工程建设参建单位安全生产参考用书。

本书根据当前水利水电工程施工安全技术管理的实际，对水利水电工程施工安全技术进行了较为系统的研究，优化了施工安全技术框架体系，吸收了最新的技术成果，根据内容每章精选了相关水利安全生产案例，具有较强的针对性、实用性和可操作性。全书共分六章，主要内容包括水利水电工程施工安全基础、施工用电安全技术、安全防护设施、危险作业活动、施工作业安全技术、施工机械安全管理等内容。

本书主要撰写人员为崔魁、韩仲凯、周春蕾、张钊、牛景涛、张立新、张维杰、李福仲、安凯军、王典鹤、侯蕾、张倩、崔群、李勇、孙钰雯等。在撰写过程中得到了山东农业大学、山东水利职业学院以及相关施工单位的大力支持和帮助，另外，本书在编写过程中还引用了大量的参考文献。在此，谨向为本书的完成提供支持和帮助的单位、所有研究人员和参考文献的作者表示衷心感谢！

由于作者水平有限，书中难免存在不妥之处，敬请读者朋友批评指正。

作　者

2023 年 10 月

本书互联网全部二维码资源

目 录

第一章　水利水电工程施工安全基础

以习近平同志为核心的党中央始终高度重视安全生产工作。“十三五”期间，习近平总书记站在新的历史方位，就安全生产工作作出了一系列重要指示批示，提出了一系列新思想新观点新思路，反复告诫要牢固树立安全发展理念，正确处理安全和发展的关系，坚守发展决不能以牺牲安全为代价这条红线。

“十四五”时期是我国在全面建成小康社会、实现第一个百年奋斗目标之后，乘势而上开启全面建设社会主义现代化国家新征程、向第二个百年奋斗目标进军的第一个五年。立足新发展阶段，党中央、国务院对安全生产工作提出更高要求，强调坚持人民至上、生命至上，统筹好发展和安全两件大事，着力构建新发展格局，实现更高质量、更有效率、更加公平、更可持续、更为安全的发展，为做好新时期安全生产工作指明了方向。

第一节　我国水利水电工程施工安全生产概述

近年来，我国安全生产形势保持持续稳定向好的态势，但我国仍处于“事故易发多发期”，安全生产形势依然严峻，必须增强忧患意识、红线思维，辩证审视经济社会发展给安全生产带来的新机遇、新挑战，提高安全管理的针对性和预见性。

一、我国安全生产形势

以习近平同志为核心的党中央始终高度重视安全生产工作。我国进一步健全了安全生产法律法规和政策措施，严格落实安全生产责任，全面加强安全生产监督管理，不断强化安全生产隐患排查治理和重点行业领域专项整治，深入开展安全生产大检查，严肃查处各类生产安全事故，大力推进依法治安和科技强安，加快安全生产基础保障能力建设，安全生产形势持续稳定好转。

根据应急管理部公布数据，2018—2022 年，全国生产安全事故总量和死亡人数比前 5 年分别下降 80.8%、51.4%，自然灾害死亡失踪人数比前 5 年下降 54.3%。2022 年中国生产安全事故总量同比下降 27.0%，死亡人数同比下降 23.6%。全国生产安全事故、较大事故、重特大事故起数和死亡人数实现“三个双下降”，事故总量和死亡人数同比分别下降 27.0%、23.6%。全国自然灾害受灾人次、因灾死亡失踪人数、倒塌房屋数量和直接经济损失与近 5 年均值相比分别下降 15.0%、30.8%、63.3%、25.3%，因灾死亡失踪人数创中华人民共和国成立以来年度最低。

在党中央、国务院的坚强领导和各地区、各有关部门的共同努力下，全国安全生产水平稳步提高,事故总量、较大事故起数、重特大事故起数持续下降。但同时也要看到,我国各类事故隐患和安全风险交织叠加、易发多发,安全生产正处于爬坡过坎、攻坚克难的关键时期,安全生产工作面临许多挑战:

(1)全国安全生产整体水平还不够高,安全发展基础依然薄弱。一些地方和企业安全发展理念树得不牢,安全生产法规标准执行不够严格。危险化学品、矿山等高危行业产业布局和结构调整优化还不到位,小、散、乱的问题尚未得到根本解决,机械化、自动化和信息化程度不够高,企业本质安全水平仍比较低。

(2)安全生产风险结构发生变化,新矛盾新问题相继涌现。工业化、城镇化持续发展,各类生产要素流动加快、安全风险更加集聚,事故的隐蔽性、突发性和耦合性明显增加,传统高危行业领域存量风险尚未得到有效化解,新工艺新材料新业态带来的增量风险呈现增多态势。新冠病毒感染转入常态化防控阶段,一些企业扩大生产、挽回损失的冲动强烈,容易出现忽视安全、盲目超产的情况,治理管控难度加大。

(3)安全生产治理能力还有短板,距离现实需要尚有差距。安全生产综合监管和行业监管职责需要进一步理顺,体制机制还需完善。安全生产监管监察执法干部和人才队伍建设滞后,发现问题、解决问题的能力不足。重大安全风险辨识及监测预警、重大事故应急处置和抢险救援等方面的短板突出。

二、水利行业安全生产形势

在水利投资不断加大、节水供水重大水利项目陆续实施、水利建设任务十分繁重的情况下,水利行业围绕安全生产薄弱环节和重点领域,不断加大监督检查和隐患排查治理力度,加强安全基础工作,广泛开展宣传教育,保持了水利安全生产形势总体稳定的良好态势。

据统计,2016—2021 年水利行业共发生生产安全事故 63 起,死亡 94 人(其中发生较大事故 7 起,死亡 25 人),未发生重特大生产安全事故,每年平均发生事故起数 10.5 起、死亡人数 15.7 人;每年平均发生较大事故 1.2 起、死亡人数 4.2 人,详见表 1-1。

表 1-1 2016—2021 年事故总体情况

年份	事故起数/起	事故死亡人数/人	较大事故起数/起	较大事故死亡人数/人
2016	10	17	1	8
2017	13	21	1	4
2018	7	8	0	0
2019	8	11	1	3
2020	9	16	2	6
2021	16	21	2	4
合计	63	94	7	25
年平均	10.5	15.7	1.2	4.2

三、事故分析

(一) 事故等级分析

按照《生产安全事故报告和调查处理条例》(国务院令第 493 号),事故分为一般事故、较大事故、重大事故和特别重大事故。2016—2021 年,水利行业未发生重大及以上事故,共发生较大事故 7 起,占事故总起数的 11.1%,死亡 25 人,占死亡总人数的 26.6%。一般事故 56 起,占事故总起数的 88.9%,死亡 69 人,占死亡总人数的 73.4%,详见表 1-2。

表 1-2　2016—2021 年事故等级分析

年份	事故总起数/起	事故死亡人数/人	一般事故				较大事故			
			起数/起	占事故总起数比例	死亡人数/人	占死亡总人数比例	起数/起	占事故总起数比例	死亡人数/人	占死亡总人数比例
2016	10	17	9	90.0%	9	52.9%	1	10.0%	8	47.1%
2017	13	21	12	92.3%	17	81.0%	1	7.7%	4	19.0%
2018	7	8	7	100%	8	100%	0	0%	0	0%
2019	8	11	7	87.5%	8	72.7%	1	12.5%	3	27.3%
2020	9	16	7	77.8%	10	62.5%	2	22.2%	6	37.5%
2021	16	21	14	87.5%	17	81.0%	2	12.5%	4	19.0%
合计	63	94	56	88.9%	69	73.4%	7	11.1%	25	26.6%

(二) 事故发生领域分析

根据《水利安全生产信息报告和处置规则》,事故主要涉及水利工程建设、农村水电及配套电网、水利工程管理、水文监测四类。其中,农村水电及配套电网建设期发生的事故归入农村水电及配套电网。2016—2021 年,水利工程建设领域发生事故 52 起,占事故总起数的 82.5%,死亡 78 人,占死亡总人数的 83.0%;农村水电及配套电网领域发生事故 4 起,占事故总起数的 6.4%,死亡 7 人,占死亡总人数的 7.4%;水利工程管理领域发生事故 6 起,占事故总起数的 9.5%,死亡 8 人,占死亡总人数的 8.5%;水文监测领域发生事故 1 起,占事故总起数的 1.6%,死亡 1 人,占死亡总人数的 1.1%,详见表 1-3。

表 1-3　2016—2021 年事故发生领域分析汇总

事故发生领域	事故起数/起	事故起数所占比例	死亡人数/人	死亡人数所占比例
水利工程建设	52	82.5%	78	83.0%
农村水电及配套电网	4	6.4%	7	7.4%
水利工程管理	6	9.5%	8	8.5%
水文监测	1	1.6%	1	1.1%
合计	63		94	

（三）事故伤害类型分析

依据《企业职工伤亡事故分类》（GB 6441—86），事故分为物体打击、车辆伤害、机械伤害等共20个类别。2016—2021年，水利生产安全事故共涉及20类中的11类。根据水利行业实际情况，将事故原因相近的予以合并，因此分为坍塌、高处坠落、淹溺、物体打击、触电、机械伤害（含车辆、起重）、中毒和窒息、放炮及爆炸8类。

2016—2021年，机械伤害、坍塌、物体打击等类型事故是水利生产安全事故的主要事故类别。其中，机械伤害事故19起，占事故起数的30.2%，绝大部分是由于车辆机械故障等因素导致车辆撞击、碾压等；坍塌事故17起，占到事故起数的27.0%，绝大部分发生在水利工程建设中的隧洞施工等环节；物体打击事故13起、高处坠落事故4起，分别占到事故起数的20.6%、6.3%；其余触电、淹溺、放炮及爆炸、中毒和窒息等事故也均有发生，详见表1-4。

表1-4　2016—2021年事故类别分析

序号	事故类别	事故起数及比例		死亡人数及比例		较大事故			
						起数	起数占本类别比例	死亡人数	死亡人数占本类别比例
1	机械伤害	19	30.2%	20	21.3%				
2	坍塌	17	27.0%	25	26.6%	1	5.9%	3	12.0%
3	物体打击	13	20.6%	26	27.6%	4	30.8%	15	57.7%
4	高处坠落	4	6.3%	4	4.3%				
5	放炮及爆炸	3	4.8%	7	7.4%	1	33.33%	4	57.1%
6	中毒和窒息	3	4.8%	7	7.4%	1	33.33%	3	42.9%
7	触电	3	4.8%	4	4.3%				
8	淹溺	1	1.5%	1	1.1%				
合计		63		94		7	11.1%	25	26.6%

（四）事故发生时间分析

2016—2021年4—10月事故起数达到40起，占全部事故的63.5%；11月至次年3月，事故起数累计为23起，占全部事故的36.5%。4—10月全国降水偏多，基本处于丰水期、汛期，11月至次年3月处于枯水期，水利行业施工、运行等活动与天气、降水、洪水等密切相关，详见表1-5。

（五）事故发生地点分析

按照区域分析，事故发生地分为华北、东北、华东、华中、华南、西南、西北七大区域。其中，西南、西北、华东地区事故起数、死亡人数居前三位。西南地区发生事故20起，死亡29人；西北地区发生事故17起，死亡27人；华东地区发生事故11起，死亡18人。

（六）较大事故情况分析

2016—2021年，共发生7起较大事故，其中，水利工程建设发生较大事故5起，水利工程管理发生较大事故 2 起。

表 1-5　2016—2021 年各月事故起数统计

年份	1月	2月	3月	4月	5月	6月	7月	8月	9月	10月	11月	12月	合计
2016	1		1	1	2	1	2	1			1		10
2017	1		1	1	1	1	2			3	2	1	13
2018	1	1	1	2			1		1				7
2019					2	1	1			2	1	1	8
2020				1	2	1	1	1			2	1	9
2021	2		4	1	1	2	2	1	2			1	16
合计	5	1	7	6	8	6	9	3	3	5	6	4	63

四、水利水电工程建设安全管理的现状及特点

（一）水利安全生产面临的新挑战

近年来，水利迎来了难得的发展机遇，建设规模大幅度增长，建设强度急剧增加，水利安全生产面临新的挑战。

（1）国家对安全生产工作越来越重视，对抓好安全生产工作的要求越来越高。2016 年 12 月 9 日，《中共中央、国务院关于推进安全生产领域改革发展的意见》印发实施，是中华人民共和国成立以来首次以中共中央名义印发的安全生产方面的文件，体现了以习近平同志为核心的党中央对安全生产工作的高度重视，进一步明确了安全生产总体要求。

（2）水利建设任务加重，事故发生概率有所增加。水利作为基础设施建设的重要领域，水利建设项目具有多、小、散等特点，面对投资强度高、建设任务重、管理项目多的特点，水利勘测设计、建设管理、施工组织、质量安全监督都面临不相适应的局面，一些中小工程建设管理单位不规范，自身安全监督力量相对薄弱，施工人员安全意识不强，施工过程中发生安全事故的概率必然增加。

（3）早期建设的水利工程安全隐患多，运行管理风险大。一些工程建设时间久、标准低、质量不高，经过多年运行，老化失修严重，运行安全隐患多。特别是中小病险水库、水闸、淤地坝和农村小水电站数量众多，安全管理薄弱，存在大量的安全隐患。

（4）极端天气现象频发，导致洪涝灾难风险加大。全球气候变化加剧，局部突发性暴雨、洪水和超强台风引发山体滑坡、泥石流等自然灾害增多，水利工程建设与运行过程中安全风险增大，可能因水库溃坝、施工场地受灾等事故造成群死群伤的重大灾难。

（二）水利水电工程建设安全管理的特点、难点

水利水电工程施工一般都具有工程量大、投资多、工期长等特点，由于施工环境复杂、危险有害因素多（见图 1-1），其安全管理工作凸显以下特点、难点：

（1）自然环境复杂。水利水电工程的选址大多地处深山峡谷，交通不便，受地形、地质、水文等条件的影响，其工作条件十分艰苦，施工过程经常遇到泥石流、滑坡、坍塌等事故的威胁。

图 1-1　建设中的引汉济渭工程三河口水利枢纽

（2）施工工序繁多。水工建构筑物复杂、多样，施工过程具有工序内容多、施工环节多、交叉作业多等特点，施工过程会遇到各种各样的危险、有害因素，影响水利水电工程建设安全管理工作。

（3）风险隐蔽性较强。水利水电工程建设施工过程，具有工序交接多、隐蔽工程多、中间产品多等特点，加之测绘技术有一定的局限性，安全风险较高。

（4）控制难度大。水利水电工程建设常常多工种同时间、同地点作业，甚至存在水平、立体交叉作业，在同一施工现场多种施工机械或设备同时运行，生产事故类别呈多样性。工程分布地域广泛，施工企业多属跨地区施工，人员流动频繁，安全管理资源不足，加大了安全管理的难度。

（5）整改难度大。当前水利工程建设存在抢工期、抢进度、突击生产和超负荷运转现象，导致各类安全隐患加剧，重大隐患、重点项目、重要领域、关键环节隐患检查不到位，未能做到整改责任、措施、资金、时限、预案“五落实”。

（6）安全生产主体责任难落实到位。各级各部门虽广泛推行安全生产责任制，加强了安全生产管理体系建设，但是签订的安全生产责任书千篇一律，未能体现岗位的差异性，从领导到部门再到从业人员安全意识不强，安全生产责任制流于形式。

（7）安全管理制度不完善。安全管理制度覆盖面窄，制度内容不全面且无可操作性，与单位日常安全管理实际不匹配，导致制度的存在形同虚设。

（8）水利水电工程建设中，总承包单位将部分工程进行分包已是普遍现象，分包单位能力良莠不齐，如何加强对分包单位的安全管理，是总包单位面临的一个难题。

五、水利水电工程建设管理中存在的安全问题

（1）安全生产基础依然较为薄弱。部分水利生产经营单位安全发展理念树立还不够牢固，抓安全生产主体责任落实的意识淡薄，存在重生产、轻安全的思想。安全生产管理机构不健全或不能有效履行职责。安全管理人员配备不足或不具备与所从事的生产经营活动相适应的安全生产知识和管理能力，一线专业技术人员缺乏。

（2）安全生产教育培训有待加强。部分水利生产经营单位存在责任不落实、人员覆

盖不全、培训内容针对性较差、培训学时不足、培训工作走过场等问题，特别是对从事有限空间作业、动火作业、起重吊装、高空作业等高危作业从业人员岗前培训不到位，违章指挥、违规作业和违反劳动纪律的行为还有发生，从业人员安全素质低的状况尚未得到根本改变。

(3)安全投入不足。部分水利生产经营单位存在未按标准提取水利水电工程安全费用、安全生产费用使用不规范、违规挪用安全生产费用等问题，甚至部分水利施工企业安全投入长期缺乏，历史欠账严重，安全生产条件难以保障。

(4)双重预防体系未有效运行。部分水利生产经营单位对双重预防体系建设的目标要求、程序、标准、方法不清楚，未对责任、任务进行分解，对危险源、风险点辨识不准确，分级管控未有效实施，隐患排查治理不深入、不全面，对发现的安全隐患不能及时治理或治理不彻底。

(5)安全生产标准化持续运行效果有待提升。部分达标单位重创建、轻运行，未持续有效开展安全生产标准化建设工作，安全生产标准化建设"走过场""两张皮"的现象依然存在。部分水利生产经营单位标准化建设标准不高，未将安全生产标准化融入各部门、各岗位的日常工作中，安全管理人员、作业人员对安全生产标准化的运行流程不熟悉，对安全生产标准化持续改进的要求掌握不彻底。

(6)应急管理能力有待增强。部分水利生产经营单位预案管理不到位，预案的针对性、可操作性不强，与本单位的生产作业活动特点、可能发生的事故类型特点未有效结合，未与当地政府或水行政主管部门的应急预案有效衔接，应急演练未按规定频次开展，应急队伍未建立或应急处置能力不足，应急物资无法满足要求。

(7)水利安全生产监管体系仍需完善。个别地区水行政主管部门对安全生产监管工作重视不够，在责任落实、人员配置、能力建设、监管水平等方面还存在不足，安全生产监管力度有待加强。安全生产标准规范体系不够健全，个别专业领域缺失或更新不及时，不能完全满足不断发展的安全生产新形势、新任务赋予的新要求。综合监管与专业监管相结合的关系有待进一步理顺，存在职责交叉、配合不协调等问题，在一定程度上削弱了安全生产监管的力度。

六、加强水利水电工程建设安全管理的意义

随着水利事业的发展，水利水电工程建设越来越多，规模越来越大，传统的安全管理方法已经难以满足现实需要。因此，运用更为先进的、现代的安全管理理念，建立系统有效的水利水电工程建设安全管理体系，对顺利完成水利水电工程建设，保证工程运行的安全、稳定，具有重要的意义。

(1)做好安全管理是保证水利水电工程建设顺利完工，更好地实现项目建设效益的要求。只有做好安全管理，才能有效地避免事故的发生，确保实现预期的工程进度，从而节约工程施工成本，项目的经济效益也能得到明显提高。

(2)做好安全管理可以有效地抵御突发事件。水利水电工程安全、稳定运行，关系着人民生命财产的安全、经济社会的发展。因此，面对水利水电工程建设过程中可能出现的突发事故，建立起有效的、针对性强的水利水电工程建设安全管理体系，加强应对工程建

设中突发事件的能力，对保障人民群众的生命财产安全具有重要意义。

知识链接

《中华人民共和国安全生产法》(2021 年修订)

《水利安全生产信息报告和处置规则》(水监督〔2022〕156 号)

《中共中央　国务院关于推进安全生产领域改革发展的意见》(2016 年 12 月 9 日)

第二节　水利水电工程施工事故主要类型

一、事故的分类

(一)事故定级的要素

事故定级要素的界定必须从各类事故侵犯的相关主体、社会关系和危害后果等方面来考虑。《生产安全事故报告和调查处理条例》(国务院令第 493 号)规定的事故分级要素有 3 个，即人员伤亡的数量(人身要素)、直接经济损失的数额(经济要素)、社会影响(社会要素)，可以单独适用。

码 1-1　图片：海因里希事故法则

(二)通用的事故分级的规定

《生产安全事故报告和调查处理条例》(国务院令第 493 号)将一般的生产安全事故分为四级，见表 1-6。

表 1-6　事故等级分类

事故级别	死亡人数 D/人	重伤(含急性工业中毒)人数 H/人	直接经济损失 L/万元
特别重大事故	$D \geqslant 30$	$H \geqslant 100$	$L \geqslant 10\,000$
重大事故	$30 > D \geqslant 10$	$100 > H \geqslant 50$	$10\,000 > L \geqslant 5\,000$
较大事故	$10 > D \geqslant 3$	$50 > H \geqslant 10$	$5\,000 > L \geqslant 1\,000$
一般事故	$D < 3$	$H < 10$	$L < 1\,000$

(三)特殊事故分级的规定

(1)补充分级。除对事故分级的一般性规定外，考虑到某些行业事故分级的特点，《生产安全事故报告和调查处理条例》(国务院令第 493 号)第三条第二款规定："国务院安全生产监督管理部门可以会同国务院有关部门，制定事故等级划分的补充性规定。"根据国家有关规定和水利工程建设实际情况，事故分级可适时作出调整。

(2)社会影响恶劣事故。《生产安全事故报告和调查处理条例》(国务院令第 493 号)第四十四条第一款规定：没有造成人员伤亡，但是社会影响恶劣的事故，国务院或者有关地方人民政府认为需要调查处理的，依照本条例的有关规定执行。

二、水利水电工程建设常见事故类型

依据《企业职工伤亡事故分类》(GB 6441—86)，事故可分为物体打击、车辆伤害、机械伤害、起重伤害、触电、淹溺、灼烫、火灾、高处坠落、坍塌、冒顶片帮、透水、放炮、瓦斯爆炸、火药爆炸、锅炉爆炸、容器爆炸、其他爆炸、中毒和窒息、其他伤害等20个类别。

根据相关统计资料，水利水电工程建设多发事故类型包括坍塌事故、触电事故、高处坠落事故、物体打击事故、车辆伤害事故、机械伤害事故、起重伤害事故。

结合水利水电工程建设的实际，按照生产安全事故发生的过程、性质和机制，水利水电工程建设常见重大安全事故包括：

(1)施工中土石塌方和结构坍塌安全事故。

(2)特种设备或施工机械安全事故。

(3)施工围堰坍塌安全事故。

(4)施工爆破安全事故。

(5)施工场地内道路交通安全事故。

(6)其他原因造成的水利水电工程建设安全事故。

码 1-2　文档：施工过程中发生安全事故后的处理

知识链接

《生产安全事故报告和调查处理条例》(国务院令第493号)

《企业职工伤亡事故分类》(GB 6441—86)

第三节　施工组织设计

《中华人民共和国建筑法》第三十八条规定：建筑施工企业在编制施工组织设计时，应当根据建筑工程的特点制定相应的安全技术措施；对专业性较强的工程项目，应当编制专项安全施工组织设计，并采取安全技术措施。

《水利工程建设安全生产管理规定》第二十三条规定：施工单位应当在施工组织设计中编制安全技术措施和施工现场临时用电方案，对下列达到一定规模的危险性较大的工程应当编制专项施工方案，并附具安全验算结果，经施工单位技术负责人签字以及总监理工程师核签后实施，由专职安全生产管理人员进行现场监督：

(1)基坑支护与降水工程；

(2)土方和石方开挖工程；

(3)模板工程；

(4)起重吊装工程；

(5)脚手架工程；

(6)拆除、爆破工程；

(7)围堰工程；

(8)其他危险性较大的工程。

对前款所列工程中涉及高边坡、深基坑、地下暗挖工程、高大模板工程的专项施工方案，施工单位还应当组织专家进行论证、审查。

一、定义与分类

码 1-3　图片：施工组织设计全览

施工组织设计是以施工项目为对象编制的，用以指导施工的技术、经济和管理的综合纲领性文件。具体来讲，施工组织设计是施工单位在施工前，根据工程概况、施工工期、场地环境以及机械设备、施工机具和变配电设施等的配备计划，拟定工程施工程序、施工流向、施工顺序、施工进度、施工方法、施工人员、技术措施（包括质量、安全）、材料供应，对运输道路、设备设施和水电能源等现场设施的布置和建设作出规划。施工组织设计按编制对象一般分为施工组织总设计、单位工程施工组织设计和施工方案三类。

码 1-4　图片：施工组织设计智慧树

（1）施工组织总设计。施工组织总设计是以若干单位工程组成的群体工程或特大型项目为主要对象编制的施工组织设计，对整个项目的施工过程起统筹规划、重点控制的作用。主要包括建设项目工程概况、总体施工部署、施工总进度计划、总体施工准备与主要资源配置计划、主要施工方法、施工总平面布置等。施工组织总设计是编制单位（项）工程施工组织设计的基础。

（2）单位工程施工组织设计。单位工程施工组织设计是指在群体工程项目中，以单位（子单位）工程为对象编制的施工组织设计，对单位（子单位）工程的施工过程起到指导和制约作用，也是编制施工方案的基础。

（3）施工方案。施工方案是以分部（分项）工程或专项工程为主要对象编制的施工技术与组织方案，用以具体指导其施工过程。

二、编制原则与依据

（一）编制原则

（1）符合施工合同或招标文件中有关工程进度、质量、安全、环境保护、造价等方面的要求。

（2）积极开发、使用新技术和新工艺，推广应用新材料和新设备。

（3）坚持科学的施工程序和合理的施工顺序，采用流水施工和网络计划等方法，科学配置资源，合理布置现场，采取季节性施工措施，实现均衡施工，达到合理的经济技术指标。

（4）采取技术和管理措施，推广建筑节能和绿色施工。

（5）与质量、环境和职业健康安全三个管理体系有效结合。

（二）编制依据

（1）与工程建设有关的法律法规和文件。

（2）国家现行有关标准和技术经济指标。

（3）工程所在地区行政主管部门的批准文件，建设单位对施工的要求。

（4）工程施工合同或招标投标文件。

（5）工程设计文件。

(6)工程施工范围内的现场条件,工程地质及水文地质、气象等自然条件。
(7)与工程有关的资源供应情况。
(8)施工企业的生产能力、机具设备状况、技术水平等。

三、安全技术措施专篇

施工组织设计应包含安全技术措施专篇。安全技术措施应包括以下内容:
(1)安全生产管理机构设置、人员配备和安全生产目标管理计划。
(2)危险源的辨识、评价及采取的控制措施、生产安全事故隐患排查治理方案。
(3)安全警示标志设置。
(4)安全防护措施。
(5)危险性较大的专项工程安全技术措施。
(6)对可能造成损害的毗邻建筑物、构筑物和地下管线等的专项防护措施。
(7)机电设备使用安全措施。
(8)冬季、雨季、高温等不同季节及不同施工阶段的安全措施。
(9)文明施工及环境保护措施。
(10)消防安全措施。
(11)危险性较大的专项工程专项施工方案等。

四、编制和审批

施工组织设计应由施工单位组织编制,可根据需要分阶段编制和审批;施工组织总设计应由总承包单位技术负责人审批;单位工程施工组织设计应由施工单位技术负责人或技术负责人授权的技术人员审批;施工方案应由项目技术负责人审批。

知识链接

《中华人民共和国建筑法》(2019 年修正)
《水利工程建设安全生产管理规定》(2019 年第三次修正)

第四节　施工作业人员安全操作基本要求

在施工过程中,施工安全技术十分重要,但施工作业人员处于核心并起主导作用。规范水利水电工程施工现场作业人员的安全、文明施工行为,按照施工安全技术标准操作,才能控制各类事故的发生,确保施工人员的安全、健康,确保安全生产,为此施工作业人员在施工作业过程中要遵守《水利水电工程施工作业人员安全操作规程》(SL 401—2007)的相关规定:

(1)参加水利水电工程施工的作业人员应熟悉、掌握本专业工程的安全技术要求,严格遵守本工种的安全操作规程,并应熟悉、掌握和遵守配合作业的相关工种的安全操作规程。

码 1-5　图片:通用安全标志图标

(2)施工班组应坚持执行工前安全会、工中巡回检查和工后安全小结的每日“三工活动”和每周一次的“安全日”活动。

(3)新参加水利水电工程施工的作业人员以及转岗的作业人员,作业前,施工企业应进行不少于一周的学习培训,考试合格后,方可进入现场作业。

(4)施工企业应坚持定期培训、教育制度,施工作业人员应每年进行一次本专业安全技术和本标准的学习、培训和考核,考核不合格者不应上岗。

(5)凡从事水利水电土建施工及机电设备安装、运行、维修、金属加工、电气作业、起重运输等的工种应遵守《水利水电工程施工通用安全技术规程》(SL 398—2007)的有关规定。各专业工种应熟悉本专业安全规程及相关专业安全规程。

(6)作业人员应执行国家安全生产、劳动保护的法律法规。

(7)作业人员应遵守劳动纪律,做好交接班作业,不应擅自离开作业岗位。作业中不应说笑打闹,不应做与作业无关的事,上班前严禁喝酒。

(8)未经许可,不应将自己的工作交给别人,更不应随意操作别人的机械。

(9)作业前应按规定穿戴好个人防护用品(见图 1-2)。作业时严禁赤膊、赤脚、穿拖鞋、穿凉鞋、穿高跟鞋、敞衣、戴头巾、戴围巾、穿背心。

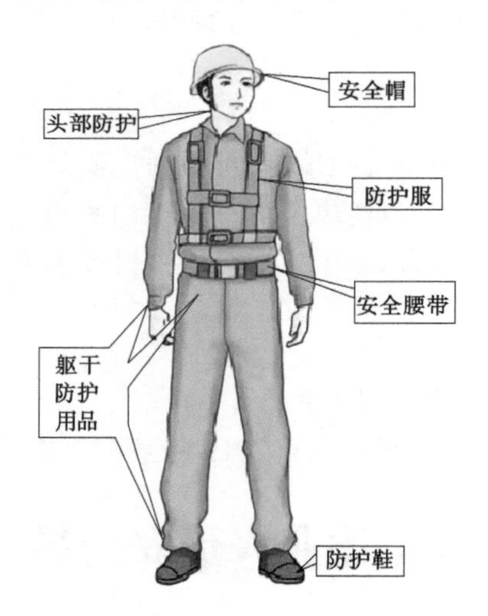

图 1-2 正确佩戴安全防护用品

(10)不应靠在机器的栏杆、防护罩上,以及在皮带机上休息。

(11)严禁人员在坑内、洞口、陡坡下等危险处休息。

(12)上下班应按规定的道路行走,注意各种警示标志和信号,遵守交通规则。

(13)严禁人员在吊物下通过和停留。

(14)易燃、易爆等危险场所严禁吸烟和明火作业。不应在有毒、粉尘生产场所进食。

(15)严禁在同一断面或其附近进行上下双层作业。若无法避免,必须有可靠的安全措施。

（16）洞内作业前，应检查有害气体的浓度，当有害气体的浓度超过规定标准时，应及时排除。

（17）施工现场所有材料，应按指定地点堆放；进行拆除作业时，拆下的材料应随拆随清，不应妨碍交通。

（18）机械设备不应带“病”运转及超负荷运转。试运转应按照安全技术规程进行。

（19）电气设备和线路应绝缘良好，各种电动机应按规定接零接地，并设置独立开关，遇有临时停电或停工休息时，应拉闸加锁。

（20）检查、修理机械电气设备时，应停电并挂标志牌，标志牌应谁挂谁取。应在检查确认无人操作后方可合闸。严禁机械在运转时加油、擦拭或修理作业。

（21）作业前应检查所使用的各种设备、附件、工具等是否安全可靠，发现不安全因素时，应立即进行检修或向有关领导报告，严禁使用不符合安全要求的设备和工具。

（22）各种机电设备上的信号装置、防护装置、保险装置应经常检查其灵敏性，保证齐全有效。

（23）使用电钻等手持电动工具，除有良好的接地保护等安全措施外，还应戴绝缘手套。

（24）严禁非电气人员安装、检修电气设备。严禁在电线上挂晒衣服及其他物品。

（25）机械的运转部分及导轨面上等部位严禁放置各种物品，设备运转中严禁调整安全防护装置及给转动部位加润滑油，操作者离开岗位时，应停机、停电。

（26）应按设备维修、保养制度规定，进行设备维修保养作业，应保持设备整洁、润滑良好。

（27）作业地点及通道应保持整洁畅通，物件堆放应整齐、稳固。行车道、厂区重要通道严禁堆放杂物。

（28）应严格执行消防制度，各种消防工具、器材应保持良好，不应乱用、乱迁。

（29）变配电室、氧气站、煤气站、乙炔站、空压机站、发电机房、锅炉房、油库、危险品库等要害部位，非本岗位人员未经批准严禁入内。

（30）非特种设备操作人员，严禁安装、维修和动用特种设备。

（31）当班作业完成后，应及时对工具、设备进行清点和维护保养，并按规定做好交接班工作。

（32）发生事故时，应及时抢救和报告，并保护好现场。

知识链接

《水利水电工程施工作业人员安全操作规程》（SL 401—2007）

《水利水电工程施工通用安全技术规程》（SL 398—2007）

课后练习

请扫描二维码,做课后测试题。

码 1-6　第一章测试题

第二章　施工用电安全技术

电力资源作为支持我国经济社会稳步发展的基础条件之一，在建筑施工现场发挥出了不可替代的作用。不管是基础的电灯照明还是维持机械设备的正常运转，均离不开电能。电带来便利的同时也带来了许多危险，施工现场的临时用电安全管理是安全管理工作的重点内容，用电安全对工程的顺利实施具有重要影响。做到规范用电，要严格执行相关的各项规章制度及操作规程，绝不“违章操作、违章指挥、违反劳动纪律”，严于律己，对自己负责，为他人负责，要牢固树立“安全第一，预防为主”的思想，深刻认识抓安全的重要性，要认真落实安全检查责任，及时排查电气安全隐患，发现问题及时处理，通过制度化、规范化和专业化的安全检查把隐患消除在萌芽状态，保证用电安全，让它更好地为我们服务，创造更高的价值，让生活更加美好！

第一节　电气事故及预防技术

水利水电工程建设施工现场用电与一般工业或居民生活用电相比，具有临时性、露天性、流动性和不可选择性的特点，有与一般工业用电或居民生活用电不同的规范。根据国家现行用电安全标准，结合水利水电工程建设的实际特点，应提出较高的安全技术要求。

一、电气事故种类

码 2-1　文档：电气事故种类

电气事故是与电相关联的事故。电气事故包括人身事故和设备事故。人身事故和设备事故都可能导致二次事故，而且二者很可能是同时发生的。按照电能的形态，电气事故可分为触电事故、雷击事故、静电事故、电磁辐射危害、电气装置故障及事故。

(一)触电事故

触电事故是由电流及其转换成的其他形式的能量造成的事故。触电事故分为电击和电伤。电击是电流直接作用于人体所造成的伤害。电伤是电流转换成热能、机械能等其他形式的能量作用于人体造成的伤害。

码 2-2　动画：触电伤害

(二)雷击事故

雷击事故是由自然界中相对静止的正、负电荷形式的能量瞬间释放造成的事故。

(三)静电事故

静电事故是工艺过程中或人们活动中产生的,由相对静止的正电荷和负电荷形式的能量造成的事故。

(四)电磁辐射危害

电磁辐射危害是指电磁波形式的能量辐射造成的危害。辐射电磁波指频率 100 kHz 以上的电磁波。高频电磁波除对人体有伤害外,还能造成感应放电和高频干扰。

(五)电气装置故障及事故

电气装置故障引发的事故包括异常停电、异常带电、电气设备损坏、电气线路损坏、短路、断线、接地、电气火灾等。

在水利水电工程建设中主要可能发生的事故为触电事故和电气装置故障及事故。

二、触电事故预防技术

(一)绝缘

绝缘是指利用绝缘材料对带电体进行封闭和隔离。电气设备的绝缘应符合其相应的电压等级、环境条件和使用条件。

电气设备的绝缘不得受潮,表面不得有粉尘、纤维或其他污物,不得有裂纹或放电痕迹,表面光泽不得减退,不得有脆裂、破损,弹性不得消失,运行时不得有异味。

绝缘的电气指标主要是绝缘电阻。绝缘电阻用兆欧表测量。任何情况下绝缘电阻不得低于每伏工作电压 1 000 Ω,并应符合专业标准的规定。

(二)屏护

屏护是采用遮栏、护罩、护盖、箱闸等将带电体同外界隔绝开来。屏护装置为了保证其有效性须满足下列条件:

(1)屏护装置所用材料应有足够的机械强度和良好的耐火性能。为防止因意外带电而造成触电事故,由金属材料制成的屏护装置必须可靠连接保护线。

(2)屏护装置应有足够的尺寸,与带电体保持足够的安全距离。遮栏高度不应低于 1.7 m,栅栏高度户内不应小于 1.2 m、户外不应小于 1.5 m,栏条间距离不应大于 0.2 m。屏护装置应安装牢固,金属材料制成的屏护装置应可靠接地(或接零)。配电装置的遮拦见图 2-1。

(3)遮栏、栅栏应根据需要挂标示牌,遮栏出入口的门上应根据需要安装信号装置和联锁装置。

(三)间距

间距是将可能触及的带电体置于可能触及的范围之外。带电体与地面之间、带电体与树木之间、带电体与其他设施和设备之间、带电体与带电体之间均应保持一定的安全距离,安全距离的大小取决于电压等级、设备类型、环境条件和安装方式等因素。架空线路的间距须考虑气温、风力、覆冰和环境条件的影响。

(四)保护接地

保护接地的做法是将电气设备在故障情况下可能呈现危险电压的金属部位经接地线、接地体同大地紧密地连接起来,其安全原理是把故障电压限制在安全范围以内。

图 2-1　屏护装置——配电装置的遮栏

(五)保护接零

保护接零的安全原理是当某相带电部分碰连设备外壳时,形成该相对零线的单相短路;短路电流促使线路上的短路保护元件迅速动作,从而把故障设备电源断开,消除电击危险。虽然保护接零也能降低漏电设备上的故障电压,但一般不能降低到安全范围以内,其第一位的安全作用是迅速切断电源。保护零线见图 2-2。

图 2-2　保护零线

（六）双重绝缘和加强绝缘

双重绝缘是指同时具备工作绝缘（基本绝缘）和保护绝缘（附加绝缘）的绝缘。前者是带电体与不可触及的导体之间的绝缘，是保证设备正常工作和防止电击的基本绝缘；后者是不可触及的导体与可触及的导体之间的绝缘，是当工作绝缘损坏后用于防止电击的绝缘。加强绝缘是指相当于双重绝缘保护程度的单独绝缘结构。

具有双重绝缘和加强绝缘的电气设备属于Ⅱ类设备，Ⅱ类设备的铭牌上应有“回”形标志，Ⅱ类设备的电源连接线应符合加强绝缘要求。

（七）安全电压

安全电压是在一定条件下、一定时间内不危及生命安全的电压。具有安全电压的设备属于Ⅲ类设备。

安全电压限值是指在任何情况下，任意两导体之间都不得超过的电压值。工频安全电压有效值的限值为 50 V，安全电压额定值（工频有效值）的等级规定为 42 V、36 V、24 V、12 V 和 6 V。特别危险环境使用的携带式电动工具应采用 42 V 安全电压；在有电击危险环境使用的手持照明灯和局部照明灯应采用 36 V 或 24 V 安全电压；金属容器内、隧道内、水井内以及周围有大面积接地导体等工作地点，狭窄、行动不便的环境应采用 12 V 安全电压；水上作业等特殊场所应采用 6 V 安全电压。

（八）电气隔离

电气隔离指工作回路与其他回路实现电气上的隔离。电气隔离是通过采用一次边、二次边电压相等的隔离变压器来实现的。电气隔离的安全实质是阻断二次边工作的人员单相触电时电流的通路。

电气隔离的电源变压器必须是隔离变压器，二次边必须保持独立，应保证电源电压 $U \leqslant 500$ V，线路长度 $L \leqslant 200$ m。

（九）漏电保护

漏电保护装置主要用于防止接触电击，也用于防止电火灾和监测一相接地故障，如图 2-3 所示。

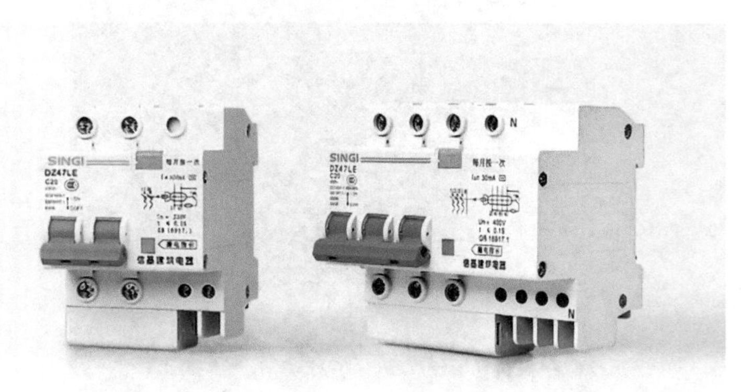

图 2-3　漏电保护器

电流型漏电保护装置以漏电电流或触电电流为动作信号。动作信号经处理后带动执行元件动作,促使线路迅速分断。

运行中的漏电保护装置应当定期检查和试验,应符合下列要求:

(1)保护器外壳各部及其上部件、连接端子应保持清洁、完好无损。

(2)胶木外壳不应变形、变色,不应有裂纹和烧伤痕迹。

(3)制造厂名称(或商标)、型号、额定电压、额定电流、额定动作电流等应标志清楚,并应与运行线路的条件和要求相符合。

(4)保护器外壳防护等级应与使用场所的环境条件相适应。

(5)接线端子不应松动,连接部位不得变色;接线端子不应有明显腐蚀。

(6)保护器工作时不应有杂音。

(7)漏电保护开关的操作手柄应灵活、可靠,使用过程中也应定期用试验按钮检验其可靠性。

知识链接

《水利水电工程施工通用安全技术规程》(SL 398—2007)

第二节　临时用电配电及TN-S系统概述

一、施工现场配电系统

码2-3　文档:临时用电配电系统

配电顾名思义就是分配电能,即接受外来电源并向各用电设备分配电能。施工现场配电系统主要由以下几部分组成:

(1)配电线路,包括架空线、电缆、室内配线。

(2)低配电装置,包括配电屏、配电箱。

(3)控制设备,包括开关箱、控制电器。

(4)用电设备,包括各种电动机械、电动工具和照明灯具。

二、三级配电二级保护

码2-4　微课:临时用电技术要求及防护措施

《施工现场临时用电安全技术规范》(JGJ 46—2005)规定,建筑施工现场临时用电工程专用的电源中性点直接接地的220/380 V三相四线制低压电力系统,必须符合下列规定:

(1)采用三级配电系统。即施工现场任何用电设备的电源都必须通过总配电箱、分配电箱、开关箱,然后到达用电设备。

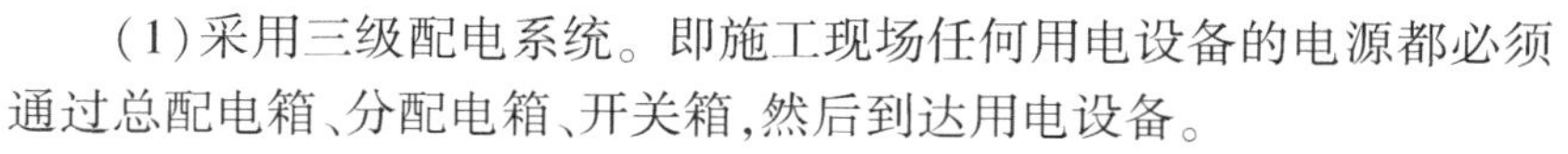

三级配电具有以下优点:

①有利于配电系统停、送电的安全操作。

②有利于配电系统检修、变更、移动、拆除时有效断电,并能使断电范围缩至最小。

③有利于提高配电系统故障(短路、过载漏电)保护的可靠性和层次性。三级配电系统示意图如图2-4所示。

(2)采用不少于二级漏电保护系统施工现场至少应在总配电箱处设置漏电保护器,

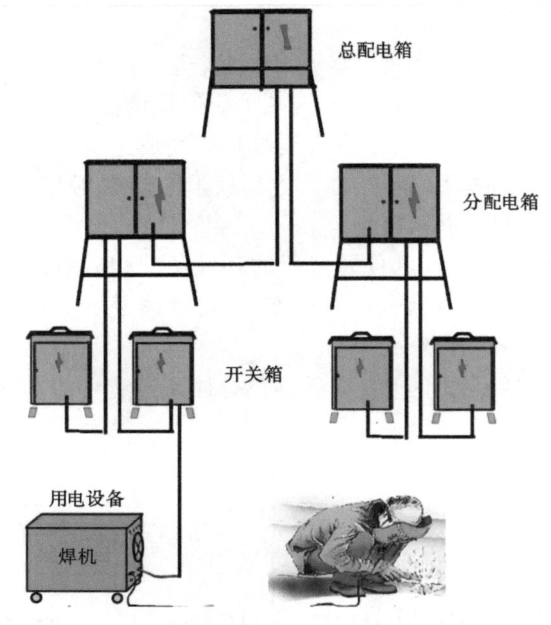

图 2-4　三级配电系统(一箱一机一闸一漏电保护)

作为初级漏电保护;在开关箱处,设置末级漏电保护器,这样就形成了施工现场临时用电线路与设备的“二级漏电保护”;并且其额定动作电流和动作时间应合理匹配,使其具有分级保护功能,避免越级误跳。

在实际应用中,施工现场可根据实际情况,增加分配电箱的级数或在分配电箱中增设漏电保护器,形成三级以上配电和二级以上保护,但必须要考虑上下级电器元件参数的匹配,防止误动作。在分配电箱加装漏电保护器,这级保护不但对线路和用电设备有监视作用,而且可以对开关箱起补充保护作用,提供间接漏电保护。

三级配电、二级保护漏电保护器参数设置原则如图 2-5 所示。

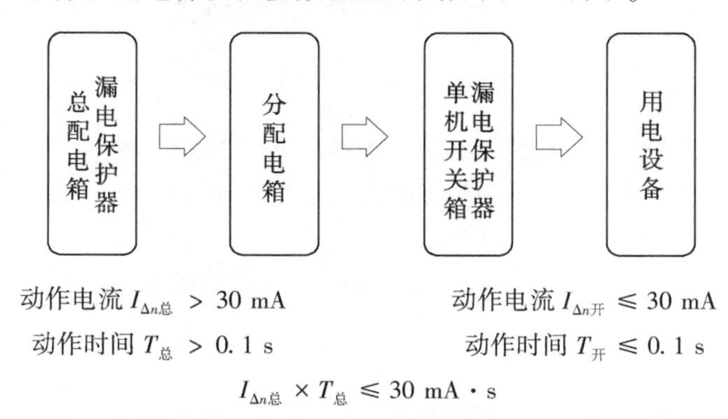

图 2-5　三级配电、二级保护漏电保护器参数设置原则

三级配电、三级保护漏电保护器参数设置原则如图 2-6 所示。

图 2-5、图 2-6 中,$I_{\Delta n开}$为开关箱中漏电保护器的动作电流;$T_{开}$为开关箱中漏电保护器的动作时间;$I_{\Delta n分}$为分配电箱中漏电保护器的动作电流;$T_{分}$为分配电箱中漏电保护器的动作时

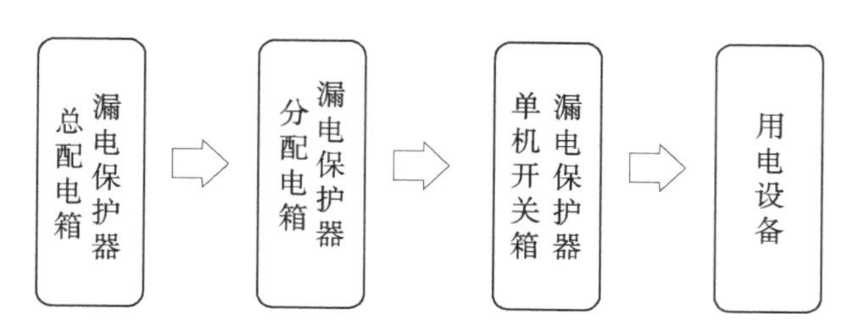

动作电流 $I_{\Delta n总} > I_{\Delta n分}$　动作电流 $I_{\Delta n分} > I_{\Delta n开}$　动作电流 $I_{\Delta n开} \leqslant 30\ \text{mA}$

动作时间 $T_{总} > T_{分}$　动作时间 $T_{分} > T_{开}$　动作时间 $T_{开} \leqslant 0.1\ \text{s}$

$I_{\Delta n总} \times T_{总} \leqslant 30\ \text{mA} \cdot \text{s}$　$I_{\Delta n分} \times T_{分} \leqslant 30\ \text{mA} \cdot \text{s}$

图 2-6　三级配电、三级保护漏出保护器参数设置原则

间；$I_{\Delta n总}$为总配电箱中漏电保护器的动作电流；$T_{总}$为总配电箱中漏电保护器的动作时间。

三、TN-S 接零保护系统

（一）TN-S 接零保护系统的概念

TN-S 接零保护系统（简称 TN-S 系统）即采用具有专用保护零线（简称保护零线）的保护接零系统，见图 2-7。TN 系统是三相四线配电网低压中性点直接接地，电气设备金属外壳采取接零措施的系统。

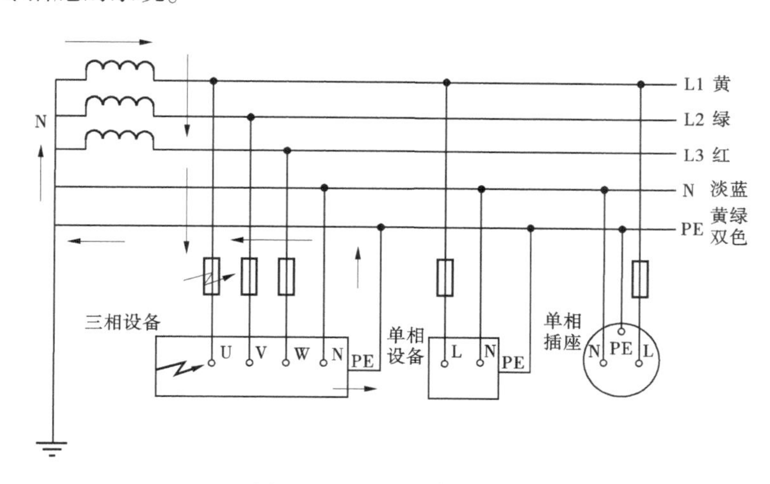

图 2-7　TN-S 系统原理图

“T”表示中性点直接接地，“N”表示电气设备金属外壳接零，“S”表示其保护零线与工作零线分开（专用保护零线）。

TN-S 系统安全原理是：一旦设备出现外壳带电（图 2-7 中的粗线箭头），接零保护系统能将漏电电流上升为短路电流，这个电流很大（实际上就是单相对地短路故障），熔断器的熔丝会被熔断，低压断路器的脱扣器会立即动作而跳闸，使故障设备断电，比较安全。

从图 2-7 可知，TN-S 系统实际上就是三相五线制，其中有三根相线（L1，L2，L3）、两根零线（N，PE），N 线为工作零线，功能如下：

（1）为单相设备提供 220 V 电压；

(2)传导三相系统中的不平衡电流;

(3)减小三相负荷中性点的电位偏移。

PE线为专用保护零线,功能为保障人身安全、防止发生触电事故。PE线一般应接在设备的金属外壳上。因此,在采用TN-S系统时,设备的电源电缆或电源导线要比一般供电多一根保护零线。

(二)TN-S系统的要求

1. 基本要求

(1)工地专用变压器供电的TN-S系统保护零线(PE线)必须由工作接地线配电室(总配电箱)电源侧或总漏电保护器(RCD)电源侧零线处引出(见图2-8)。

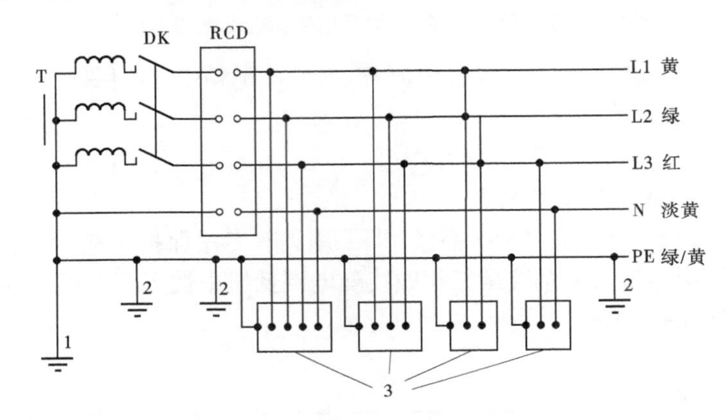

1—工作接地;2—重复接地;3—设备外壳;T—变压器;RCD—总漏电保护器;DK—总电源隔离开关。

图2-8 PE线从工作接地线处引出

(2)共用变压器三相四线供电时局部TN-S系统,PE线必须由电源进线零线重复接地处或总漏电保护器电源侧零线处引出(见图2-9、图2-10)。

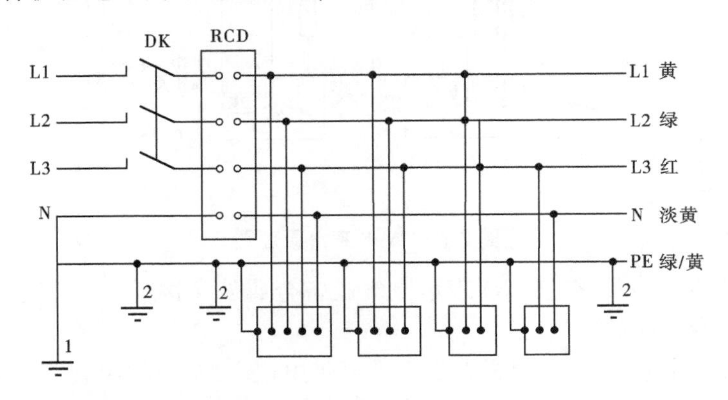

1—NPE线重复接地;2—重复接地;RCD—总漏电保护器;DK—总电源隔离开关。

图2-9 PE线从电源进线零线重复接地处引出

(3)必须保证PE线的独立性。

(4)在同一供电系统中,不允许一部分设备采用保护接地,而另一部分采用保护接

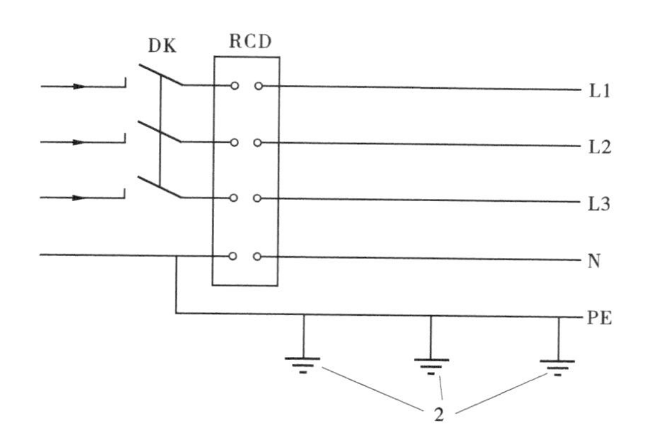

2—PE 线重复接地；L1，L2，L3—相线；N—工作零线；PE—保护零线。

图 2-10　PE 线从总漏电保护器电源侧零线处引出

零。原因如下：当某台接地设备的某相外壳对地短路，而设备的熔丝或保护元件的动作电流值较大时，所产生的漏电电流不足以切断电源，这时，接地电流产生的压降将使电网中性线的电压升高，人若触及接零电气设备的外壳，将会触电，如图 2-11 所示。

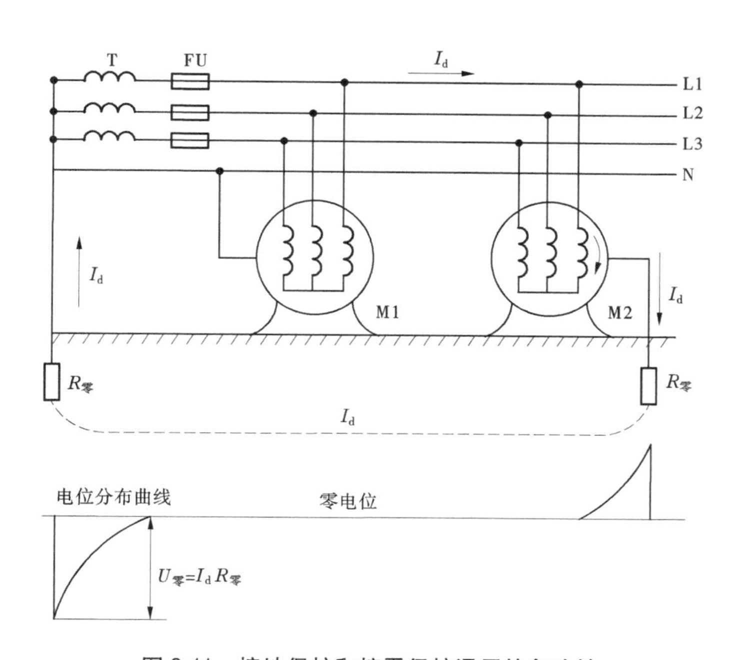

图 2-11　接地保护和接零保护混用的危险性

2. 对 PE 线的安全技术要求

(1)在 PE 线上严禁装设开关或熔断器，严禁通过工作电流且严禁断线。

(2)PE 线的绝缘颜色为绿/黄双色，此颜色标记在任何情况下严禁混用和互相代用。

(3)PE 线在电箱内必须通过独立的(专用)接线端子板连接，并且保证连接牢固可靠，不得采用缠绕接头。

(4)PE 线必须采用绝缘导线,配电装置和电动机械相连接的 PE 线应为不小于 2.5 mm^2 的绝缘多股铜线;手持式电动工具的 PE 线应为不小于 1.5 mm^2 的绝缘多股铜线。其余干线、支线的 PE 线按表 2-1 选取。

表 2-1 PE 线截面与相线截面的关系 单位:mm^2

相线芯线截面 S	PE 线最小截面
$S \leq 16$	S
$16 < S \leq 35$	16
$S > 35$	$S/2$

PE 线连接只能并联,不允许串联。

(三)重复接地

1. 重复接地的概念

在中心点直接接地的电力系统中,为了保证接地的作用和效果,除在中心点处直接接地外,还须在 PE 线上的一处或多处再做接地,称为重复接地。

2. 重复接地的作用

(1)降低故障点对地的电压。

(2)减轻 PE 线断线的危险性。

(3)缩短故障持续时间。

3. 重复接地的技术要求

(1)重复接地在供电回路(支线)上的数量不少于 3 处,分别设置于首端、中间和末端。

(2)重复接地连接线为绿/黄双色绝缘多股软铜线,其截面面积不小于相线的 50%,且不小于 2.5 mm^2。

(3)重复接地连接线应与电箱内的 PE 线端子板连接。

(4)设置重复接地的部位为:①总配箱(配电柜)处;②各分路分配电箱处;③分路最远端用电设备开关箱处;④塔式起重机、施工升降机、物料提升机、混凝土搅拌站等大型施工机械设备开关箱处。

(5)接地装置的接地线应采用两根及以上导体,在不同点与接地体做电气连接,重复接地电阻值不得大于 10 Ω,其原因如下:①只有单根接地连接线,发生问题设备将会失地运行;②接地引下线热容量不够,一旦有接地短路故障便会断,亦致使设备失地运行导致恶性事故。

因此,规定重要设备和设备构架应有两根与主接地装置不同地点连接的接地引下线,且每根接地引下线均应符合热稳定及机械强度的要求。

(6)不得采用铝导体做接地体或地下接地线。垂直接地体宜采用角钢、钢管或光面圆钢,不得采用螺纹钢。接地可利用自然接地体,但应保证其电气连接和热稳定。

知识链接

《施工现场临时用电安全技术规范》(JGJ 46—2005)

第三节 临时用电管理

一、临时用电组织设计

码 2-5 文档：临时用电管理

施工现场临时用电设备在 5 台及以上或设备总容量在 50 kW 及以上者，应编制用电组织设计。

施工现场临时用电组织设计应包括下列内容：

(1)现场勘测。

(2)确定电源进线、变电所或配电室、配电装置、用电设备位置及线路走向。

(3)进行负荷计算。

(4)选择变压器。

(5)设计配电系统：

①设计配电线路，选择导线或电缆；

②设计配电装置，选择电器；

③设计接地装置；

④绘制临时用电工程图纸，主要包括用电工程总平面图、配电装置布置图、配电系统接线图、接地装置设计图。

(6)设计防雷装置。

(7)确定防护措施。

(8)制定安全用电措施和电气防火措施。

临时用电工程图纸应单独绘制，临时用电工程应按图施工。

临时用电组织设计及变更时，必须履行“编制、审核、批准”程序，由电气工程技术人员组织编制，经相关部门审核及具有法人资格企业的技术负责人批准后实施。变更用电组织设计时应补充有关图纸资料。

临时用电工程必须经编制、审核、批准部门和使用单位共同验收，合格后方可投入使用。

施工现场临时用电设备在 5 台以下和设备总容量在 50 kW 以下者，应制定安全用电和电气防火措施，并应履行“编制、审核、批准”程序。

二、电工及用电人员

电工必须经过按国家现行标准考核合格后，持证上岗工作；其他用电人员必须通过相关安全教育培训和技术交底，考核合格后方可上岗工作。应急管理部特种作业操作证见图 2-12。

安装、巡检、维修或拆除临时用电设备和线路，必须由电工完成，并应有人监护。电工等级应同工程的难易程度和技术复杂性相适应。

各类用电人员应掌握安全用电基本知识和所用设备的性能，并应符合下列规定：

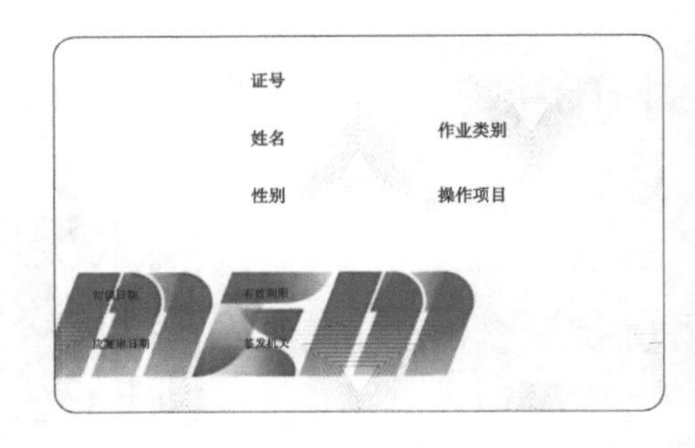

图 2-12　应急管理部特种作业操作证

(1)使用电气设备前必须按规定穿戴和配备好相应的劳动防护用品,并应检查电气装置和保护设施,严禁设备带“缺陷”运转。

(2)保管和维护所用设备,发现问题及时报告解决。

(3)暂时停用设备的开关箱必须分断电源隔离开关,并应关门上锁。

(4)移动电气设备时,必须经电工切断电源并做妥善处理后进行。

码 2-6　文档:应急管理部特种作业操作者基本知识

三、安全技术档案

施工现场临时用电的安全技术档案的整个编写过程就是施工现场临时用电的安装、运行管理的过程,就是临时用电组织管理措施和电气安全技术措施的实施过程,也是控制和消除施工生产中的电气不安全状态和不安全行为,达到保护职工生命安全和企业财产免受损失的过程。建立临时用电安全技术档案,对加强临时用电的科学化、规范化、标准化起着十分重要的作用,也可以起到预防事故,尽早消除事故隐患的作用,同时可为分析电气事故原因提供原始数据。

临时用电技术档案应由施工现场的专业技术人员负责建立和管理,也可指定工地资料员保管,对于平时的维修记录、测试记录等可由电工代管,工程结束,临时用电工程拆除后统一归档。

根据《施工现场临时用电安全技术规范》(JGJ 46—2005)的规定,施工现场临时用电必须建立安全技术档案,并应包括下列内容:

(1)用电组织设计的全部资料;

(2)修改用电组织设计的资料;

(3)用电技术交底资料;

(4)用电工程检查验收表;

(5)电气设备的试验、检验凭单和调试记录;

(6)接地电阻、绝缘电阻和漏电保护器漏电动作参数测定记录表;

(7)定期检(复)查表;

(8)电工安装、巡检、维修、拆除工作记录。

安全技术档案应由主管该现场的电气技术人员负责建立与管理。其中“电工安装、巡检、维修、拆除工作记录”可指定电工代管,每周由项目经理审核认可,并应在临时用电工程拆除后统一归档。

临时用电工程应定期检查。定期检查时，应复查接地电阻值和绝缘电阻值。

临时用电工程定期检查应按分部、分项工程进行，对安全隐患必须及时处理，并应履行复查验收手续。

《施工现场临时用电安全技术规范》(JGJ 46—2005)。

第四节　外电线路及电气设备防护

在施工现场，除去因现场施工需要而敷设的临时用电线路外，往往还有原来就已经存在的高压或低压电力线路。这些原有电力线路统称为外电线路。

外电线路一般为架空线路，也有个别施工现场会遇到地下电缆线路，或两者皆有的情况。如果在建工程距离外电线路较远，那么外电线路不会对现场施工构成很大威胁。但有些外电线路紧邻在建工程，现场施工人员常因搬运物料或操作时意外触碰外电线路，甚至有些外电线路还在塔机的回转半径范围内，此时外电线路就成为施工中的不安全因素，极易酿成触电伤害事故。同时，在高压线附近，即使未触及线路，由于高压线路邻近空间高电场的作用，仍然会对人体构成潜在的危害或危险。

为确保现场的施工安全，防止外电线路对施工的危害，在建工程现场的各种设施与外电线路之间，必须保持可靠的安全距离或采取必要的安全防护措施。

一、施工现场对外电线路的安全距离

码 2-7　文档：施工现场对外电线路的安全距离

安全距离是指带电导体与其附近接地的物体、地面不同极(或相)带电体，以及和人体之间必须保持的最小空间距离或最小空气间隙。《施工现场临时用电安全技术规范》(JGJ 46—2005)规定，在架空线路的下方不得施工，不得搭建临时建筑设施，不得堆放构件、材料等。当在架空线路的一侧作业时，必须保持安全距离。

在施工现场，安全距离包含了两个因素：必要的安全距离和安全操作距离。

(1)必要的安全距离。在高压线路附近，存在着强电场，周围导体产生电感应，空气被极化，线路电压等级越高，相应的电感应和电极化也越强。因此，随着电压等级的增加，安全距离也要相应增加。

(2)安全操作距离。在施工现场作业过程中，尤其是在搭设脚手架过程中，一般脚手架钢管都较长，如果与外电线路的距离过近，操作中就无法保障安全。所以，这里的安全距离在施工现场就变成安全操作距离。除必要的安全距离外，还应当考虑作业条件的因素，所需的距离就更大。施工现场的安全操作距离，主要是指在建工程(含脚手架)的外侧边缘与外电架空线路边线之间的最小安全操作距离，以及施工现场的机动车道与外电架空线路交叉时的最小安全垂直距离。对此，《施工现场临时用电安全技术规范》(JGJ 46—2005)作了具体规定。

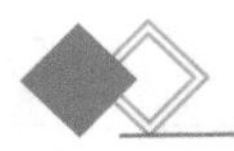

在建工程与外电线路安全距离示意见图 2-13。

图 2-13　在建工程与外电线路安全距离

表 2-2 是在建工程（含脚手架）的周边与外电架空线路的边线之间的最小安全操作距离。表 2-3 是施工现场的机动车道与外电架空线路交叉时的最小垂直距离。

表 2-2　在建工程（含脚手架）的周边与外电架空线路的边线之间的最小安全操作距离

外电线路电压等级/kV	<1	1~10	35~110	220	330~500
最小安全操作距离/m	4.0	6.0	8.0	10	15

注：上、下脚手架的斜道不宜设在有外电线路的一侧。

表 2-3　施工现场的机动车道与外电架空线路交叉时的最小垂直距离

外电线路电压等级/kV	<1	1~10	35
最小垂直距离/m	6.0	7.0	7.0

表 2-2、表 2-3 的数据，不仅考虑到静态因素，还考虑到施工现场实际存在的动态因素。例如，在建工程搭设脚手架时，脚手架管延伸至脚手架以外的操作因素等要严格遵守表 2-2、表 2-3 所规定的安全距离操作，就能有效地防止由于施工操作人员接触或过分靠近外电线路所造成的触电伤害事故。

二、施工现场对外电线路的防护措施

施工现场的位置往往不可以任意选择，当外电架空线路边缘与在建工程（含脚手架）、交叉道路、吊装作业距离不能满足其规定的最小安全距离时，为确保施工安全，应当采取设置防护性遮栏、栅栏，以及悬挂警告标志牌等防护措施，实现施工作业与外电线路的有效隔离，并引起相关施工作业人员的注意，如图 2-14 所示。防护设施与外电线路之间的安全距离不应小于表 2-4 所列的数值，若不能满足表中的安全距离，即使设置遮栏、栅栏等防护设施，也满足不了安全要求，在此情况下不得强行施工。

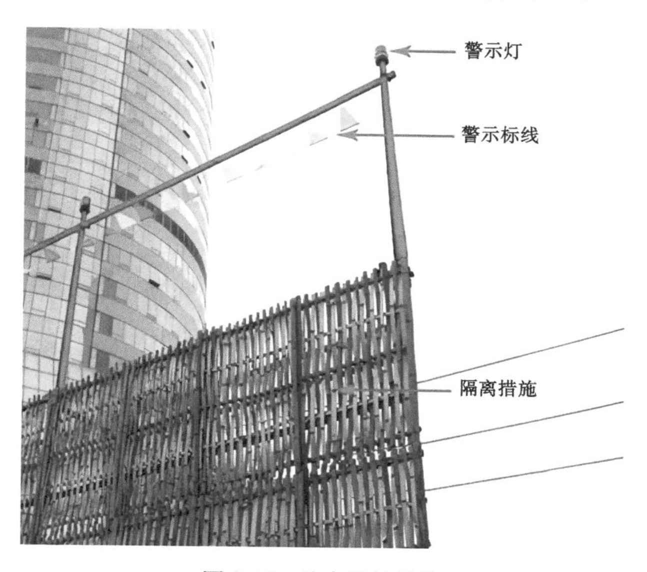

图 2-14　外电防护措施

表 2-4　防护设施与外电线路之间的最小安全距离

外电线路电压等级/kV	10	35	110	220	330	500
最小安全距离/m	1.7	2.0	2.5	4.0	5.0	6.0

架设防护设施必须经有关部门批准，采用线路暂时停电或其他可靠的安全技术措施，并应有电气工程技术人员及专职安全人员监护。防护设施必须坚固、稳定，对外电线路的隔离防护应达到 IP30 级（注：IP30 级指防护设施的最大缝隙能防直径 2.5 mm 固体异物穿出）。

知识链接

《施工现场临时用电安全技术规范》（JGJ 46—2005）。

第五节　接地与防雷

一、接地装置

接地装置是构成施工现场用电基本保护系统的主要组成部分之一，是施工现场用电工程的基础性安全装置。在施工现场用电工程中，电力变压器二次侧（低压侧）中性点要直接接地，PE 线要做重复接地，高大建筑机械和高架金属设施要做防雷接地，产生静电的设备要做防静电接地。接地装置安装示范见图 2-15。

设备与大地做电气连接或金属性连接称为接地。电气设备的接地，通常的方法是将金属导体埋入地下，并通过导体与设备做电气连接（金属性连接）。这种埋入地下直接与地接触的金属物体称为接地体，而连接设备与接地体的金属导体称为接地线，接地体与接地线的连接组合就称为接地装置。

图 2-15 接地装置安装示范

（一）接地体

接地体一般分为自然接地体和人工接地体两种。

1. 自然接地体

自然接地体是指原已埋入地下并可兼作接地用的金属物体。例如，原已埋入地下的直接与地接触的钢筋混凝土基础中的钢筋结构、金属井管、非燃气金属管道、铠装电缆（铅包电缆除外）的金属外皮等均可作为自然接地体。

2. 人工接地体

人工接地体是指人为埋入地下直接与地接触的金属物体。用作人工接地体的金属材料通常可以采用圆钢、钢管、角钢、扁钢，以及其焊接件，但不得采用螺纹钢和铝材。

（二）接地线

接地线可以分为自然接地线和人工接地线。

1. 自然接地线

自然接地线是指设备本身原已具备的接地线。如钢筋混凝土构件的钢筋、穿线钢管、铠装电缆（铅包电缆除外）的金属外皮等。自然接地线可用于一般场所各种接地的接地线、但在有爆炸危险的场所只能用作辅助接地线。自然接地线各部分之间应保证电气连接，严禁采用不能保证可靠电气连接的水管和既不能保证电气连接又有可能引起爆炸危险的燃气管道作为自然接地线。

2. 人工接地线

人工接地线是指人为设置的接地线。人工接地线一般可采用圆钢、钢管、角钢、扁钢等钢质材料，但接地线直接与电气设备相连的部分以及采用钢接地线有困难时，应采用绝缘铜线。

二、接地装置的敷设

接地装置的敷设应遵循下述原则和要求：

（1）应充分利用自然接地体。当无自然接地体可利用，或自然接地体电阻不符合要求，或自然接地体运行中各部分连接不可靠，或有爆炸危险场所时，则需敷设人工接地体。

（2）应尽量利用自然接地线。当无自然接地线可利用，或自然接地线不符合要求，或自然接地线运行中各部分连接不可靠，或有爆炸危险场所，则需要敷设人工接地线。

(3)人工接地体可垂直敷设或水平敷设。垂直敷设时，如图 2-16 所示，接地体相互间距不宜小于其长度的 2 倍，顶端埋深一般为 0. 8 m；水平敷设时，接地体相互间距不宜小于 5 m，埋深一般不小于 0. 8 m。

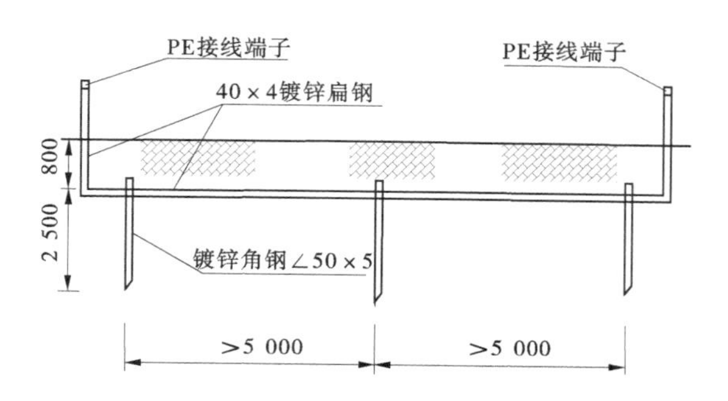

图 2-16　人工接地体做法示意　(单位：mm)

(4)人工接地体和人工接地线的最小规格分别见表 2-5 和表 2-6。

表 2-5　人工接地体最小规格

材料名称	规格项目	地上敷设		地下敷设
		室内	室外	
圆钢	直径/mm	5	6	8
钢管	壁厚/mm	2. 5	2. 5	3. 5
角钢	板厚/mm	2	2. 5	4
扁钢	截面面积/mm^2	24	48	48
	板厚/mm	3	4	8
绝缘铜线	截面面积/mm^2		1. 5	

注：敷设在腐蚀性较强的场所或土壤电阻率 $\rho \leqslant 100\ \Omega \cdot m$ 的潮湿中的接地体，应适当加大规格或热镀锌。

表 2-6　人工接地线最小规格

材料名称	规格项目	地上敷设		地下敷设
		室内	室外	
圆钢	直径/mm	5	6	8
钢管	壁厚/mm	2. 5	2. 5	3. 5
角钢	板厚/mm	2	2. 5	4
扁钢	截面面积/mm^2	24	48	48
	板厚/mm	3	4	8
绝缘铜线	截面面积/mm^2		1. 5	

注：敷设在腐蚀性较强的场所或土壤电阻率 $\rho \leqslant 100\ \Omega \cdot m$ 的潮湿中的接地线，应适当加大规格或热镀锌。

(5)接地体和接地线之间的连接必须采用焊接,其焊接长度应符合下列要求:

①扁钢与钢管(或角钢)焊接时,搭接长度为扁钢宽度的2倍,且至少3面焊接。

②圆钢与钢管(或角钢)焊接时,搭接长度为圆钢直径的6倍,且至少2个长面焊接。

(6)接地线可用扁钢或圆钢。接地线应引出地面,在扁钢上端打孔或在圆钢上焊钢板打孔,用螺栓加垫与保护零线(或保护零线引下线)连接牢固,要注意除锈,保证电气连接。

(7)接地线及其连接处如位于潮湿或腐蚀介质场所,应涂刷防潮、防腐蚀油漆。

(8)每一组接地装置的接地线应采用2根及以上导体,并在不同点与接地体焊接。

(9)接地体周围不得有垃圾或非导体杂物,且应与土壤紧密接触。

三、接地电阻

接地电阻是指接地体或自然接地体的对地电阻与接地线的电阻之和,而接地体的对地电阻又包括接地体自身电阻、接地体与土壤之间的接触电阻和接地体周围土壤中的流散电阻。在接地电阻的组成部分中,土壤中的流散电阻是最主要的组成部分。接地电阻的数值等于接地装置对地电压与通过接地体流入地中电流的比值,按通过接地装置流入地中冲击电流(如雷电流)求得的接地电阻,称为冲击接地电阻;按通过接地装置流入地中工频电流求得的接地电阻,称为工频接地电阻。

四、防雷

码2-8 文档:建筑物的防雷措施

(一)防雷装置

雷电是一种破坏力、危害性极大的自然现象,要想消除它是不可能的,但消除其危害却是可能的。即可通过设置一种装置,人为控制和限制雷电发生的位置,并使其不至于危害到需要保护的人、设备或设施,这种装置称作防雷装置或避雷装置,如图2-17所示。

(二)防雷部位的确定

参照《建筑物防雷设计规范》(GB 50057—2010),施工现场需要考虑防止雷击的部位主要是塔式起重机、物料提升机、外用电梯等高大机械设备及钢管脚手架、在建工程金属结构等高架设施,并且其防雷等级可按三类防雷对待。防感应雷的部位则是设置现场变电所的进、出线处。

首先应考虑邻近建筑物或设施是否有防止雷击装置,如果有,它们是在其保护范围以内,还是在其保护范围以外。如果施工现场的起重机、物料提升机、外用电梯等机械设备,以及钢管脚手架和正在施工的在建工程等的金属结构,在相邻建筑物、构筑物等设施的防雷装置保护范围以外,则应按规定安装防雷装置。

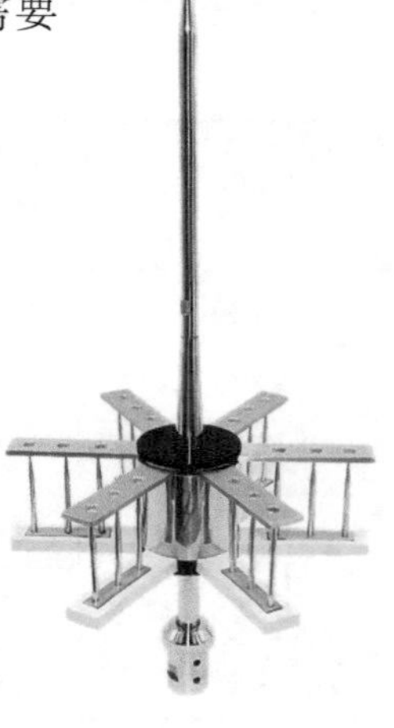

图2-17 避雷针

(三)防雷保护范围

防雷保护范围是指接闪器对直击雷的保护范围。

接闪器防止雷击的保护范围是按“滚球法”确定的，所谓滚球法，是指选择一个半径为 h_r，由防雷类别确定的一个可以滚动的球体，沿需要防直击雷的部位滚动，当球体只触及接闪器（包括被利用作为接闪器的金属物），或只触及接闪器和地面（包括与大地接触并能承受雷击的金属物），而不触及需要保护的部位时，则该未被触及部分就得到接闪器的保护。

五、《水利水电工程施工通用安全技术规程》（SL 398—2007）中的规定

（1）施工现场专用的中性点直接接地的电力线路中应采用 TN-S 接零保护系统（见图 2-18），并应遵守以下规定：

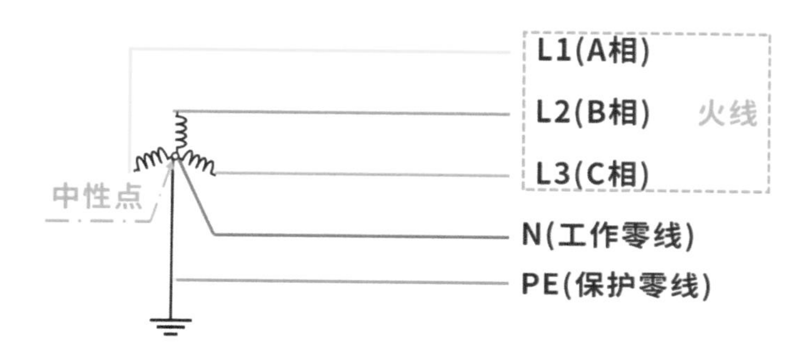

图 2-18 TN-S 接零保护系统（三相五线制）

①电气设备的金属外壳应与专用保护零线连接。保护零线应由工作接地线、配电室的零线或第一级漏电保护器电源侧的零线引出。

②当施工现场与外电线路共用同一个供电系统时，电气设备应根据当地的要求作保护接零，或作保护接地。不得一部分设备作保护接零，另一部分设备作保护接地。

③作防雷接地的电气设备，应同时作重复接地。同一台电气设备的重复接地与防雷接地使用同一接地体时，接地电阻应符合重复接地电阻值的要求。

④在只允许作保护接地的系统中，因条件限制接地有困难时，应设置操作和维修电气装置的绝缘台。

⑤施工现场的电力系统严禁利用大地作相线或零线。

⑥保护零线不应装设开关或熔断器。保护零线应单独敷设，不作他用。重复接地线应与保护零线相接。

⑦接地装置的设置应考虑土壤干燥或冻结等季节变化的影响（见表 2-7），但防雷装置的冲击接地电阻值只考虑在雷雨季节中土壤干燥状态的影响。

表 2-7 接地装置的季节系数值

埋深/m	水平接地体	长度 2~3 m 的垂直接地体	说明
0.5	1.4~1.8	1.2~1.4	
0.8~1.0	1.25~1.45	1.15~1.45	
2.5~3.0	1.0~1.1	1.0~1.1	深埋接地体

注：大地比较干燥时，则取表中的较小值；大地比较潮湿时，则取表中的较大值。

⑧保护零线的截面，应不小于工作零线的截面，同时应满足机械强度要求，保护零线的统一标志为绿/黄双色线。

(2)正常情况下，下列电气设备不带电的外露导电部分，应作保护接零：

①电机、变压器、电器、照明器具、手持电动工具的金属外壳。

②电气设备传动装置的金属部件。

③配电屏与控制屏的金属框架。

④室内、外配电装置的金属框架及靠近带电部分的金属围栏和金属门。

⑤电力线路的金属保护管、敷线的钢索、起重机轨道、滑升模板操作平台等。

⑥安装在电力线路杆(塔)上开关、电容器等电气装置的金属外壳及支架。

(3)正常情况时，下列电气设备不带电的外露导电部分，可不作保护接零：

①在木质、沥青等不良导电地坪的干燥房间内；交流电压 380 V 及其以下的电气设置金属外壳(当维修人员可能同时触及电气设备金属外壳和接地金属物件时除外)。

②安装在配电屏、控制屏金属框架上的电气测量仪表、电流互感器、继电器和其他电器的外壳。

(4)电力变压器或发电机的工作接地电阻值不应大于 4 Ω。

(5)施工现场用电的接地与接零应符合以下要求：

①保护零线除应在配电室或总配电箱处作重复接地外，还应在配电线路的中间处和末端处作重复接地。保护零线每一重复接地装置的接地电阻值应不大于 10 Ω。

②每一接地装置的接地线应采用两根以上导体，在不同点与接地装置作电气连接。不应用铝导体作接地体或地下接地线。垂直接地体宜采用角钢、钢管或圆钢，不宜采用螺纹钢材。

③电气设备应采用专用芯线作保护接零，此芯线严禁通过工作电流。

④手持式用电设备的保护零线，应在绝缘良好的多股铜线橡皮电缆内。其截面面积不应小于 1.5 mm^2，其芯线颜色为绿/黄双色。

⑤Ⅰ类手持式用电设备的插销上应具备专用的保护接零(接地)触头。所用插头应能避免将导电触头误作接地触头使用。

⑥施工现场所有用电设备，除作保护接零外，应在设备负荷线的首端处设置有可靠的电气连接。

(6)移动式发电机供电的用电设备，其金属外壳或底座，应与发电机电源的接地装置有可靠的电气连接。接地应符合固定电气设备接地的要求。

(7)施工现场内的起重机、井字架及龙门架等机械设备，若在相邻建筑物、构筑物的防雷装置的保护范围以外，应按表 2-8 的规定安装防雷装置。

表 2-8　施工现场内机械设备需安装防雷装置的规定

地区年平均雷暴日/d	机械设备高度/m
≤15	≥50
15~40	≥32
40~90	≥20
≥90 及雷害特别严重的地区	≥12

(8)防雷装置应符合以下要求:

①施工现场内所有防雷装置的冲击接地电阻值不应大于 30 Ω。

②各机械设备的防雷引下线可利用该设备的金属结构体,但应保证电气连接。

③机械设备上的避雷针(接闪器)长度应为 1~2 m。

④安装避雷针的机械设备所用动力、控制、照明、信号及通信等线路,应采用钢管敷设,并将钢管与该机械设备的金属结构体作电气连接。

知识链接

《建筑物防雷设计规范》(GB 50057—2010)

《水利水电工程施工通用安全技术规程》(SL 398—2007)

第六节　配电室及自备电源

一、配电室

码 2-9　文档:配电室

根据《水利水电工程施工通用安全技术规程》(SL 398—2007),配电室应符合以下要求:

(1)配电室应靠近电源,并应设在无灰尘、无蒸汽、无腐蚀介质及振动的地方。

(2)成列的配电屏(盘)和控制屏(台)两端应与重复接地线及保护零线作电气连接。

(3)配电室应能自然通风,并应采取防止雨雪和动物进入措施。

(4)配电屏(盘)正面的操作通道宽度,单列布置应不小于 1.5 m,双列布置应不小于 2 m;侧面的维护通道宽度应不小于 1 m;盘后的维护通道应不小于 0.8 m。

(5)在配电室内设值班或检修室时,该室距电屏(盘)的水平距离应大于 1 m,并应采取屏障隔离。

(6)配电室的门应向外开,并配锁。

(7)配电室内的裸母线与地面垂直距离小于 2.5 m 时,应采用遮栏隔离,遮栏下面通行道的高度应不小于 1.9 m。

(8)配电室的围栏上端与垂直上方带电部分的净距,不应小于 0.075 m。

(9)配电装置的上端距天棚不应小于 0.5 m。

(10)母线均应涂刷有色油漆,其涂色应符合表2-9的规定。

施工现场配电室见图2-19。

表2-9 母线涂色表

相别	颜色	垂直排列	水平排列	引下排列
A	黄	上	后	左
B	绿	中	中	中
C	红	下	前	右
D	黑			

注:表内所列的方位均以屏、盘的正面方向为准。

图2-19 施工现场配电室

二、配电屏

根据《水利水电工程施工通用安全技术规程》(SL 398—2007),配电屏应符合以下要求:

(1)配电屏(盘)应装设有功、无功电度表,并应分路装设电流、电压表。电流表与计费电度表不应共用一组电流互感器。

(2)配电屏(盘)应装设短路、过负荷保护装置和漏电保护器。

(3)配电屏(盘)上的各配电线路应编号,并应标明用途标记。

(4)配电屏(盘)或配电线路维修时,应悬挂“电器检修,禁止合闸”等警示标志;停、送电应由专人负责。

配电屏见图2-20。

三、自备电源

施工现场临时用电工程一般是由外电线路供电。但是,常因外电线路电力供应不足或其他原因停止供电,使施工受到影响。为了保证施工不因停电而中断,现场需设置备用发、配电系统,为外电线路停止供电时接续供电。目前,施工现场一般采用柴油发电机组作为自备电源,如图 2-21 所示。

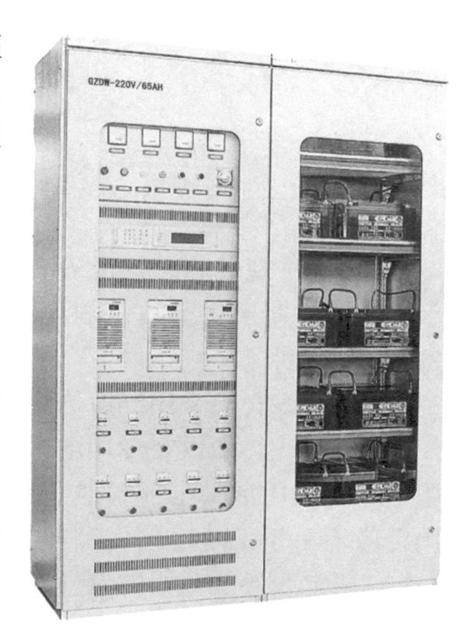

图 2-20 配电屏

根据《水利水电工程施工通用安全技术规程》(SL 398—2007),电压为 400/230 V 的自备发电机组,应遵守下列规定:

(1)发电机组及其控制、配电、修理室等,在保证电气安全距离和满足防火要求的情况下可合并设置,也可分开设置。

(2)发电机组的排烟管道应伸出室外,机组及其控制配电室内严禁存放贮油桶。

(3)发电机组电源应与外电线路电源联锁,严禁并列运行。

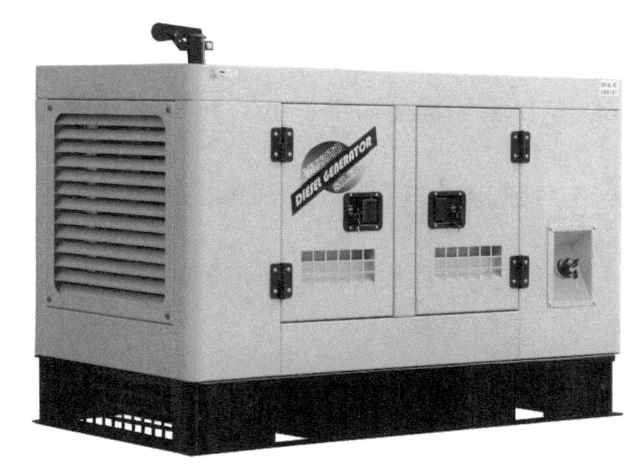

图 2-21 800 kW 柴油发电机

(4)发电机组应采用三相四线制中性点直接接地系统,并须独立设置,其接地阻值不应大于 4 Ω。

(5)发电机组应设置短路保护和过负荷保护。

(6)发电机组并列运行时,应在机组同步后再向负荷供电。

知识链接

《水利水电工程施工通用安全技术规程》(SL 398—2007)

第七节　配电线路

码 2-10　文档：配电线路

一、架空线路

按照《施工现场临时用电安全技术规范》(JGJ 46—2005)、《水利水电工程施工通用安全技术规程》(SL 398—2007)的规定，架空线路应符合以下要求：

(1)架空线必须采用绝缘导线。

(2)架空线必须设在专用电杆上，严禁架设在树木、脚手架及其他设施上。宜采用混凝土杆或木杆，混凝土杆不应有露筋、环向裂纹和扭曲；木杆不应腐朽，其梢径应不小于 130 mm。

(3)架空线导线截面的选择应符合下列要求：

①导线中的计算负荷电流不大于其长期连续负荷允许载流量。

②线路末端电压偏移不大于其额定电压的 5%。

③三相四线制线路的 N 线和 PE 线截面不小于相线截面的 50%，单相线路的零线截面与相线截面相同。

④按机械强度要求，绝缘铜线截面面积不小于 10 mm^2，绝缘铝线截面面积不小于 16 mm^2。

⑤在跨越铁路、公路、河流、电力线路挡距内，绝缘铜线截面不小于 16 mm^2，绝缘铝线截面面积不小于 25 mm^2。

(4)架空线在一个挡距内，每层导线的接头数不得超过该层导线条数的 50%，且一条导线应只有一个接头。

在跨越铁路、公路、河流、电力线路挡距内，架空线不得有接头。

(5)架空线路相序排列应符合下列规定：

①动力、照明线在同一横担上架设时，导线相序排列是：面向负荷从左侧起依次为 L1、N、L2、L3、PE。

②动力、照明线在二层横担上分别架设时，导线相序排列是：上层横担面向负荷从左侧起依次为 L1、L2、L3；下层横担面向负荷从左侧起依次为 L1(L2、L3)、N、PE。

(6)架空线路的挡距不得大于 35 m。

(7)架空线路的线间距不得小于 0.3 m，靠近电杆的两导线的间距不得小于 0.5 m。

(8)架空线路横担间的最小垂直距离不得小于表 2-10 所列数值；横担宜采用角钢或方木，低压铁横担角钢应按表 2-11 选用，方木横担截面应按 80 mm×80 mm 选用；横担长度应按表 2-12 选用。

表 2-10 横担间的最小垂直距离

单位:m

排列方式	直线杆	分支或转角杆
高压与低压	1.2	1.0
低压与低压	0.6	0.3

表 2-11 低压铁横担角钢选用

<table>
<tr><th rowspan="2">导线截面面积/mm²</th><th rowspan="2">直线杆</th><th colspan="2">分支或转角杆</th></tr>
<tr><th>二线及三线</th><th>四线及以上</th></tr>
<tr><td>16
25
35
50</td><td>∠50×5</td><td>2×∠50×5</td><td>2×∠63×5</td></tr>
<tr><td>70
95
120</td><td>∠63×5</td><td>2×∠63×5</td><td>2×∠70×6</td></tr>
</table>

表 2-12 横担长度选用

<table>
<tr><th colspan="3">横担长度/m</th></tr>
<tr><th>二线</th><th>三线、四线</th><th>五线</th></tr>
<tr><td>0.7</td><td>1.5</td><td>1.8</td></tr>
</table>

(9)架空线路与邻近线路或固定物的距离应符合表 2-13 的规定。

表 2-13 架空线路与邻近线路或固定物的距离

<table>
<tr><th>项目</th><th colspan="7">距离类别</th></tr>
<tr><td rowspan="2">最小净空距离/m</td><td colspan="2">架空线路的过引线、接下线与邻线</td><td colspan="2">架空线与架空线电杆外缘</td><td colspan="3">架空线与摆动最大时树梢</td></tr>
<tr><td colspan="2">0.13</td><td colspan="2">0.05</td><td colspan="3">0.50</td></tr>
<tr><td rowspan="4">最小垂直距离/m</td><td rowspan="3">架空线与杆架设下方的通信、广播线路</td><td colspan="3">架空线最大弧垂与地面</td><td rowspan="3">架空线最大弧垂与暂设工程顶端</td><td colspan="2" rowspan="2">架空线与邻近电力线路交叉</td></tr>
<tr><td rowspan="2">施工现场</td><td rowspan="2">机动车道</td><td rowspan="2">铁路轨道</td></tr>
<tr><td>1 kV以下</td><td>1~10 kV</td></tr>
<tr><td>1.0</td><td>4.0</td><td>6.0</td><td>7.5</td><td>2.5</td><td>1.2</td><td>2.5</td></tr>
<tr><td rowspan="2">最小水平距离/m</td><td colspan="2">架空线电杆与路基边缘</td><td colspan="2">架空线电杆与铁路轨道边缘</td><td colspan="3">架空线边线与建筑物凸出部分</td></tr>
<tr><td colspan="2">1.0</td><td colspan="2">杆高+3.0</td><td colspan="3">1.0</td></tr>
</table>

(10)架空线路宜采用钢筋混凝土杆或木杆。钢筋混凝土杆不得有露筋、宽度大于0.4 mm的裂纹和扭曲;木杆不得腐朽,其梢径不应小于140 mm。

(11)电杆埋设深度宜为杆长的1/10加0.6 m,回填土应分层夯实。在松软土质处宜加大埋入深度或采用卡盘等加固。

(12)直线杆和15°以下的转角杆,可采用单横担单绝缘子,但跨越机动车道时应采用单横担双绝缘子;15°~45°的转角杆应采用双横担双绝缘子;45°以上的转角杆,应采用十字横担。

(13)架空线路绝缘子应按下列原则选择:

①直线杆采用针式绝缘子。

②耐张杆采用蝶式绝缘子。

(14)电杆的拉线宜采用不少于3根直径为4.0 mm的镀锌钢丝。拉线与电杆的夹角应在30°~45°。拉线埋设深度不得小于1 m。电杆拉线如从导线之间穿过,应在高于地面2.5 m处装设拉线绝缘子。

(15)因受地形环境限制不能装设拉线时,可采用撑杆代替拉线,撑杆埋设深度不得小于0.8 m,其底部应垫底盘或石块。撑杆与电杆的夹角宜为30°。

(16)接户线在挡距内不得有接头,进线处离地高度不得小于2.5 m。接户线最小截面应符合表2-14的规定。接户线线间及与邻近线路间的距离应符合表2-15的要求。

表2-14 接户线的最小截面

接户线架设方式	接户线长度/m	接户线截面面积/mm²	
		铜线	铝线
架空或沿墙敷设	10~25	6.0	10.0
	≤10	4.0	6.0

表2-15 接户线线间及与邻近线路间的距离

接户线架设方式	接户线挡距/m	接户线线间距离/mm
架空敷设	≤25	150
	>25	200
沿墙敷设	≤6	100
	>6	150
架空接户线与广播电话线交叉时的距离/mm		接户线在上部,600 接户线在下部,300
架空或沿墙敷设的接户线零线和相线交叉时的距离/mm		100

(17)架空线路必须有短路保护。

采用熔断器做短路保护时,其熔体额定电流不应大于明敷绝缘导线长期连续负荷允许载流量的1.5倍。

采用断路器做短路保护时,其瞬动过流脱扣器脱扣电流整定值应小于线路末端单相短路电流。

(18)架空线路必须有过载保护。

采用熔断器或断路器做过载保护时,绝缘导线长期连续负荷允许载流量不应小于熔断器熔体额定电流或断路器长延时过流脱扣器脱扣电流整定值的1.25倍。

二、电缆线路

按照《施工现场临时用电安全技术规范》(JGJ 46—2005)、《水利水电工程施工通用安全技术规程》(SL 398—2007)的规定,电缆线路应符合以下要求:

(1)电缆中必须包含全部工作芯线和用作保护零线或保护线的芯线。需要三相四线制配电的电缆线路必须采用五芯电缆。

五芯电缆必须包含淡蓝、绿/黄两种颜色绝缘芯线。淡蓝色芯线必须用作N线;绿/黄双色芯线必须用作PE线,严禁混用。

(2)电缆截面应该根据其长期连续负荷允许载流量和允许电压偏移确定,且应符合:

①导线中的计算负荷电流不大于其长期连续负荷允许载流量。

②线路末端电压偏移不大于其额定电压的5%。

③三相四线制线路的N线和PE线截面不小于相线截面的50%,单相线路的零线截面与相线截面相同。

(3)电缆线路应采用埋地或架空敷设,严禁沿地面明设,并应避免机械损伤和介质腐蚀。埋地电缆路径应设方位标志。

(4)电缆类型应根据敷设方式、环境条件选择。埋地敷设宜选用铠装电缆;当选用无铠装电缆时,应能防水、防腐。架空敷设宜选用无铠装电缆。

(5)电缆直接埋地敷设的深度不应小于0.6 m,并应在电缆紧邻上、下、左、右侧均匀敷设不小于50 mm厚的细砂,然后覆盖砖或混凝土板等硬质保护层。

(6)埋地电缆在穿越建筑物、构筑物、道路、易受机械损伤、介质腐蚀场所及引出地面从2.0 m高到地下0.2 m处,必须加设防护套管,防护套管内径不应小于电缆外径的1.5倍。

(7)埋地电缆与其附近外电电缆和管沟的平行间距不得小于2 m,交叉间距不得小于1 m。

(8)埋地电缆的接头应设在地面上的接线盒内,接线盒应能防水、防尘、防机械损伤,并应远离易燃、易爆、易腐蚀场所。

(9)橡皮电缆架空时应沿电杆、支架或墙壁敷设,并采用绝缘子固定,绑扎线必须采用绝缘线,严禁使用金属裸线作绑线。固定点间距应保证电缆能承受自重所带来的荷载,敷设高度应符合架空线路敷设高度的要求,但沿墙壁敷设时最大弧垂距地不得小于2.5 m。

架空电缆严禁沿脚手架、树木或其他设施敷设。

(10)在建工程内的电缆线路必须采用电缆埋地引入,严禁穿越脚手架引入。电缆垂直敷设应充分利用在建工程的竖井、垂直孔洞等,并宜靠近用电负荷中心,固定点每楼层

不得少于一处。电缆水平敷设宜沿墙或门口刚性固定，最大弧垂距地不得小于2.0 m。

装饰装修工程或其他特殊阶段，应补充编制单项施工用电方案。电源线可沿墙角、地面敷设，但应采取防机械损伤和电火措施。

（11）电缆线路必须有短路保护和过载保护。短路保护和过载保护电器与绝缘导线、电缆的选配应符合架空线路短路保护和过载保护的要求。

（12）电缆接头应牢固可靠，并应做绝缘包扎，保持绝缘强度，不应承受张力。

三、室内配线

安装在现场办公室、生活用房、加工厂房等暂设建筑内的配电线路，通称为室内配电线路，简称室内配线。

按照《施工现场临时用电安全技术规范》（JGJ 46—2005）、《水利水电工程施工通用安全技术规程》（SL 398—2007）的规定，室内配线应符合以下安全要求：

（1）室内配线必须采用绝缘导线或电缆。

（2）室内配线应根据配线类型采用瓷瓶、瓷（塑料）夹、嵌绝缘槽、穿管或钢索敷设。

潮湿场所或埋地非电缆配线必须穿管敷设，管口和管接头应密封；当采用金属管敷设时，金属管必须做等电位连接，且必须与PE线相连接。

（3）室内非埋地明敷主干线距地面高度不得小于2.5 m。

（4）架空进户线的室外端应采用绝缘子固定，过墙处应穿管保护，距地面高度不得小于2.5 m，并应采取防雨措施。

（5）室内配线所用导线或电缆的截面应根据用电设备或线路的计算负荷确定，但铜线截面面积不应小于1.5 mm^2，铝线截面面积不应小于2.5 mm^2。

（6）钢索配线的吊架间距不宜大于12 m。采用瓷夹固定导线时，导线间距不应小于35 mm，瓷夹间距不应大于0.8 m；采用瓷瓶固定导线时，导线间距不应小于100 mm，瓷瓶间距不应大于1.5 m；采用护套绝缘导线或电缆时，可直接敷设于钢索上。

（7）室内配线必须有短路保护和过载保护，短路保护和过载保护电器与绝缘导线、电缆的选配应符合架空线路短路保护和过载保护的要求。

知识链接

《施工现场临时用电安全技术规范》（JGJ 46—2005）

《水利水电工程施工通用安全技术规程》（SL 398—2007）

第八节　配电箱及开关箱

码2-11　文档：配电箱及开关箱设置

施工现场的配电箱是接受外来电源并分配电力的装置，一般情况下，总配电箱和分配电箱合称配电箱。总配电箱是工地用电的总的控制箱。分配电箱是在总配电箱的控制下，供给各开关箱电源的控制箱。开关箱受分配电箱的控制并接受分配电箱提供的电源，是直接用于控制用电设备的操作箱。

配电箱与开关箱统称为电箱，它们是施工现场中向各用电设备分配电能的配电装置，也是施工现场临时用电系统中的重要环节。与配电室、架空电力线路或电缆线路相比，电箱是向用电设备输送电能与提供电气保护的装置，更易于被施工现场各类人员接触到。而电箱中各种元器件的设置是否正确、电箱使用与维护是否得当，直接关系到电气系统中，上至配电电线、电缆，下至用电设备各个部分的电气安全，同时也关系到现场人员的人身安全。所以，电箱的使用与维护，对于施工现场的安全生产具有重大的意义。

一、配电箱与开关箱的设置原则

配电箱与开关箱的设置原则，就是现场的配电箱、开关箱要按照“总—分—开”的顺序作分级设置。在施工现场内，应设总配电箱（或配电柜），总配电箱（又称“一级箱”）下设分配电箱（又称“二级箱”），分配电箱下设有开关箱（又称“三级箱”），开关箱控制用电设备，形成“三级配电”，按三个层次向用电设备输送电能，现场所有的用电设备都要配有其专用的开关箱，箱内应设有隔离开关与漏电保护器，做到“一机、一箱、一闸、一漏”。图 2-22 为典型的三级配电系统简图。

出于对安全照明的考虑，施工现场照明的配电应与动力配电分开而自成独立的配电系统为佳，这样就不会因动力配电的故障而影响到现场照明。

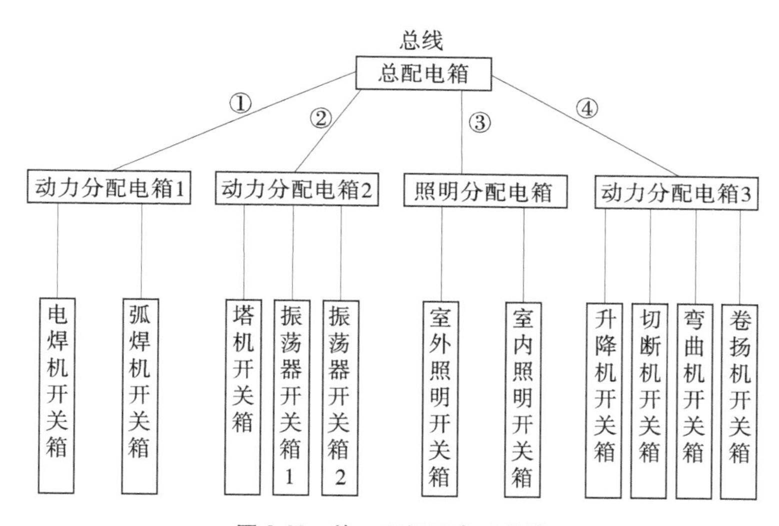

图 2-22　施工现场配电系统简图

二、配电箱及开关箱的设置

(1)配电系统应设置配电柜或总配电箱、分配电箱、开关箱，实行三级配电。

配电系统宜使三相负荷平衡。220 V 或 380 V 单相用电设备宜接入 220/380 V 三相四线系统；当单相照明线路电流大于 30 A 时，宜采用 220/380 V 三相四线制供电。室内配电柜的设置应符合《施工现场临时用电安全技术规范》(JGJ 46—2005)中配电室的要求。

(2)总配电箱以下可设若干分配电箱；分配电箱以下可设若干开关箱。

总配电箱应设在靠近电源的区域，分配电箱应设在用电设备或负荷相对集中的区域，分配电箱与开关箱的距离不得超过 30 m，开关箱与其控制的固定式用电设备的水平距离不宜超过 3 m。

（3）每台用电设备必须有各自专用的开关箱，严禁用同一个开关箱直接控制 2 台及 2 台以上的用电设备（含插座）。

（4）动力配电箱与照明配电箱宜分别设置。当合并设置为同一配电箱时，动力和照明应分路配电；动力开关箱与照明开关箱必须分设。

（5）配电箱、开关箱应装设在干燥、通风及常温场所，不得装设在有严重损伤作用的瓦斯、烟气、潮气及其他有害介质中，也不得装设在易受外来固体物撞击、强烈震动、液体浸溅及热源烘烤场所；否则，应予清除或做防护处理。

（6）配电箱、开关箱周围应有足够 2 人同时工作的空间和通道，不得堆放任何妨碍操作、维修的物品，不得有灌木、杂草。

（7）配电箱、开关箱应采用冷轧钢板或阻燃绝缘材料制作，钢板厚度应为 1.2~2.0 mm，其中开关箱箱体钢板厚度不得小于 1.2 mm，配电箱箱体钢板厚度不得小于 1.5 mm，箱体表面应做防腐处理。

（8）配电箱、开关箱应装设端正及牢固。固定式配电箱、开关箱的中心点与地面的垂直距离应为 1.4~1.6 m。移动式配电箱、开关箱应装设在坚固及稳定的支架上，其中心点与地面的垂直距离宜为 0.8~1.6 m。

（9）配电箱、开关箱内的电器（含插座）应先安装在金属或非木质阻燃绝缘电器安装板上，然后方可整体紧固在配电箱内。开关箱箱体内，金属电器安装板与金属箱体应做电气连接。

（10）配电箱、开关箱内的电器（含插座）应按其规定位置紧固在电器安装板上，不得歪斜和松动。

（11）配电箱的电器安装板上必须分设 N 线端子板和 PE 线端子板。N 线端子板必须与金属电器安装板绝缘，PE 线端子板必须与金属电器安装板做电气连接。进出线中的 N 线必须通过 N 线端子板连接，PE 线必须通过 PE 线端子板连接。

（12）配电箱、开关箱内的连接线必须采用钢芯绝缘导线。绝缘导线的颜色标志应按表 2-9 要求配置并排列整齐；导线分支接头不得采用螺栓压接，应采用焊接并做绝缘包扎，不得有外露带电部分。

（13）配电箱、开关箱的金属箱体、金属电器安装板以及电器正常不带电的金属底座、外壳等必须通过 PE 线端子板与 PE 线做电气连接，金属箱门与金属箱体必须通过采用编织软铜线做电气连接。

（14）配电箱、开关箱的箱体尺寸应与箱内电器的数量和尺寸相适应，箱内电器安装尺寸可按照表 2-16 确定。

表 2-16　配电箱、开关箱内电器安装尺寸选择值

间距名称	最小净距/mm
并列电气(含单极熔断器)间	30
电器进、出线瓷管(塑胶管)孔与电器边沿间	15 A,30;20~30 A,50;60 A 以上,80
上、下排电器进出线瓷管(塑胶管)孔间	25
电器进、出线瓷管(塑胶管)孔至板边	40
电器至板边	40

(15)配电箱、开关箱中导线的进线口和出线口应设在箱体的下底面。

(16)配电箱、开关箱的进、出线口应配置固定线卡,进、出线应加绝缘护套并成束卡固在箱体上,不得与箱体直接接触。移动式配电箱、开关箱的进、出线应采用橡皮护套绝缘电缆,不得有接头。

(17)配电箱、开关箱外形结构应能防雨、防尘。防雨配电箱见图 2-23。

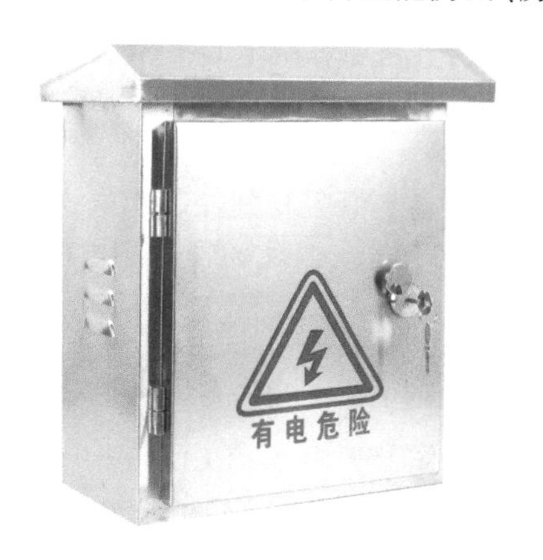

图 2-23　防雨配电箱

三、电器装置的选择

(1)配电箱、开关箱内的电器必须可靠、完好,严禁使用破损、不合格的电器。

(2)总配电箱的电器应具备电源隔离,正常接通与分断电路,以及短路、过载、漏电保护功能。电器设置应符合下列原则:

①当总路设置总漏电保护器时,还应装设总隔离开关、分路隔离开关以及总断路器、分路断路器或总熔断器、分路熔断器。当所设总漏电保护器是同时具备短路、过载、漏电保护功能的漏电断路器时,可不设总断路器或总熔断器。

②当各分路设置分路漏电保护器时,还应装设总隔离开关、分路隔离开关以及总断路器、分路断路器或总熔断器、分路熔断器。当分路所设漏电保护器是同时具备短路、过载、漏电保护功能的漏电断路器时,可不设分路断路器或分路熔断器。

③隔离开关应设置于电源进线端,应采用分断时具有可见分断点,并能同时断开电源

所有极的隔离电器。如采用分断具有可见分断点的断路器,可不另设隔离开关。

④熔断器应选用具有可靠灭弧分断功能的产品。

⑤总开关电器的额定值、动作整定值应与分路开关电器的额定值、动作整定值相适应。

(3)总配电箱应装设电压表、总电流表、电度表及其他需要的仪表。专用电能计量仪表的装设应符合当地供用电管理部门的要求。装设电流互感器时,其二次回路必须与保护零线有一个连接点,且严禁断开电路。

(4)分配电箱应装设总隔离开关、分路隔离开关以及总断路器、分路断路器或总熔断器、分路熔断器。其设置和选择应符合《施工现场临时用电安全技术规范》(JGJ 46—2005)第8.2.2条的要求。

(5)开关箱必须装设隔离开关、断路器或熔断器,以及漏电保护器。当漏电保护器是同时具有短路、过载、漏电保护功能的漏电断路器时,可不装设断路器或熔断器。隔离开关应采用分断时具有可见分断点,能同时断开电源所有极的隔离电器,并应设置于电源进线端。当断路器上具有可见分断点时,可不另设隔离开关。

(6)开关箱中的隔离开关只可直接控制照明电路和容量不大于3.0 kW的动力电路,但不应频繁操作。容量大于3.0 kW的动力电路应采用断路器控制,操作频繁时还应附设接触器或其他启动控制装置。

(7)开关箱中各种开关电器的额定值和动作整定值应与其控制用电设备的额定值和特性相适应。通用电动机开关箱中电器的规格可按《施工现场临时用电安全技术规范》(JGJ 46—2005)附录C选配。

(8)漏电保护器应装设在总配电箱、开关箱靠近负荷的一侧,且不得用于启动电气设备的操作。

(9)漏电保护器的选择应符合《剩余电流动作保护电器(RCD)的一般要求》(GB/T 6829—2017)和《剩余电流动作保护装置安装和运行》(GB/T 13955—2017)的规定。

(10)开关箱中漏电保护器的额定漏电动作电流不应大于30 mA,额定漏电动作时间不应大于0.1 s。使用于潮湿或有腐蚀介质场所的漏电保护器应采用防溅型产品,其额定漏电动作电流不应大于15 mA,额定漏电动作时间不应大于0.1 s。

(11)总配电箱中漏电保护器的额定漏电动作电流应大于30 mA,额定漏电动作时间应大于0.1 s,但其额定漏电动作电流与额定漏电动作时间的乘积不应大于30 mA·s。

(12)总配电箱和开关箱中漏电保护器的极数和线数必须与其负荷侧负荷的相数和线数一致。

(13)配电箱、开关箱中的漏电保护器宜选用无辅助电源型(电磁式)产品,或选用辅助电源故障时能自动断开的辅助电源型(电子式)产品。当选用辅助电源故障时不能自动断开的辅助电源型(电子式)产品时,应同时设置缺相保护。

(14)漏电保护器应按产品说明书安装、使用。对搁置已久重新使用或连续使用的漏电保护器应逐月检测其特性,发现问题应及时修理或更换。漏电保护器的正确使用接线方法应按图2-24选用。

(15)配电箱、开关箱的电源进线端严禁采用插头和插座做活动连接。

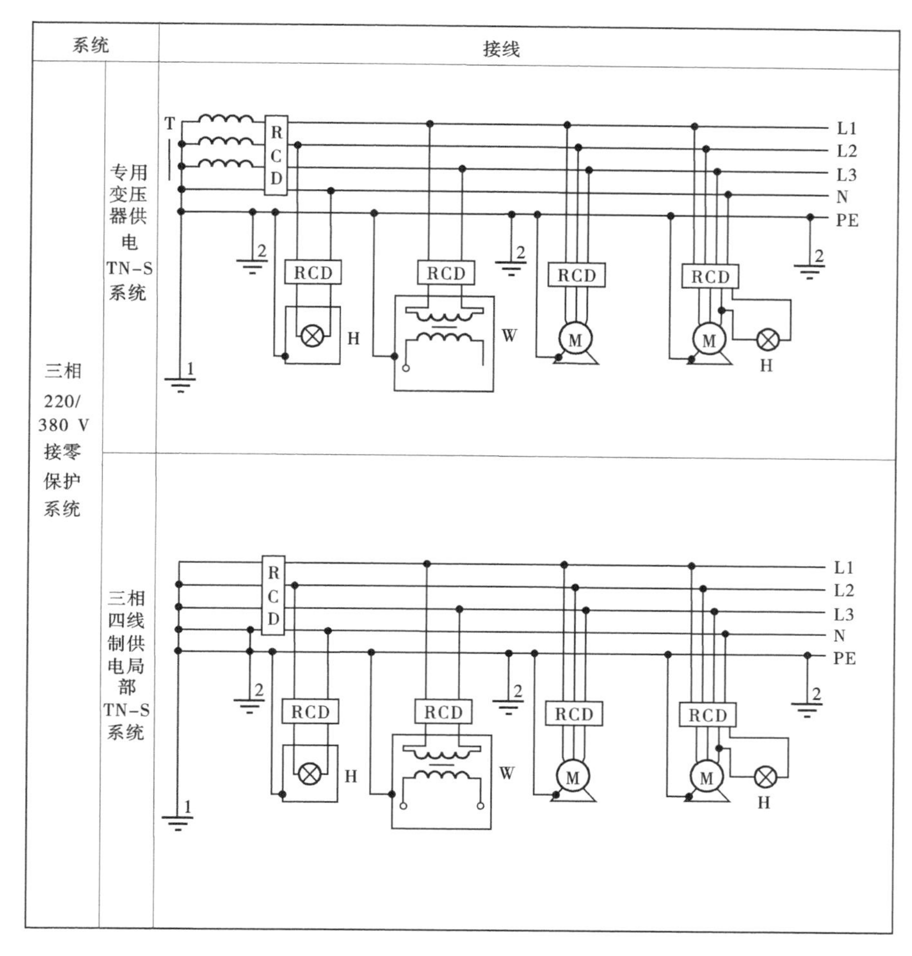

图 2-24　漏电保护器使用接线方法示意

四、使用与维护

(1)配电箱、开关箱应有名称、用途、分路标记及系统接线图。

(2)配电箱、开关箱箱门应配锁,并应由专人负责。

(3)配电箱、开关箱应定期检查、维修。检查、维修人员必须是专业电工;检查、维修时必须按规定穿、戴绝缘鞋及手套,必须使用电工绝缘工具,并应做检查、维修工作记录。

(4)对配电箱、开关箱进行定期维修及检查时,必须将其前一级相应的电源隔离开关分闸断电,并悬挂“禁止合闸、有人工作”停电标志牌,严禁带电作业。

(5)配电箱、开关箱必须按照下列顺序操作:①送电操作顺序为:总配电箱—分配电箱—开关箱;②停电操作顺序为:开关箱—分配电箱—总配电箱。但出现电气故障的紧急情况可除外。

(6)施工现场停止作业 1 h 以上时,应将动力开关箱断电上锁。

(7)开关箱的操作人员必须符合《施工现场临时用电安全技术规范》(JGJ 46—2005)

第3.2.3条的规定。

(8)配电箱、开关箱内不得放置任何杂物,并应保持整洁。

(9)配电箱、开关箱内不得随意连接其他用电设备。

(10)配电箱、开关箱内的电器配置和接线严禁随意改动。

熔断器的熔体更换时,严禁采用不符合原规格的熔体代替。漏电保护器每天使用前应启动漏电试验按钮试跳一次,试跳不正常时严禁继续使用。

(11)配电箱、开关箱的进线和出线严禁承受外力,严禁与金属尖锐断口、强腐蚀介质和易燃易爆物接触。

知识链接

《施工现场临时用电安全技术规范》(JGJ 46—2005)

《剩余电流动作保护电器(RCD)的一般要求》(GB/T 6829—2017)

《剩余电流动作保护装置安装和运行》(GB/T 13955—2017)

第九节　电动建筑机械和手持式电动工具

按照《施工现场临时用电安全技术规范》(JGJ 46—2005)的规定,电动建筑机械和手持式电动工具应符合以下安全要求。

一、一般规定

(1)施工现场中电动建筑机械和手持式电动工具的选购、使用、检查和维修应遵守下列规定:

①选购的电动建筑机械、手持式电动工具(见图2-25)及其用电安全装置符合相应的国家现行有关强制性标准的规定,且具有产品合格证和使用说明书;

②建立和执行专人专机负责制,并定期检查和维修保养;

③接地符合前述接地要求,运行时产生振动的设备的金属基座、外壳与PE线的连接点不少于2处;

④漏电保护符合前述漏电保护要求;

⑤按使用说明书使用、检查、维修。

(2)塔式起重机、外用电梯、滑升模板的金属操作平台及需要设置避雷装置的物料提升机,除应连接PE线外,还应做重复接地。设备的金属结构构件之间应保证电气连接。

图2-25　电动冲击夯

（3）手持式电动工具中的塑料外壳Ⅱ类工具和一般场所手持式电动工具中的Ⅲ类工具可不连接 PE 线。

（4）电动建筑机械和手持式电动工具的负荷线应按其计算负荷选用无接头的橡皮护套铜芯软电缆，其性能应符合《额定电压 450/750 V 及以下橡皮绝缘电缆　第 1 部分：一般要求》（GB/T 5013. 1—2008）和《额定电压 450/750 V 及以下橡皮绝缘电缆　第 4 部分：软线和软电缆》（GB/T 5013. 4—2008）的要求；其截面可按《施工现场临时用电安全技术规范》（JGJ 46—2005）附录 C 选配。

电缆芯线数应根据负荷及其控制电器的相数和线数确定：三相四线时，应选用五芯电缆；三相三线时，应选用四芯电缆；当三相用电设备中配置有单相用电器具时，应选用五芯电缆；单相二线时，应选用三芯电缆。

电缆芯线应符合相关规定，其中 PE 线应采用绿/黄双色绝缘导线。

码 2-12　文档：建筑施工机械

（5）每一台电动建筑机械或手持式电动工具的开关箱内，除应装设过载、短路、漏电保护电器外，还应按规范要求装设隔离开关或具有可见分断点的断路器，以及按照规范要求装设控制装置。正、反向运转控制装置中的控制电器应采用接触器、继电器等自动控制电器，不得采用手动双向转换开关作为控制电器。

二、起重机械

（1）塔式起重机（见图 2-26）的电气设备应符合《塔式起重机安全规程》（GB 5144—2006）中的要求。

图 2-26　塔式起重机

（2）塔式起重机应按要求做重复接地和防雷接地。轨道式塔式起重机接地装置的设置应符合下列要求：

①轨道两端各设一组接地装置；

②轨道的接头处做电气连接，两条轨道端部做环形电气连接；

③较长轨道每隔不大于 30 m 加一组接地装置。

（3）塔式起重机与外电线路的安全距离应符合要求。

（4）轨道式塔式起重机的电缆不得拖地行走。

（5）需要夜间工作的塔式起重机，应设置正对工作面的投光灯。

（6）塔身高于 30 m 的塔式起重机，应在塔顶和臂架端部设红色信号灯。

（7）在强电磁波源附近工作的塔式起重机，操作人员应戴绝缘手套和穿绝缘鞋，并应在吊钩与机体间采取绝缘隔离措施，或在吊钩吊装地面物体时，在吊钩上挂接临时接地装置。

（8）外用电梯梯笼内、外均应安装紧急停止开关。

（9）外用电梯和物料提升机的上、下极限位置应设置限位开关。

（10）外用电梯和物料提升机在每日工作前必须对行程开关、限位开关、紧急停止开关、驱动机构和制动器等进行空载检查，正常后方可使用。检查时必须有防坠落措施。

三、桩工机械

（1）潜水式钻孔机电机的密封性能应符合《外壳防护等级（IP 代码）》（GB/T 4208—2017）中的 IP68 级的规定。

（2）潜水式钻孔机电机的负荷线应采用防水橡皮护套铜芯软电缆，长度不应小于 1.5 m，且不得承受外力。

（3）潜水式钻孔机开关箱中的漏电保护器必须符合对潮湿场所选用漏电保护器的要求。

潜水式钻孔机见图 2-27。

图 2-27　潜水式钻孔机

四、夯土机械

(1)夯土机械开关箱中的漏电保护器必须符合对潮湿场所选用漏电保护器的要求。

(2)夯土机械 PE 线的连接点不得少于 2 处。

(3)夯土机械的负荷线应采用耐气候型橡皮护套铜芯软电缆。

(4)使用夯土机械必须按规定穿戴绝缘用品,使用过程应有专人调整电缆,电缆长度不应大于 50 m。电缆严禁缠绕、扭结和被夯土机械跨越。

(5)多台夯土机械并列工作时,其间距不得小于 5 m;前后工作时,其间距不得小于 10 m。

(6)夯土机械的操作扶手必须绝缘。

电动打夯机见图 2-28。

图 2-28　电动打夯机

五、焊接机械

(1)电焊机械应放置在防雨、干燥和通风良好的地方。焊接现场不得有易燃、易爆物品。

(2)交流弧焊机变压器的一次侧电源线长度不应大于 5 m,其电源进线处必须设置防护罩。发电机式直流电焊机的换向器应经常检查和维护,应消除可能产生的异常电火花。

(3)电焊机械开关箱中的漏电保护器必须符合漏电保护器的要求。交流电焊机械应配装防二次侧触电保护器。

(4)电焊机械的二次线应采用防水橡皮护套铜芯软电缆,电缆长度不应大于 30 m,不得采用金属构件或结构钢筋代替二次线的地线。

(5)使用电焊机械焊接时必须穿戴防护用品。严禁露天冒雨从事电焊作业。

六、手持式电动工具

(1)空气湿度小于 75%的一般场所可选用Ⅰ类或Ⅱ类手持式电动工具,其金属外壳与 PE 线的连接点不得少于 2 处;除塑料外壳Ⅱ类工具外,相关开关箱中漏电保护器的额定漏电动作电流不应大于 15 mA,额定漏电动作时间不应大于 0.1 s,其负荷线插头应具备专用的保护触头。所用插座和插头在结构上应保持一致,避免导电触头和保护触头混用。

(2)在潮湿场所或金属构架上操作时,必须选用Ⅱ类或由安全隔离变压器供电的Ⅲ类手持式电动工具。金属外壳Ⅱ类手持式电动工具使用时,必须符合相关要求;其开关箱和控制箱应设置在作业场所外面。在潮湿场所或金属构架上严禁使用Ⅰ类手持式电动工具。

(3)狭窄场所必须选用由安全隔离变压器供电的Ⅲ类手持式电动工具,其开关箱和安全隔离变压器均应设置在狭窄场所外面,并连接 PE 线。漏电保护器的选择应符合使用于潮湿或有腐蚀介质场所漏电保护器的要求。操作过程中,应有专人在外面监护。

(4)手持式电动工具的负荷线应采用耐气候型的橡皮护套铜芯软电缆,并不得有接头。

(5)手持式电动工具的外壳、手柄、插头、开关、负荷线等必须完好无损,使用前必须做绝缘检查和空载检查,在绝缘合格、空载运转正常后方可使用。绝缘电阻不应小于表2-17规定的数值。

表2-17 手持式电动工具绝缘电阻限值

测量部位	绝缘电阻/MΩ		
	Ⅰ类	Ⅱ类	Ⅲ类
带电零件与外壳之间	2	7	1

(6)使用手持式电动工具时,必须按规定穿、戴绝缘防护用品。

七、其他电动建筑机械

(1)混凝土搅拌机、插入式振动器、平板振动器、地面抹光机、水磨石机、钢筋加工机械、木工机械、盾构机械、水泵等设备的漏电保护应符合使用于潮湿或有腐蚀介质场所漏电保护器的要求。

(2)混凝土搅拌机、插入式振动器、平板振动器、地面抹光机、水磨石机、钢筋加工机械、木工机械、盾构机械的负荷线必须采用耐气候型橡皮护套铜芯软电缆,并不得有任何破损和接头。

水泵的负荷线必须采用防水橡皮护套铜芯软电缆(见图2-29),严禁有任何破损和接头,并不得承受任何外力。

盾构机械的负荷线必须固定牢固,距地高度不得小于2.5 m。

图2-29 防水橡皮护套铜芯软电缆

(3)对混凝土搅拌机、钢筋加工机械、木工机械、盾构机械等设备进行清理、检查、维修时,必须首先将其开关箱分闸断电,呈现可见电源分断点,并关门上锁。

知识链接

《施工现场临时用电安全技术规范》(JGJ 46—2005)

《额定电压 450/750 V 及以下橡皮绝缘电缆　第 1 部分:一般要求》(GB/T 5013.1—2008)

《额定电压 450/750 V 及以下橡皮绝缘电缆　第 4 部分:软线和软电缆》(GB/T 5013.4—2008)

《塔式起重机安全规程》(GB 5144—2006)

《外壳防护等级(IP 代码)》(GB/T 4208—2017)

第十节　照　明

码 2-13　文档:照明

按照《施工现场临时用电安全技术规范》(JGJ 46—2005)的规定,照明应符合以下安全要求:

(1)现场照明宜采用高光效、长寿命的照明光源。对需要大面积照明的场所,宜采用高压汞灯、高压钠灯(见图 2-30)或混光用的卤钨灯。照明器具选择应遵守下列规定:

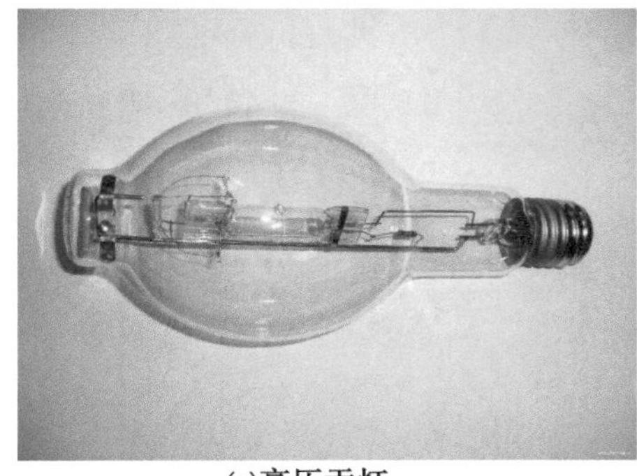

(a)高压汞灯

(b)高压钠灯

图 2-30　高压汞灯、高压钠灯

①正常湿度时,选用开启式照明器。

②潮湿或特别潮湿的场所,应选用密闭型防水防尘照明器或配有防水灯头的开启式照明器。

③含有大量尘埃但无爆炸和火灾危险的场所,应采用防尘型照明器。

④对有爆炸和火灾危险的场所,应按危险场所等级选择相应的防爆型照明器。

⑤在振动较大的场所,应选用防振型照明器。

⑥对有酸碱等强腐蚀的场所,应采用耐酸碱型照明器。

⑦照明器具和器材的质量均应符合有关标准、规范的规定,不应使用绝缘老化或破损的器具和器材。

(2)一般场所宜选用额定电压为 220 V 的照明器,对下列特殊场所应使用安全电压照明器：

①地下工程，有高温、导电灰尘，且灯具距地面高度低于2.5 m等场所的照明，电源电压不应大于36 V。

②在潮湿和易触及带电体场所的照明电源电压不应大于24 V。

③在特别潮湿的场所、导电良好的地面、锅炉或金属容器内工作的照明电源电压不应大于12 V。

(3)使用行灯应遵守下列规定：

①电源电压不超过36 V。

②灯体与手柄连接坚固、绝缘良好并耐热耐潮湿。

③灯头与灯体结合牢固，灯头无开关。

④灯泡外部有金属保护网。

⑤金属网、反光罩、悬吊挂钩固定在灯具的绝缘部位上。

防爆行灯见图2-31。

图2-31 防爆行灯

(4)照明变压器应使用双绕组型，严禁使用自耦变压器。

(5)携带式变压器的一次侧电源引线应采用橡皮护套电缆或塑料护套软线。其中绿/黄双色线做保护零线用，中间不应有接头，长度不宜超过3 m，电源插销应选用有接地触头的插销。

(6)地下工程作业、夜间施工或自然采光差等场所，应设一般照明、局部照明或混合照明，并应装设自备电源的应急照明。

知识链接

《施工现场临时用电安全技术规范》(JGJ 46—2005)

事故案例分析

一、事故概况

××工程是太湖流域水环境综合治理总体方案确定的水环境治理重点工程之一，工程建设单位为××省水利厅。2012 年 12 月 14 日批复成立了××市××工程建设处（简称建设处），该处设在××市重点水利工程建设管理处（××市水利局下属事业单位），法人代表徐××。2015 年 5 月 31 日，经公开招标投标，××公司中标该工程的桥梁施工Ⅰ标项目工程。2015 年 6 月 1 日，建设处和××公司签订了发包合同书。工程项目主要是向西接长改造桥梁，载荷等级为公路Ⅰ级，桥下不通航，桥宽 6.0 m，桥梁跨径为 13 m+20×5 m+13 m，桥梁全长 126 m，上部结构采用先张法预应力空心板，下部结构采用桩柱式墩台，钻孔灌注桩基础。2016 年 8 月 20 日上午 8 时（因 8 月 19 日夜 3 号桥接部位新筑混凝土而未作施工安排），桥梁施工工标工地钢筋工班组小组长吴××携带电焊机至 3 号、4 号桥之间的三级配电箱处在使用电焊机连接电源时不慎触电。事发时，钢筋工班组倪××在工棚外循声至事发现场，发现吴××已触电倒地。随后与闻声赶来的项目部其他人员报 120 急救电话，并将其送医院进行救治，吴××经抢救无效于当日死亡。

二、事故原因

（一）直接原因

钢筋工吴××安全意识淡薄，在未经专门的安全技术培训并考核合格且未经派工的情况下，擅自使用电焊机连接施工场所的电源，操作不当，导致触电事故。

（二）间接原因

（1）桥梁施工Ⅰ标项目部对施工作业人员临时用电安全教育培训不到位，尤其对“未经专门的安全技术培训并考核合格”的规定教育不到位，造成吴××安全意识淡薄，这是本起事故发生的主要原因。

（2）××公司对该工程桥梁施工Ⅰ标项目部安全管理不严，未严格督促检查项目部的安全生产工作，尤其在变更项目经理过程中，既没及时派出新任项目经理，也未指定该项目部临时负责人，导致项目部在 8 月 19~24 日期间无主要负责人对项目部实施管理工作，同时未能及时发现和纠正吴××未经专门的安全技术培训并考核合格而上岗作业和安全教育培训不到位的问题，这是本起事故发生的重要原因。

三、事故责任分析

（1）桥梁施工Ⅰ标项目部钢筋工吴××安全意识淡薄，在未经专门的安全技术培训并考核合格且未经派工的情况下违章作业，擅自使用电焊机连接施工场所电源，导致事故发生，应对本起事故的发生负有直接责任。鉴于其已在事故中死亡，不再追究其责任。

（2）桥梁施工Ⅰ标项目部安全管理员李××、施工队长××，未严格履行岗位职责，对钢筋工班组管理不严，安全教育、特种作业管理不到位，应对本起事故的发生负有主要责任。

（3）××公司总经理徐××，全面负责公司生产经营活动，是公司安全生产第一责任人，未认真履行安全生产职责,对项目部安全生产工作督促检查不力,未及时发现和纠正公司安全教育、特种作业管理制度不落实,同时在事故发生后迟报,应对本起事故的发生负有重要责任。

(4)××公司安全生产责任制不落实,公司总经理、项目经理等管理人员未认真履行安全生产管理职责,公司安全教育培训、特种作业管理等制度落实不到位,应对本起事故的发生负有责任。公司生产安全事故报告制度不落实,发生生产安全事故后迟报事故。

四、预防措施

(1)桥梁施工Ⅰ标项目部应深刻吸取事故教训,全面落实安全生产责任制度,确保各级各类人员充分履行安全岗位职责;要加强施工技术管理,针对工程实际和施工特点,完善施工组织设计和安全专项方案,并严格落实安全技术交底制度,向施工作业人员详细说明施工安全的要求;要严格落实公司安全生产教育培训等安全生产规章制度,强化对施工现场的安全管理,确保安全生产。

(2)××公司应深刻吸取事故教训,进一步健全安全生产责任制,加强企业内部安全生产考核,增强各级各类人员履责意识;要严格执行专项施工方案编制、审批制度,根据工程实际和施工特点,及时调整和完善施工安全技术措施;要加强对承建工程的安全检查,督促项目部及时消除存在的事故隐患;要督促各工程项目部严格执行生产安全事故报告制度,按照规定及时上报发生的生产安全事故,杜绝事故迟报行为的再次发生。

(3)建设处作为建设单位,应认真吸取事故教训,切实加强对施工单位的管理,督促施工单位严格落实安全生产主体责任,认真开展事故隐患排查治理工作,及时帮助、指导施工单位整改存在的事故隐患,确保安全生产。

(4)××市水利局作为水利行业安全生产监督管理部门,应认真吸取事故教训,坚持"谁主管谁负责"的原则,加强对本市水利工程建设的安全监管,督促建设处和相关企业切实履行安全生产主体责任,确保水利行业安全生产形势稳定发展。

课后练习

请扫描二维码,做课后测试题。

码 2-14　第二章测试题

第三章　安全防护设施

水利水电工程施工现场安全防护工作的质量直接关系着现场施工人员的生命安全。在水利水电工程施工现场经常存在着多工种交叉作业的情况，如果安全防护设施配置不到位，将极有可能导致各类安全事故的发生，造成施工人员的伤亡。而且施工现场施工人员众多、流动性大、工种复杂，导致施工现场的安全管理具有较大的难度。因此，施工现场安全防护设施的建设与安全防护措施的运用直接影响着工程的整体安全，对实现安全生产的目标意义重大。做好施工现场的安全防护工作，能够有效地减小安全事故的发生概率，对保障现场施工人员生命安全有着至关重要的意义，与此同时也避免了工程施工进度受到影响，对于保障工程施工效率、保障工程效益的良好实现也有着重要的意义。

第一节　安全帽、安全带、安全网

安全帽、安全带、安全网等施工生产使用的安全防护用具，应符合国家规定的质量标准，具有厂家安全生产许可证、产品合格证和安全鉴定合格证书，否则不应采购、发放和使用。

一、安全帽

码 3-1　文档：安全帽的性能

安全帽是对使用者头部受坠落物或小型飞溅物体等其他特定因素引起的伤害起防护作用的帽。安全帽由帽壳、帽衬、下颏带、附件组成。帽壳可承受打击、使坠落物与人体隔开；帽箍可使安全帽保持在头上一个确定的位置；顶带则负责分散冲击力；下颏带要辅助保持安全帽的状态和位置；缓冲垫则可以减小冲击力。

安全帽是保障一线职工生命安全的重要个人防护用品，根据国家标准，安全帽要符合《头部防护　安全帽》(GB 2811—2019)的要求，安全帽的选用要符合《头部防护　安全帽选用规范》(GB/T 30041—2013)的要求。安全帽见图 3-1。

(一)安全帽的规格要求

根据 GB 2811—2019，安全帽质量应满足：普通安全帽不超过 430 g，防寒安全帽不超过 600 g。帽壳内部尺寸：长 195~250 mm；宽 170~220 mm；高 120~150 mm。帽舌为 10~70 mm。帽檐≤70 mm。

佩戴高度：按照 GB 2811—2019 第 5.2.9 条规定的方法测量，佩戴高度应≥80 mm。垂直间距按照 GB 2811—2019 第 5.2.10 条中规定的方法测量，垂直间距应≤50 mm。水平间距按照 GB 2811—2019 第 5.2.11 条中规定方法测量，水平间距应≥6 mm。安全帽的突出

图 3-1　安全帽

物，即帽壳内侧与帽衬之间存在的突出物高度不得超过 6 mm，突出物应有软垫覆盖。通气孔：当帽壳留有通气孔时，通气孔总面积为 150~450 mm^2。

（二）安全帽的维护

（1）安全帽的维护应按照产品说明进行。

（2）安全帽上的可更换部件损坏时应按照产品说明及时更换。

（3）安全帽的存放应远离酸、碱、有机溶剂、高温、低温、日晒、潮湿或其他腐蚀环境，以免使其老化或变质。

（4）对热塑材料制的安全帽，不应用热水浸泡及放在暖气片、火炉上烘烤，以防止帽体变形。

（5）安全帽要保持清洁，并按照产品说明定期进行清洗。

（三）安全帽的选择

在可能存在物体坠落、碎屑飞溅、磕碰、撞击、穿刺、挤压、摔倒及跌落等伤害头部的场所时，应佩戴至少具有基本技术性能的安全帽。基本技术性能包括冲击吸收性能、耐穿刺性能、下颏带的强度。

当作业环境中可能存在短暂接触火焰、短时局部接触高温物体或暴露于高温场所时应选用具有阻燃性能的安全帽。当作业环境中可能发生侧向挤压，包括可能发生塌方、滑坡的场所，存在可预见的翻倒物体、可能发生速度较低的冲撞场所时，应选用具有侧向刚性的安全帽。

作业环境是可能发生引爆燃的危险场所，包括油船船舱、含高浓度瓦斯煤矿、天然气田、烃类液体灌装场所、粉尘爆炸危险场所及可燃气体爆炸危险场所，应选用具有防静电性能的安全帽,使用防静电安全帽时所穿衣物也应遵循防静电规程要求。

当作业环境中可能接触 400 V 以下三项交流电时,应选用具有电绝缘性能的安全帽。当作业环境中需要保温且环境温度不低于-20 ℃的低温作业工作场所时,应选用具有防寒功能或与佩戴的其他防寒装配不发生冲突的安全帽。

安全帽根据工作的实际情况可能存在以下特殊性能,包括摔倒及跌落的保护,导电性能、防高压电性能、耐超低温性能、耐极高温性能、抗熔融金属性能等,制造商和采购方应按照 GB 2811—2019 作出技术的补充协议。当作用环境光线不足时,应选用颜色明亮的安全帽。当作业环境能见度低时,应选用与环境色差较大的安全帽或在安全帽上增加符合要求的反光条。

(四)正确使用安全帽

(1)戴安全帽前应将帽后调整带按自己头型调整到适合的位置,然后将帽内弹性带系牢。缓冲衬垫的松紧由带子调节,人的头顶和帽体内顶部的空间垂直距离一般在 25~50 mm,至少不要小于 32 mm 为好。这样才能保证当遭受到冲击时,帽体有足够的空间可供缓冲,平时也有利于头部和帽体间的通风。安全帽规范戴法见图 3-2。

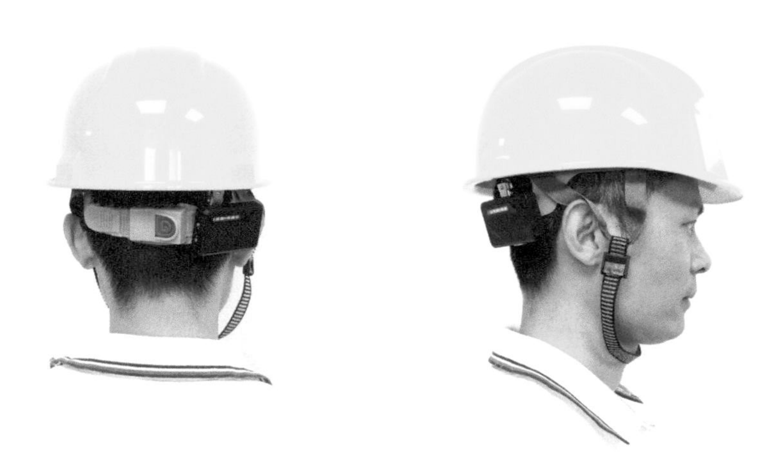

图 3-2 安全帽规范戴法

(2)不要把安全帽歪戴,也不要把帽檐戴在脑后方。否则,会降低安全帽对于冲击的防护作用。

(3)安全帽的下颏带必须扣在颏下,并系牢,松紧要适度。这样不至于被大风吹掉,或者是被其他障碍物碰掉,或者由于头的前后摆动,使安全帽脱落。

(4)安全帽体顶部除在帽体内部安装了帽衬外,有的还开了小孔通风。但在使用时不要为了透气而随便再行开孔,因为这样做将会使帽体的强度降低。

(5)安全帽在使用过程中会逐渐损坏,所以要定期检查,检查有没有龟裂、下凹、裂痕和磨损等情况,发现异常现象要立即更换,不要继续使用。任何受过重击、有裂痕的安全帽,不论有无损坏现象,均应报废。

(6)严禁使用只有下颏带与帽壳连接的安全帽,也就是帽内无缓冲层的安全帽。

(7)施工人员在现场作业中,不得将安全帽摘下搁置一旁,或当坐垫使用。

(8)使用高密度低压聚乙烯塑料制成的安全帽时,要注意此类安全帽具有硬化和变蜕的性质,所以不宜长时间在阳光下暴晒。

(9)新领到的安全帽,首先检查是否有劳动部门允许生产的证明及产品合格证,再看是否破损、薄厚是否均匀,缓冲层及调整带和弹性带是否齐全有效。不符合要求的,应要求立即调换。

(10)在室内进行作业也要佩戴安全帽,特别是在室内带电作业时,更要佩戴安全帽,因为安全帽不但可以防碰撞,还能起到绝缘作用。

(11)平时使用安全帽时应保持整洁,不能接触火源,不要任意涂刷油漆。

(12)使用者不能随意在安全帽上拆卸或添加附件,以免影响其原有的防护性能。

(13)使用者不能随意调节帽衬的尺寸,这会直接影响安全帽的防护性能,落物冲击一旦发生,安全帽会因佩戴不牢脱出或因冲击后触顶直接伤害佩戴者。

(14)使用时一定要将安全帽戴正、戴牢,不能晃动,要系紧下颏带,调节好后箍以防安全帽脱落。

(15)经受过一次冲击或做过试验的安全帽应作废,不能再次使用。

(16)应注意在有效期内使用安全帽,塑料安全帽有效期限为两年半,玻璃钢(包括维纶钢)和胶质安全帽的有效期限为三年半。

(17)安全帽可防止高空坠物伤人,而头盔是用来防止撞击、摔跌,两者防护点不同,功能各有侧重,因此不能替换。进入生产现场必须佩戴安全帽,违规使用安全帽会造成安全帽损坏或降低使用寿命。

(18)安全帽的适用温度为-10~50 ℃,不用时应摆放在通风干燥处。

(五)安全帽的检查标准与试验周期

安全帽的检查标准与试验周期见表3-1。

表3-1　安全帽的检查标准与试验周期

名称	检查与试验质量标准要求	检查试验周期
塑料安全帽	1. 外表完整、光洁; 2. 帽内缓冲带、帽带齐全无损; 3. 耐40~120 ℃高温不变形; 4. 耐水、油、化学腐蚀性良好; 5. 可抗3 kg的钢球从5 m高处垂直坠落的冲击力	一年一次

二、安全带

安全带是在高处作业、攀登及悬吊作业中固定作业人员位置、防止作业人员发生坠落或发生坠落后将作业人员安全悬挂的个体坠落防护装备的系统。安全带是预防高坠事故的个人防护用品,是高处作业"三宝"之一。高处作业时作业人员应系挂或佩戴安全带,同时还应对安全带的选择、使用及维护了解掌握,以防错误使用安全带造成附加伤害。安全带佩戴示意见图3-3。

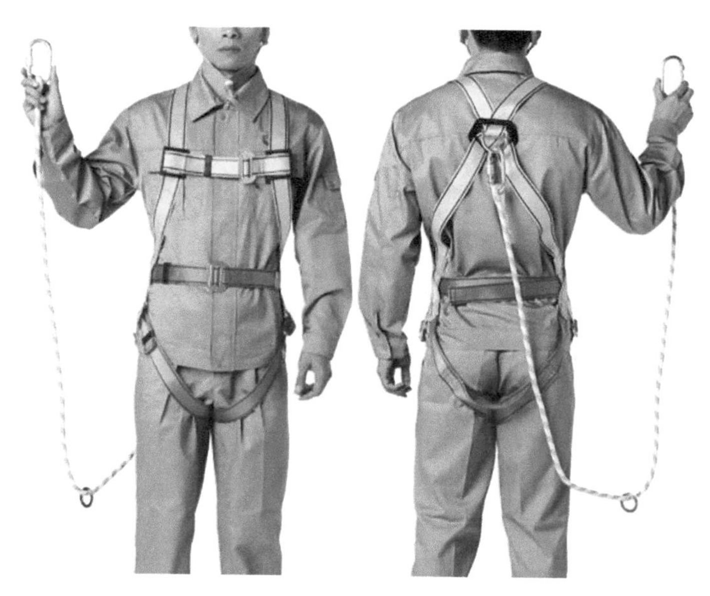

图 3-3　安全带佩戴示意

(一)安全带的分类

依据《坠落防护　安全带》(GB 6095—2021)的要求,对高处作业用安全带作出以下分类,如表 3-2 所示。安全带的组成见图 3-4。

表 3-2　安全带的分类

区分项目	围杆作业用安全带	区域限制用安全带	坠落悬挂用安全带
表示字母	W	Q	Z
定义	用于围绕在固定构造物上的绳或带,将人体绑定在固定构筑物附近,防止人员滑落,使作业人员的双手可以进行其他操作的个体坠落防护系统	通过限制作业人员的活动范围,避免其到达可能发生坠落区域的个体坠落防护系统	当作业人员发生坠落时,通过制动作用将作业人员安全悬挂的个体坠落防护系统
组成部分	①可连接围杆作用部件的系带; ②可连接安全带内各组成部分的环类零部件及连接器; ③可围绕杆、柱等构筑物并可与系带连接的围杆作用安全绳等部件	①可连接区域限制用部件的系带; ②可连接安全带内各组成部分的环类零部件及连接器; ③可连接系带和挂点装置的区域限制安全绳或速差自控器等起限制及定位作用的零部件	①可连接坠落悬挂用部件的系带; ②可连接安全带内各组成部分的环类零部件及连接器; ③可连接系带和挂点装置或构筑物的安全绳及缓冲器、速差自控器、自锁器等中的一种
系带样式	半身式、单腰带式、全身式	半身式、单腰带式、全身式	全身式

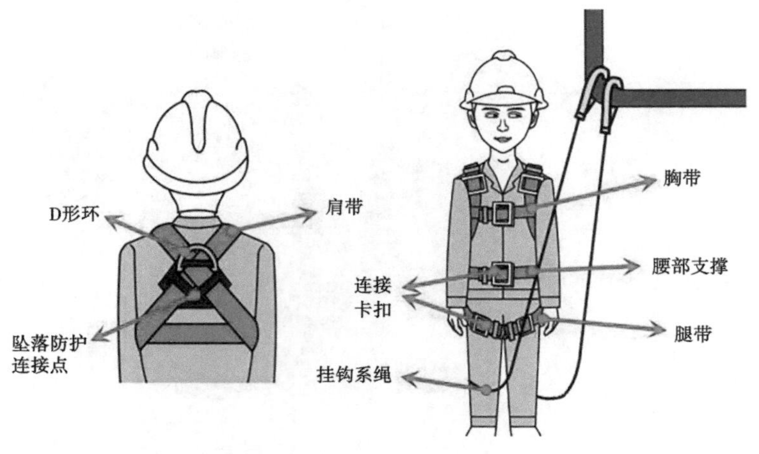

图 3-4　安全带的组成

(二)安全带使用前检查要点

安全带使用前应检查安全带标识及制造商提供的信息,安全带标识应固定于系带,涵盖主要信息有:合格品标记;生产日期(年、月);适用和不适用对象、场合的描述;安全带各部件间正确组合和连接方法及安全带挂点装置的连接方法;整体报废或更换零部件的条件和要求;清洁、维护、储存的方法及最长的储存时间;警示语:当标识在产品报废期限内无法辨认时,产品应当报废。

(三)安全带的使用与维护纲要

(1)思想上必须重视安全带的作用。使用前要检查各部位是否完好无损。

(2)高挂低用:将安全带挂在高处,人在下面工作就叫高挂低用。高挂低用可以减小坠落时的实际冲击距离,降低坠落伤害,与之相反的是低挂高用,因为当坠落发生时,实际冲击的距离会加大,人和绳都要受到较大的冲击负荷,所以安全带必须高挂低用,杜绝低挂高用。

(3)安全带要拴挂在牢固的构件或物体上,要防止摆动或碰撞,绳子不能打结使用,钩子要挂在连接环上。

(4)安全带绳保护套要保持完好,以防绳被磨损。若发现保护套损坏或脱落,必须加上新套后再使用。

(5)安全带严禁擅自接长使用。

(6)安全带在使用后,要注意维护,要经常检查安全带缝制部分和挂钩部分,必须详细检查捻线是否发生裂断和残损等。安全带不使用时要妥善保管,不可接触高温、明火、强酸、强碱或尖锐物体,不要存放在潮湿的仓库中保管。

(7)安全带应在规定使用期限内使用,应根据使用环境、使用频次等因素对在用安全带进行周期性检查,建议检验周期最长不超过 1 年,频繁使用应经常进行外观检查,发现异常必须立即更换。安全带周期性检查要求见表 3-3。

表 3-3　安全带周期性检查要求

部件组成	检查内容及可能存在的损伤
织带	是否存在断裂或撕裂； 可能与尖锐物体或坚硬物体接触部位的磨损情况； 是否存在过度的拉伸或变形； 因接触高温、腐蚀性物质、有机溶剂后的损坏； 因潮湿、汗液、紫外线等因素引起的霉变或老化； 坠落指示装置状态
连接器	是否存在裂纹； 活门功能是否正常； 旋转机构是否正常； 可能与尖锐物体或坚硬物体接触部位的磨损情况； 是否存在过度的拉伸或变形； 因潮湿、腐蚀性物质、有机溶剂所引起的腐蚀
金属环类零件	是否存在裂纹； 可能与尖锐物体或坚硬物体接触部位的磨损情况，是否存在过度的拉伸或变形； 因潮湿、腐蚀性物质、有机溶剂所引起的腐蚀
锁止机构	锁止机构运动的状态是否正常
缝线	可能与尖锐物体或坚硬物体接触部位的磨损情况
标识	是否清晰可辨认

(四)高处作业安全操作规程

1. 作业前

(1)按规定正确穿戴好劳动防护用品(安全帽、工作服、劳保鞋)，离地面超过 2 m 高度作业时需穿戴全身式安全带(每次使用前应对安全带进行检查，确保安全性能有效)。

(2)作业前应按照相关程序办理登高作业许可证，作业人员持证上岗。

(3)观察作业场所周边情况，检查登高装置是否完好，如有异常禁止操作。

(4)对本岗位应急疏散通道畅通情况、消防设施数量、消防设施外观完好性，消防设施是否被阻挡开展检查，检查中发现的隐患应逐级上报。

2. 作业中

(1)高处作业时应不低于两人配合操作，全程必须要有专人监护。

(2)当使用活动梯子等设施进行高处作业时，监护人应保证活动梯子等设施安全稳定，作业中监护人不得离开，且注意力必须高度集中，以防落物伤人伤己。

(3)作业过程中，监护人应保证作业现场有效隔离，无无关人员进入作业现场。

(4)严禁从地上向高处扔物或在高处向下扔物。

(5)登高工具或设施上面有人时严禁移动，以免发生人员或工具及物料坠落风险。

(6)高处作业人员在上下登高设施时，手不能拿物件，双手扶稳上下登高设施。

(7)高处作业人员使用的工具及时放入工具包或固定在工作台上,严禁随意放置。

(8)发现异常状况后,应立即停止作业并上报班组长,等待专业人员处理,禁止私自处理未经授权的异常状况或参与作业内容之外的作业活动。

(9)发现作业现场机、物、料、环境、管理资料有变化或缺陷立即报告。

(10)出现安全、健康、环境事故立即按车间相关应急处理方案进行处理。

(11)辨识出新的危险源后,立即报告班组长,履行相应审批手续后更新作业。

(12)严禁本岗位内出现违章使用电源、火源情况。

3. 作业后

(1)工作完毕后缓慢下登高设施,将工具等物品清走,确保高处无遗留物。

(2)将登高设施放回指定区域,清理作业现场。

(3)确认现场无遗留的安全隐患。

(4)对作业区域进行仔细清扫,地面无积水、积油、垃圾,废弃物严格按照标准分类投放。

(五)安全带的检查标准与试验周期

安全带的检查标准与试验周期见表 3-4。

表 3-4　安全带的检查标准与试验周期

名称	检查与试验质量标准要求	检查试验周期
安全带	检查: 1. 绳索无脆裂、断脱现象; 2. 皮带各部接口完整、牢固,无霉朽和虫蛀现象; 3. 销口性能良好。 试验: 1. 静荷:使用 255 kg 重物悬吊 5 min 无损伤; 2. 动荷:将质量为 120 kg 的重物从 2~2. 8 m 高架上冲击安全带,各部件无损伤	1. 每次使用前均应检查; 2. 新带使用一年后抽样试验; 3. 旧带每隔 6 个月抽查试验一次

三、安全网

码 3-2　文档:安全网的类型

安全网是用来防止人、物坠落,或用来避免、减轻坠落及物击伤害的网具。安全网是由尼龙绳或聚乙烯丝绳编制成菱形或者方形网目的网,颜色通常为绿色。一般由网体、边绳、系绳等组成。

(一)安全网的分类和标记

安全网按功能分为安全平网、安全立网及密目式安全立网。

(1)安全平网。安装平面不垂直于水平面,用来防止人或物坠落的安全网,如图 3-5 所示。

(2)安全立网。安装平面垂直于水平面,用来防止人或物坠落的安全网,如图 3-6 所示。

(3)密目式安全立网。网目密度不低于 800 目/100 cm^2,垂直于平面安装,用于防止人员坠落及坠物伤害的网,如图 3-7 所示。一般由网体、开眼环扣、边绳和附加系绳组成。

图 3-5　安全平网

图 3-6　安全立网

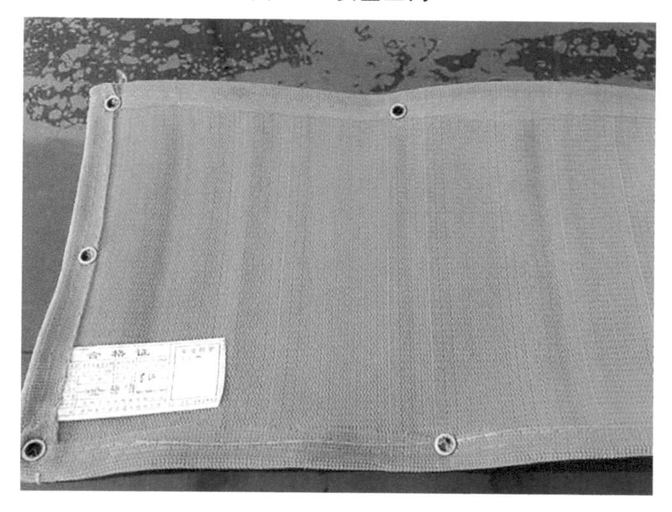

图 3-7　密目式安全立网

产品标记由名称、类别、规格三部分组成，字母P、L、ML分别代表安全平网、安全立网及密目式安全立网。密目网产品级别分为A级和B级。A级密目网在单独使用时仍具有一定的坠落防护功能，而B级密目网则需要与立网配合使用才具有坠落防护功能，否则只能起遮挡、防尘等作用。

例如：①宽3 m、长6 m的锦纶平网：锦纶安全网采用-P-3×6；（GB 5725—2009安全网）

②宽1.8 m、长6 m的A级密目式安全网：ML-1.8×6A级；（GB 5725—2009密目式安全立网）

③宽4 m、长6 m的阻燃维纶立网：阻燃维纶安全网L-4×6；（GB 5725—2009安全网）

（二）建筑施工安全网的选用和施工规定

（1）安全网材质、规格、物理性能、耐火性、阻燃性应满足《安全网》（GB 5725—2009）的规定。

（2）密目式安全立网的网目密度应为10 cm×10 cm面积上大于或等于2 000目。

（3）采用平网防护时，严禁使用密目式安全立网代替平网使用。

（4）密目式安全立网使用前，应检查产品分类标记、产品合格证、网目数及网体重量，确认合格方可使用。

（5）安全网搭设要求。

①安全网搭设应绑扎牢固、网间严密。安全网的支撑架应具有足够的强度和稳定性。

②密目式安全立网搭设时，每个开眼环扣应穿入系绳，系绳应绑扎在支撑架上，间距不得大于450 mm。相邻密目网间应紧密结合或重叠。

③当立网用于龙门架、物料提升架及井架的封闭防护时，四周边绳应与支撑架贴紧，边绳的断裂张力不得小于3 kN，系绳应绑在支撑架上，间距不得大于750 mm。

④用于电梯井、钢结构和框架结构及构筑物封闭防护的平网，应符合下列规定：平网每个系结点上的边绳应与支撑架靠紧，边绳的断裂张力不得小于7 kN，系绳沿网边应均匀分布，间距不得大于750 mm；电梯井内平网网体与井壁的空隙不得大于25 mm，安全网拉结应牢固。

（三）安全网的检查标准与试验周期

安全网的检查标准与试验周期见表3-5。

表3-5　安全网的检查标准与试验周期

名称	检查与试验质量标准要求	检查试验周期
安全网	1.绳芯结构和网筋边绳结构符合要求； 2.两件各120 kg的重物同时由4.5 m高处坠落冲击完好无损	每年一次，每次使用前进行外表检查

《头部防护　安全帽》（GB 2811—2019）

《头部防护　安全帽选用规范》（GB/T 30041—2013）

《坠落防护　安全带》(GB 6095—2021)

《安全网》(GB 5725—2009)

第二节　栏杆、盖板与防护棚

一、防护栏杆

码 3-3　文档：防护栏杆的类型

临边作业的防护栏杆应由横杆、立杆及挡脚板组成。防护栏杆应符合下列规定：

(1)材料应符合下列要求：

①钢管横杆及立柱宜采用≥ϕ 48.3 mm×3.6 mm 的钢管，以扣件或焊接固定。

②钢筋横杆直径不应小于 16 mm，栏杆柱直径不应小于 20 mm，宜采用焊接连接。

③原木横杆梢径不应小于 7.00 cm，栏杆柱梢径不应小于 7.50 cm，用不小于 12 号的镀锌铁丝绑扎固定。

④毛竹横杆小头有效直径不应小于 7.00 cm，栏杆柱小头直径不应小于 8.00 cm，用不小于 12 号的镀锌铁丝绑扎，至少 3 圈，不得有脱滑现象。

防护栏杆见图 3-8。

图 3-8　防护栏杆

(2)防护栏杆应由上、中、下三道横杆及栏杆柱组成，上杆离地高度不低于 1.20 m，栏杆底部应设置不低于 0.2 m 的挡脚板，下杆离地高度为 0.30 m。坡度大于 25°时，防护栏应加高至 1.50 m，特殊部位必须用网栅封闭。

(3)长度小于 10 m 的防护栏杆，两端应设有斜杆。长度大于 10 m 的防护栏杆，每 10 m 段至少应设置一对斜杆。斜杆材料尺寸与横杆相同，并与立柱、横杆焊接或绑扎牢固。

(4)栏杆立柱间距不宜大于 2.00 m。若栏杆长度大于 2.00 m，必须加设立柱。

(5)栏杆立柱的固定应符合下列要求：

①在泥石地面固定时，宜打入地面 0.50～0.70 m，离坡坎边口的距离应不小于 0.50 m。

②在坚固的混凝土面等固定时，可用预埋件与钢管或钢筋栏杆柱焊接；采用竹、木栏杆固定时，应在预埋件上焊接 0.30 m 长∠50×50 角钢或直径不小于 20 mm 的钢筋，用螺栓连接或用不小于 12 号的镀锌铁丝绑扎两道以上固定。

③在操作平台、通道、栈桥等处固定时，应与平台、通道杆件焊接或绑扎牢固。

(6)防护栏杆整体构造应使栏杆任何处能经受任何方向的 1 kN 的外力时，不得发生明显变形或断裂。在有可能发生人群拥挤、车辆冲击或物件碰撞的场所，栏杆应专门设计。

二、盖板

施工现场各类洞井孔口和沟槽应设置固定盖板，盖板材料宜采用木材、钢材或混凝土，其中普通盖板承载力不应小于 2.5 kPa；机动车辆、施工机械设备通行道路上的盖板承载力不应小于经过车辆设备中最大轴压力的 2 倍。

各类盖板表面应防滑，基础应牢固可靠，并定期检查维修。

三、防护棚

码 3-4　文档：建筑施工现场应该设置的安全防护棚

防护棚是高处作业在立体交叉作业时，为防止物体坠落造成坠落半径内人员伤害或材料、设备损坏而搭设的防护棚架。工地安全防护棚见图 3-9。

安全防护棚搭设应符合下列规定。

(一)防护棚高度

(1)当安全防护棚为非机动车辆通行时，棚底至地面高度不应小于 3 m。

(2)当安全防护棚为机动车辆通行时，棚底至地面高度不应小于 4 m。

(二)防护棚层数

1. 双层防护棚

当建筑物高度大于 24 m 并采用木质板搭设时，由于坠落物冲击力较大，单层防护存在被击穿的可能，应搭设双层安全防护棚。两层防护的间距不应小于 700 mm，安全防护棚的高度不应小于 4 m。

当安全防护棚的顶棚采用竹笆或木质板搭设时，应采用双层搭设，间距不应小于 700 mm。

2. 单层防护棚

当采用木质板或与其等强度的其他材料搭设时，可采用单层搭设，木板厚度不应小于 50 mm。

(三)防护棚材料

防护棚材料宜使用 5 cm 厚的木板等抗冲击材料，且满铺无缝隙，经验收符合设计要求后使用，并定期检查维护。

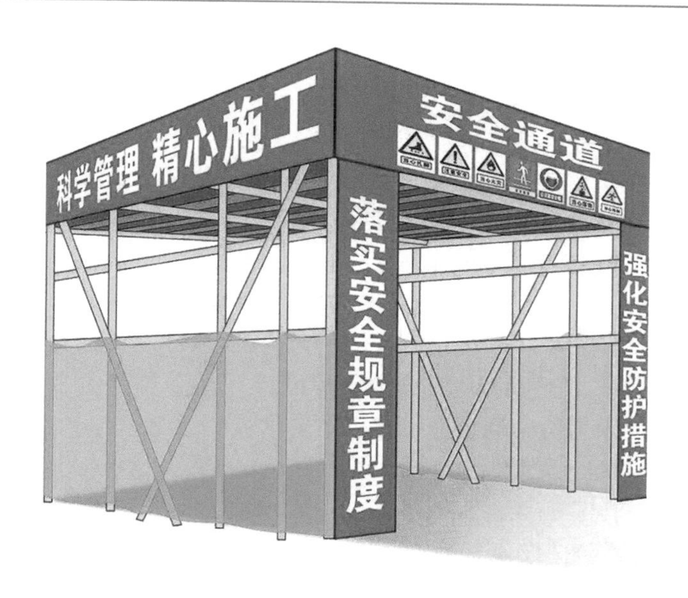

图 3-9　工地安全防护棚

（四）防护棚长度

防护棚的长度应根据建筑物高度与可能坠落半径确定。

（五）搭设规定

（1）安全防护网搭设时，应每隔 3 m 设一根支撑杆，支撑杆水平夹角不宜小于 45°。

（2）当在楼层设支撑杆时，应预埋钢筋环或在结构内外侧各设一道横杆。

（3）安全防护网应外高里低，网与网之间应拼接严密。

第三节　施工走道、栈桥与梯子

一、施工走道

施工场所内人行及人力货运走道（通道）基础应牢固，走道表面应保持平整、整洁、畅通，无障碍堆积物，无积水。

施工走道的临空（2 m 高度以上）临水边缘应设有高度不低于 1.2 m 的安全防护栏杆，临空下方有人施工作业或人员通行时，沿栏杆下侧应设有高度不低于 0.2 m 的挡板。

施工走道宽度不宜小于 1 m。

跨度小于 2.5 m 的悬空走道（通道）宜用厚 7.5 cm、宽 15 cm 的方木搭设，超过 2.5 m 的悬空走道搭设应经设计计算后施工。

施工走道上方和下方有施工设施或作业人员通行时应设置大于通道宽度的隔离防护棚。

出现霜雪冰冻后，施工走道应采取相应的防滑措施。

二、栈桥

码 3-5 文档：施工栈桥的质量控制及措施

栈桥应根据施工荷载设计确定，且应符合下列要求：

(1)基础稳固、平坦畅通。

(2)人行便桥、栈桥宽度不应小于 1.2 m。

(3)手推车便桥、栈桥宽度不应小于 1.5 m。

(4)机动翻斗车便桥、栈桥，应根据荷载进行设计施工，其最小宽度不应小于 2.5 m。

(5)设置防护栏杆、限载及相应安全警示标识。

施工场内人行及人力货运通道应符合以下要求：

(1)牢固、平整、整洁、无障碍、无积水。

(2)宽度不小于 1.00 m。

(3)危险地段设置防护设施和警告标志。

(4)冬季雪后有防滑措施。

(5)设置防护栏杆、限载及相应安全警示标识。

三、梯子

高处作业垂直通行应设有钢扶梯、爬梯或简易木梯。

钢扶梯(见图 3-10)梯梁宜采用工字钢或槽钢；踏脚板宜采用直径不小于 20 mm 的钢筋、扁钢与小角钢；扶手宜采用外径不小于 30 mm 的钢管。焊接制作安装应牢固可靠。钢扶梯宽度不宜小于 0.8 m，踏脚板宽度不宜小于 0.1 m，间距以 0.3 m 为宜。钢扶梯的高度大于 8 m 时，宜设梯间平台，分设梯。

图 3-10 钢扶梯

钢爬梯(见图3-11)梯梁宜采用不小于∠50×50角钢或直径不小于30 mm的钢管;踏板宜采用直径不小于20 mm的圆钢。焊接制作安装应牢固可靠;钢爬梯宽度不宜小于0.3 m,踏板间距以0.3 m为宜;钢爬梯与建筑物、设备、墙壁、竖井之间的净间距不应小于0.15 m,钢爬梯的高度超过5 m时,其后侧临空面宜设置相应的护笼,每隔8 m宜设置梯间平台。

图3-11　钢爬梯

简易木梯[见图3-12(a)]材料应轻便坚固,长度不宜超过3 m,底部宽度不宜小于0.5 m;梯梁梢径不小于8 cm,踏步间距以0.3 m为宜。

人字梯[见图3-12(b)]应有限制开度的链条绳具。

梯子使用应符合以下规定:

(1)工作前应把梯子安放稳定。梯子与地面的夹角宜为60°,顶端应与建筑物靠牢。

(2)在光滑坚硬的地面上使用梯子时,梯脚应套上橡皮套或在地面上垫防滑物(如橡胶布、麻袋)。

(3)梯子应安放在固定的基础上,严禁架设在不稳固的建筑物上或悬吊在脚手架上。

(4)在梯子上工作时要注意身体的平稳,不应两人或数人同时站在一个梯子上工作。

(5)上下梯子不宜手持重物。工具、材料等应放在工具袋内,不应上下抛掷。

(6)使用梯子宜避开机械转动部分以及起重、交通要道等危险场所。

(7)梯子应有足够的长度,最上两挡不应站人工作,梯子不应接长或垫高使用。

绳梯的使用应符合以下规定:

(1)绳梯的安全系数不应小于10。

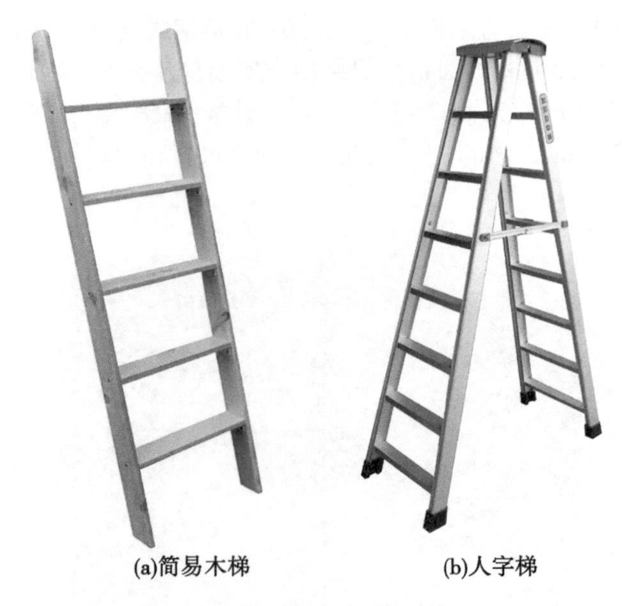

(a)简易木梯　　(b)人字梯

图 3-12　简易木梯和人字梯

(2)绳梯的吊点应固定在牢固的承载物上,并应注意防火、防磨、防腐。

(3)绳梯应指定专人负责架设。使用前应进行认真检查。

(4)绳梯每半年应进行一次荷载试验。试验时应以 500 kg 的质量挂在绳索上,经 5 min,若无变形或损坏,即认为合格。试验结果应做记录,应由试验者签章,未按期做试验的严禁使用。

绳梯见图 3-13。

图 3-13　绳梯

第四节 脚手架

脚手架是水利水电工程建设施工中必不可少的临时设施,如高边坡开挖、支护、混凝土浇筑、结构构件的安装等都需要在其近旁搭设脚手架,以便在其上进行施工操作、堆放施工材料和必要时的短距离水平运输。脚手架虽然是随着工程进度而搭设的,工程完毕就拆除,但它对水利水电工程建设施工速度、工作效率、工程质量以及作业人员的人身安全有着直接的影响。如果脚手架搭设不合理,作业人员操作就不方便,则容易造成安全事故。

一、脚手架的种类

码 3-6 文档:脚手架的分类

脚手架可根据施工对象的位置关系、支承特点、结构形式以及使用的材料等划分为多种类型。

(一)按与建筑物的位置关系分

(1)外脚手架(见图 3-14)。搭设在建筑物或构筑物外围的脚手架称为外脚手架。外脚手架应从地面搭起,一般来讲建筑物多高,其架子就要搭多高。其主要形式有多立杆式、框式、板式等。

图 3-14 外脚手架

(2)内脚手架(见图 3-15)。搭设在建筑物或构筑物内的脚手架称为内脚手架,其结构形式主要有折叠式、支柱式和门架式等多种。

(二)按支撑部位和支撑方式分

(1)落地式脚手架。搭设(支座)在地面、楼面、屋面或其他平台结构上的脚手架。

(2)悬挑式脚手架。采用悬挑方式支固的脚手架,其支挑方式有架设于专用悬挑梁

图 3-15　内脚手架

上,架设于专用悬挑三脚架上,架设于有撑位杆件组合的支挑结构上。其支挑结构有斜撑式、斜拉式、拉撑式和顶固式等多种。

(3)附墙悬挂脚手架。在上部或中部挂设于墙体挑挂件上的定型脚手架。

(4)悬吊脚手架。悬吊于悬挑梁或工程结构下的脚手架。

(5)附着式升降脚手架(见图 3-16)。附着式升降脚手架简称爬架,是附着于工程结构依靠自身提升设备实现升降的悬空脚手架。

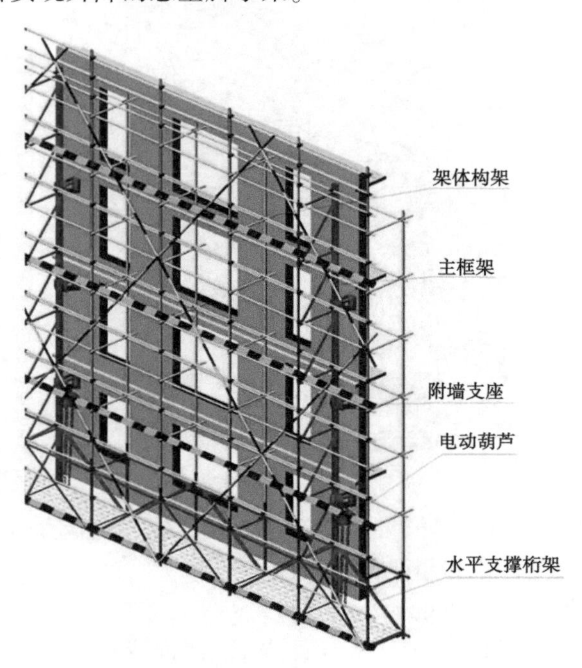

图 3-16　附着式升降脚手架

（6）水平移动脚手架（见图3-17）。带行走装置的脚手架或操作平台架。

图3-17　水平移动脚手架

（三）按所用的材料分

脚手架按其所用的材料可以分为木脚手架、竹脚手架和金属脚手架。

（四）按结构形式分

脚手架按其结构形式可以分为多立杆式、扣件式、门式、方塔式等。

二、脚手架搭设与使用安全技术

（一）搭设前的准备工作

（1）脚手架应根据施工荷载经设计确定，施工常规负荷量不应超过3.0 kPa。脚手架搭成后，须经施工及使用单位技术、质检、安全等部门按设计和规范检查验收合格，方准投入使用。

（2）高度超过25 m和特殊部位使用的脚手架，应专门设计并报建设（监理）单位审核、批准并进行技术交底后，方可搭设和使用。

（3）脚手架搭设前，应对作业人员劳动防护用品的佩戴情况和使用的工具进行检查，确保满足要求。

（4）脚手架材料、构配件在入库前应进行验收，使用前应进行检查，确保满足规范要求。

（5）脚手架搭设前，应对脚手架基础进行验收，确认合格后按设计的要求放线定位。脚手架的搭设场地应平整、坚实，场地排水应顺畅，不应有积水。脚手架附着于建筑结构处混凝土强度应满足安全承载要求。

(二)搭设过程中注意事项

1. 作业脚手架搭设要求

(1)作业脚手架的宽度不应小于 0.8 m,且不宜大于 1.2 m。作业层高度不应小于 1.7 m,且不宜大于 2.0 m。

(2)作业脚手架应按设计计算和构造要求设置连墙件,并应符合下列要求:

①连墙件应采用能承受压力和拉力的构造,并应与建筑结构和架体连接牢固。

②连墙点的水平间距不得超过 3 跨,竖向间距不得超过 3 步,连墙点之上架体的悬臂高度不应超过 2 步。

③在架体的转角处、开口型作业脚手架端部应增设连墙件,连墙件的垂直间距不应大于建筑物层高,且不应大于 4.0 m。

(3)在作业脚手架的纵向外侧立面上应设置竖向剪刀撑,并应符合下列要求:

①每道剪刀撑的宽度应为 4~6 跨,且不应小于 6 m,也不应大于 9 m;剪刀撑斜杆与水平面的倾角应为 45°~60°。

②搭设高度在 24 m 以下时,应在架体两端、转角及中间每隔不超过 15 m 各设置一道剪刀撑并由底至顶连续设置;搭设高度在 24 m 及以上时,应在其外侧立面上由底至顶连续设置。

③悬挑脚手架、附着式升降脚手架应在全外侧立面上由底至顶连续设置。

(4)当采用竖向斜撑杆、竖向交叉拉杆替代作业脚手架竖向剪刀撑时,应符合下列规定:

①在作业脚手架的端部、转角处应各设置一道。

②搭设高度在 24 m 以下时,应每隔 5~7 跨设置一道;搭设高度在 24 m 及以上时,应每隔 1~3 跨设置一道;相邻竖向斜撑杆应朝向对称呈“八”字形设置。

③每道竖向斜撑杆、竖向交叉拉杆应在作业脚手架外侧相临纵向立杆间由底至顶按步连续设置。

(5)作业脚手架底部立杆上应设置纵向扫地杆和横向扫地杆。

(6)悬挑脚手架立杆底部应与悬挑支撑结构可靠连接;应在立杆底部设置纵向扫地杆,并应间断设置水平剪刀撑或水平斜撑杆。

(7)附着式升降脚手架应符合下列要求:

①竖向主框架、水平支撑架应采用桁架或刚架结构,杆件应采用焊接或螺栓连接。

②应设有防倾、防坠、超载、失载、同步升降控制装置,各类装置应灵敏可靠。

③在竖向主框架所覆盖的每个楼层均应设置一道附墙支座;每道附墙支座应能承担该机位的全部荷载;在使用工况时,竖向主框架应与附墙支座固定。

④当采用电动升降设备时,电动升降设备连续升降距离应大于一个楼层高度,并应有制动和定位功能。

⑤防坠落装置与升降设备的附着固定应分别设置,不得固定在同一附着支座上。

(8)作业脚手架的作业层上应满铺脚手板,并应采取可靠的连接方式与水平杆固定。当作业层边缘与建筑物间隙大于 150 mm 时,应采取防护措施。作业层外侧应设置栏杆和挡脚板。

2. 支撑脚手架搭设要求

(1)支撑脚手架的立杆间距和步距应按设计计算确定,且间距不宜大于 1.5 m,步距不应大于 2.0 m。

(2)支撑脚手架独立架体高宽比不应大于 3.0。

(3)当有既有建筑结构时,支撑脚手架应与既有建筑结构可靠连接,连接点至架体主节点的距离不宜大于 300 mm,应与水平杆同层设置,并应符合下列规定:

①连接点竖向间距不宜超过 2 步;

②连接点水平向间距不宜大于 8 m。

(4)支撑脚手架应设置竖向剪刀撑,并应符合下列规定:

①安全等级为Ⅱ级的支撑脚手架应在架体周边、内部纵向和横向每隔不大于 9 m 设置一道。

②安全等级为Ⅰ级的支撑脚手架应在架体周边、内部纵向和横向每隔不大于 6 m 设置一道。

③每道竖向剪刀撑的宽度宜为 6~9 m,剪刀撑斜杆与水平面的倾角应为 45°~60°。

(5)当采用竖向斜撑杆、竖向交叉拉杆代替支撑脚手架竖向剪刀撑时,应符合下列规定:

①安全等级为Ⅱ级的支撑脚手架应在架体周边、内部纵向和横向每隔 6~9 m 设置一道;安全等级为Ⅰ级的支撑脚手架应在架体周边、内部纵向和横向每隔 4~6 m 设置一道。

每道竖向斜撑杆、竖向交叉拉杆可沿支撑脚手架纵向、横向每隔 2 跨在相邻立杆间从底至顶连续设置,也可沿支撑脚手架竖向每隔 2 步距连续设置。斜撑杆可采用“八”字形对称布置。

②被支撑荷载标准值大于 30 kN/m^2 的支撑脚手架可采用塔型架矩阵式布置,塔型架的水平截面形状及布局,可根据荷载等因素选择。

(6)支撑脚手架应设置水平剪刀撑,并应符合下列规定:

①安全等级为Ⅱ级的支撑脚手架宜在架顶处设置一道水平剪刀撑。

②安全等级为Ⅰ级的支撑脚手架应在架顶、竖向每隔不大于 8 m 各设置一道水平剪刀撑。

③每道水平剪刀撑应连续设置,剪刀撑的宽度宜为 6~9 m。

(7)当采用水平斜撑杆、水平交叉拉杆代替支撑脚手架每层的水平剪刀撑时,应符合下列规定:

①安全等级为Ⅱ级的支撑脚手架应在架体水平面的周边、内部纵向和横向每隔不大于 12 m 设置一道。

②安全等级为Ⅰ级的支撑脚手架宜在架体水平面的周边、内部纵向和横向每隔不大于 8 m 设置一道。

③水平斜撑杆、水平交叉拉杆应在相邻立杆间连续设置。

(8)支撑脚手架剪刀撑或斜撑杆、交叉拉杆的布置应均匀、对称。

(9)支撑脚手架的水平杆应按步距沿纵向和横向通长连续设置,不得缺失。在支撑脚手架立杆底部应设置纵向扫地杆和横向扫地杆，水平杆和扫地杆应与相邻立杆连接牢固。

（10）安全等级为Ⅰ级的支撑脚手架顶层两步距范围内架体的纵向水平杆和横向水平杆宜按减小步距加密设置。

（11）当支撑脚手架顶层水平杆承受荷载时，应经计算确定其杆端悬臂长度，并应小于 150 mm。

（12）当支撑脚手架局部所承受的荷载较大，立杆需加密设置时，加密区的水平杆应向非加密区延伸不少于一跨；非加密区立杆的水平间距应与加密区立杆的水平间距互为倍数。

（13）支撑脚手架的可调底座和可调托座插入立杆的长度不应小于 150 mm，其可调螺杆的外伸长度不宜大于 300 mm。当可调托座调节螺杆的外伸长度较大时，宜在水平方向设有限位措施，其可调螺杆的外伸长度应按计算确定。

（14）当支撑脚手架同时满足下列条件时，可不设置竖向、水平剪刀撑：

①搭设高度小于 5 m，架体高宽比小于 1.5。

②被支撑结构自重面荷载不大于 5 kN/m^2，线荷载不大于 8 kN/m^2。

③杆件连接节点的转动刚度应符合《建筑施工脚手架安全技术统一标准》（GB 51210—2016）要求。

④立杆基础均匀，满足承载力要求。

（15）满堂支撑脚手架应在外侧立面、内部纵向和横向每隔 6～9 m 由底至顶连续设置一道竖向剪刀撑，在顶层和竖向间隔不超过 8 m 处设置一道水平剪刀撑，并应在底层立杆上设置纵向扫地杆和横向扫地杆。

（16）可移动的满堂支撑脚手架搭设高度不应超过 12 m，高宽比不应大于 1.5。应在外侧立面内部纵向和横向间隔不大于 4 m 由底至顶连续设置一道竖向剪刀撑。应在顶层、扫地杆设置层和竖向间隔不超过 2 步分别设置一道水平剪刀撑，并应在底层立杆上设置纵向扫地杆和横向扫地杆。

（17）可移动的满堂支撑脚手架应有同步移动控制措施。

（三）使用过程管理

（1）脚手架在使用过程中，应定期进行检查，检查项目应符合下列规定：

①主要受力杆件与剪刀撑等加固杆件、连墙件应无缺失、无松动，架体应无明显变形。

②场地应无积水，立杆底端应无松动、无悬空。

③安全防护设施应齐全、有效，应无损坏缺失。

④附着式升降脚手架支座应牢固，防倾、防坠装置应处于良好工作状态，架体升降应正常平稳。

⑤悬挑脚手架的悬挑支撑结构应固定牢固。

（2）当脚手架遇有下列情况之一时，应进行检查，确认安全后方可继续使用：

①遇有 6 级及以上强风或大雨过后。

②冻结的地基土解冻后。

③停用超过 1 个月。

④架体部分拆除。

⑤其他特殊情况。

三、脚手架拆除安全技术

(1)脚手架拆除前,施工企业应编写拆除作业指导书,按该脚手架的设计报批程序进行报批。无作业指导书或安全措施不落实的,严禁拆除作业。

(2)拆除作业前,应将经批准的作业指导书、施工方案向现场施工作业人员进行交底,并检查落实现场安全防护措施。

(3)拆除脚手架前,应将脚手架上留存的材料、杂物等清除干净,并应将受拆除影响的电气设备、机械设备及其他管线路等拆除或加以保护。

(4)拆除脚手架时应统一指挥,应按批准的施工方案、作业指导书的要求,按顺序自上而下地进行,严禁上下层同时拆除或自下而上进行。严禁用将整个脚手架推倒的方法进行拆除。

(5)拆下的材料、构配件等,严禁往下抛掷,应用绳索捆牢,用滑车卷扬等方法慢慢放下,集中堆放在指定地点。

(6)三级、特级及悬空高处作业使用的脚手架拆除时,应事先制定出安全可靠的措施才能进行拆除。

(7)拆除脚手架的区域内,无关人员严禁逗留和通过,在交通要道应设专人警戒。

(8)脚手架拆除后,应做到工完场清,所有材料、构配件应堆放整齐、安全稳定,并应及时转运。

知识链接

《建筑施工脚手架安全技术统一标准》(GB 51210—2016)

第五节　施工设备(设施)与机具防护

施工设备与机具作为现代化水利建筑施工不可缺少的工具,应用范围广泛,但是施工设备与机具操作不当可能会造成人身伤害和财产损失。为了保障工人的人身安全和减少施工事故的发生,必须按照规定使用施工机具,并且严格执行安全操作规程,进行必要的防护措施。

《水利水电工程施工安全防护设施技术规范》(SL 714—2015)中规定:

码 3-7　文档:安全文明施工标准化——机械设备及施工机具

(1)各类施工设备、大型机具应结合施工现场实际合理规划布置与安装,且运行、维护符合有关规程规定的安全要求。

(2)各类施工设备、机具应有产品质量合格证、说明书、适用的安全技术规范等资料,并符合有关安全规定,安装、使用过程中不应任意修改。

(3)各种施工设备、机具传动与转动的露出部分,如传动带、开式齿轮、电锯、砂轮、接近于行走面的联轴节、转轴、皮带轮和飞轮等,必须安设拆装方便、网孔尺寸符合安全要求的封闭的钢防护网罩或防护挡板或防护栏杆等安全防护装置。

(4)各种机电设备的监测仪表(如电压表、电流表、压力表、温度计等)和安全装置(如制动机构、限位器、安全阀、闭锁装置、负荷指示器等)必须齐全、配套,灵敏可靠,并应定期校验合格。

(5)施工用各种动力机械的电气设备必须设有可靠接地装置,接地电阻应不大于4 Ω。

(6)施工区域的用电设备外壳应涂有明显的色标,在安装使用中,外壳应接地,接地电阻不大于10 Ω。

(7)露天使用的电气设备应选用防水型或采取防水措施。

(8)在有易燃易爆气体的场所,电气设备与线路均应满足防爆要求,在大量蒸气、粉尘的场所,应满足密封、防尘要求。

(9)能够散发大量热量的机电设备,如电焊机、气焊与气割装置、电热器、碘钨灯等,不得靠近易燃物,必要时应设置隔离板以隔热。

(10)使用手持式电动工具,应有可靠的安全防护措施,具体要求见第二章第九节。

(11)各种施工起重设备(如门机、塔机、缆机等)在安装与拆除前,均应编制专门的施工方案和安全技术措施,应由具有资质的专业队伍承担作业。安装结束后,按规定组织验收并经特种设备检验机构验收合格后方能正式投入运行。其与输电线路的安全距离不得小于表3-6的规定。

表3-6 输电线路电压等级与设备的安全距离

输电线路电压/kV	<1	1~10	35~110	154	220	330
机械最高点与线路间的垂直距离/m	1.50	2.00	4.00	5.00	6.00	7.00

知识链接

《水利水电工程施工安全防护设施技术规范》(SL 714—2015)

事故案例分析

一、事故概况

某水电站副厂房支模工作由主管生产的副厂长楚××于10月19日安排给厂房二队进行施工,因施工材料问题,副厂房支模工作尚未完工。楚××11月13日返回工地后,发现支模工作还没有完成,就要求厂房二队2 d内必须完成,并要求厂房二队队长孙××到现场查看。11月17日上午10时30分,孙××到1号机上游副厂房检查支模工作,看到大面积模板都已支完,同时发现1号机压力钢管伸缩节模板有6根拉筋不太合理,需要调整,就对施工员××、班长贺××说:“头两天我就跟你们说了,到现在还没有改,要抓紧点。”说完就离开了现场。

上午11时15分左右，施工员××按队长要求直接安排朱××、关××2人在模板内侧用风钻打锚筋孔，金××在模板外侧用木钻打拉筋孔。12时15分左右，朱、关2人完成任务返到副厂房590.67 m高程楼板平台，发现金××已经将孔钻完在平台上站着，关××对金××说："你不用帮忙吗？"金××说："不用，我一会儿就完事，你们先走吧。"关、朱2人随后乘送饭车返回营地。12时30分左右，金××解下安全带，脱下人造革外衣连同作业工具放置在平台上，重新返回工作位置，摘下手套，开始拉拔拉筋螺杆，在拉拔第三根螺杆时因用力过猛，失手闪身坠落，从586.51 m高程坠落到压力管道底板，坠落高度9.1 m，造成颅骨骨折和腰椎骨骨折，当即死亡。

二、事故原因

（一）直接原因

金××从事木工作业多年，在拉筋孔钻完之后，返到副厂房楼板平台解下安全带，脱下外衣继续进行作业，造成失手坠落。

（二）间接原因

（1）1号机压力钢管伸缩节部位支模作业三面临空，属二级高处作业，没有设置安全防护设施。

（2）钻拉筋孔仅安排一人作业，缺乏必要的工作配合与监护，劳动组织不合理。

（3）领导存在重生产轻安全的倾向，对职工安全教育不够，致使职工安全意识淡薄，思想麻痹。

（三）主要原因

金××高处作业未采取任何防护措施，违章作业失手坠落。

三、预防措施

（1）加强对各级领导安全法规和安全管理规章制度教育，严格安全技术管理，完善安全技术措施交底制度，并认真做好交底工作。

（2）严格执行高处作业管理制度，高处作业必备的安全防护设施必须齐全有效，否则不允许作业。

（3）加大施工现场安全监察力度，严格纠正违章作业，按有关制度规定，该罚则罚，该停则停，个人停工期间停发工资、奖金。

课后习题

请扫描二维码，做课后测试题。

码3-8 第三章测试题

第四章 危险作业活动

一切生产都脱离不了作业场所，要想实现安全生产，首先要实现作业现场安全。水利水电工程施工作业现场往往聚集多名员工、多个工种甚至多个单位，人员混乱、流动性大，且机械设备繁多，作业环境复杂，所以大大小小的事故屡见不鲜。危险作业活动作为安全工作的重点管控对象，应采取切实有效的管理措施，实时开展专项安全检查，确保安全风险管控到位。安全关系到企业的生存、发展和稳定，是一切工作的基础，更是涉及职工生命安全的大事，了解水利水电工程施工作业现场的危险，避开生命"陷阱"，是全体员工的必修课。

第一节 有限空间作业安全技术

有限空间是指封闭或部分封闭，进出口较为狭窄有限，未被设计为固定工作场所，自然通风不良，易造成有毒有害、易燃易爆物质积聚或氧含量不足的空间。

有限空间作业是指作业人员进入有限空间实施的作业活动。作业人员进入有限空间作业时，存在缺氧窒息、气体中毒、爆炸等危险，容易发生生产安全事故。

一、有限空间分类

码 4-1 文档：有限空间的分类

水利水电建设工程有限空间可分为三类：

(1) 密闭、半封闭设备，如贮罐、车载槽罐、压力容器、管道等。

(2) 地下有限空间，如地下管道、地下工程、暗沟、地坑等。

(3) 地上有限空间。

管道内作业见图 4-1。

图 4-1 管道内作业

二、有限空间作业的危险有害因素

码 4-2　文档：有限空间的特点

（1）设备设施与设备设施之间、设备设施内外之间相互隔断，导致作业空间通风不畅，照明不良、通信不畅。

（2）活动空间较小，工作场地狭窄，易导致作业人员出入困难，相互联系不便，不利于工作监护和实施施救。

（3）湿度和热度较高，作业人员能量消耗大，易于疲劳。

（4）存在酸、碱、毒、尘、烟等具有一定危险性的介质，易引发窒息、中毒、火灾和爆炸事故。

（5）存在缺氧或富氧、易燃气体和蒸气、有毒气体和蒸气、冒顶、高处坠落、物体打击、各种机械伤害等危险有害因素。

三、有限空间作业安全技术

码 4-3　文档：有限空间施工安全

（一）检测安全技术

（1）有限空间作业前，必须严格执行“先通风，再检测，后作业”的原则，根据施工现场有限空间作业实际情况，对有限空间内部可能存在的危害因素进行检测，在作业环境条件可能发生变化时，施工企业应对作业场所中的危害因素进行持续或定时检测。

（2）检测人员应佩戴隔离式空气呼吸器（见图 4-2），严禁使用氧气呼吸器，有可燃气体或可燃性粉尘存在的作业现场，所有的检测仪器、电动工具、照明灯具等必须使用符合《爆炸危险环境电力装置设计规范》（GB 50058—2014）要求的防爆型产品。

图 4-2　隔离式空气呼吸器

(3)实施检测时,检测人员应处于安全环境,未经通风和检测或检测不合格的,严禁作业人员进入有限空间进行施工作业。

(4)检测指标应当包括氧浓度值、易燃易爆物质浓度值、有毒有害气体浓度值等。检测工作应符合《工作场所空气中有害物质监测的采样规范》(GBZ 159—2004)的规定。

(5)根据检测结果,施工企业现场技术负责人组织对作业环境危害情况进行评估,制定预防、消除和控制危害的措施,确保作业期间处于安全受控状态。危害评估的依据为《缺氧危险作业安全规程》(GB 8958—2006)、《工作场所有害因素职业接触限值　第1部分:化学有害因素》(GBZ 2.1—2019)和《有毒作业分级》(GB 12331—1990)。

(二)作业安全技术

(1)有限空间作业前和作业过程中,可采取强制性持续通风措施降低危险,保持空气流通。严禁用纯氧进行通风换气。

(2)对由于防爆、防氧化不能采取通风换气措施或受作业环境限制不易充分通风换气的场所,作业人员必须配备并使用空气呼吸器或软管面具等隔离式呼吸保护器具。

(3)照明灯具电压应当符合《特低电压(ELV)限值》(GB/T 3805—2008)等相关标准的规定。作业场所存在可燃性气体、粉尘的,其电气设备及照明灯具的防爆安全要求应当符合《爆炸性环境　第1部分:设备　通用要求》(GB/T 3836.1—2021)等标准的要求。

(4)作业人员进入有限空间危险作业场所作业前和离开时应准确清点人数。

(5)进入有限空间危险作业场所作业,作业人员与监护人员应事先规定明确的联络信号。

(6)当发现缺氧或检测仪器出现报警时,必须立即停止危险作业,作业点人员应迅速离开作业现场。

(7)如果作业场所的缺氧危险可能影响附近作业场所人员的安全时,应及时通知这些作业场所的有关人员。

(8)有限空间作业的施工企业应在有限空间入口处设置醒目的警示标志,告知存在的危害因素和防控措施,如图4-3所示。

图4-3　有限空间作业安全告知牌

(9)在有限空间危险作业场所,必须配备抢救器具,如呼吸器具、梯子、绳缆以及其他必要的器具和设备,以便在非常情况下抢救作业人员。

(10)当作业人员在特殊场所(密闭设备等)内部作业时,如果供作业人员出入的门或盖不能很容易打开且无通信、报警装置,严禁关闭门或盖。

(11)当作业人员在与输送管道连接的密闭设备(如油罐、储罐、锅炉等)内部作业时,必须严密关闭阀门,装好盲板,并在醒目处设立禁止启动的标志,如图 4-4 所示。

图 4-4 禁止启动标志

(12)当作业人员在密闭设备内作业时,一般打开出入口的门或盖,如果设备与正在抽气或已经处于负压的管路相通,严禁关闭出入口的门或盖。

(13)在地下进行压气作业时,应防止缺氧空气泄至作业场所,如与作业场所相通的设施中存在缺氧空气,应直接排除,防止缺氧空气进入作业场所。

(14)存在下述任一情况者,应禁止进入有限空间作业:

①未办理安全审批表的作业。

②与安全审批内容不符的作业。

③无监护人员的作业。

④超时作业。

⑤不明情况的盲目救护。

⑥禁止以下人员进入有限空间作业:

a. 在经期、孕期、哺乳期的女性。

b. 有聋、哑、呆、傻等严重生理缺陷者。

c. 患有深度近视、癫痫、高血压、过敏性气管炎、哮喘、心脏病、精神分裂症等疾病者。

d. 有外伤疤口尚未愈合者。

知识链接

《爆炸危险环境电力装置设计规范》(GB 50058—2014)

《工作场所空气中有害物质监测的采样规范》(GBZ 159—2004)

《缺氧危险作业安全规程》(GB 8958—2006)

《工作场所有害因素职业接触限值　第1部分:化学有害因素》(GBZ 2.1—2019)

《有毒作业分级》(GB 12331—1990)

《特低电压(ELV)限值》(GB/T 3805—2008)

《爆炸性环境　第1部分:设备　通用要求》(GB/T 3836.1—2021)

第二节　高处作业安全技术

凡在坠落高度基准面2 m以上(含2 m)有可能坠落的高处进行的作业均称为高处作业。其含义有两方面:一是相对概念,可能坠落的底面高度不小于2 m,也就是说,不论在单层、多层、高层建筑物作业,即使是在平地,只要作业处的侧面有可能导致人员坠落的坑、井、洞或空间,其高度达到2 m及以上,就属于高处作业;二是高低差距定为2 m,因一般情况下,当人从2 m以上高度坠落时,就很可能会造成重伤、残疾或者死亡。

一、高处作业分级和分类

码4-4　图片:高处危险作业

(一)高处作业分级

《高处作业分级》(GB/T 3608—2008)将高处作业分为下列4级:

Ⅰ级:2 m≤高处作业高度≤5 m;

Ⅱ级:5 m<高处作业高度≤15 m;

Ⅲ级:15 m<高处作业高度≤30 m;

Ⅳ级:高处作业高度>30 m。

(二)高处作业分类

高处作业又分为一般高处作业和特殊高处作业,一般高处作业是指除特殊高处作业外的高处作业。特殊高处作业又分为以下8类:

(1)在阵风风力6级(风速10.8 m/s)以上的情况下进行的高处作业,称为强风高处作业。

(2)在高温或低温环境下进行的高处作业,称为异温高处作业。

(3)降雪时进行的高处作业,称为雪天高处作业。

(4)降雨时进行的高处作业,称为雨天高处作业。

(5)室外完全采用人工照明时进行的高处作业,称为夜间高处作业。

(6)在接近或接触带电体条件下进行的高处作业,统称为带电高处作业,如图4-5所示。

(7)在无立足点或无牢靠立足点的条件下进行的高处作业,统称为悬空高处作业,如图4-6所示。

(8)对突然发生的各种灾害事故进行抢救的高处作业,称为抢救高处作业。

图 4-5　带电高处作业

图 4-6　悬空高处作业

二、一般安全要求

码 4-5　文档：
高处作业安全措施

(1)高处作业的人员应按规定定期进行体检。凡经医生诊断,患高血压、心脏病、精神病等不适于高处作业的人员,不应从事高处作业。

(2)高处作业下方或附近有煤气、烟尘及其他有害气体,应采取排除或隔离等措施,否则不应施工。

(3)高处作业前,应检查排架、脚手板、通道、马道、梯子和防护设施,符合安全要求方可作业。高处作业使用的脚手架平台应铺设固定脚手板,临空边缘应设高度不低于 1.2 m 的防护栏杆。

(4)在坝顶、陡坡、屋顶、悬崖、杆塔、吊桥、脚手架以及其他危险边沿进行悬空高处作业时,临空面应搭设安全网或防护栏杆。安全网防坠演示见图 4-7。

图 4-7 安全网防坠演示

(5)安全网应随建筑物升高而提高,安全网距离工作面的最大高度不应超过 3 m。安全网搭设外侧应比内侧高 0.5 m,长面拉直拴牢在固定的架子或固定环上。

(6)在带电体附近进行高处作业时,距带电体的最小安全距离应满足表 4-1 的规定,如遇特殊情况,应采取可靠的安全措施。

表 4-1 高处作业时与带电体的安全距离

电压等级/kV	10 及以下	20~35	44	60~110	154	220	330
工器具、安装构件、接地线等与带电体的距离/m	2.0	3.5	3.5	4.0	5.0	5.0	6.0
工作人员的活动范围与带电体的距离/m	1.7	2.0	2.2	2.5	3.0	4.0	5.0
整体组立杆塔与带电体的距离	应大于倒杆距离(自杆塔边缘到带电体的最近侧为塔高)						

(7)高处作业使用的工具、材料等,不应掉下。严禁使用抛掷方法传送工具、材料。小型材料或工具应该放在工具箱或工具袋内。

(8)在 2 m 以下高度进行工作时,可使用牢固的梯子、高凳或设置临时小平台,严禁站在不牢固的物件(如箱子、铁桶、砖堆等物)上进行工作。

(9)从事高处作业时,作业人员应系安全带。高处作业的下方,应设置警戒线或隔离防护棚等安全措施。

(10)高处作业时,应对下方易燃、易爆物品进行清理和采取相应措施后,方可进行电焊、气焊等动火作业,并应配备消防器材和专人监护。

(11)高处作业人员上下使用电梯、吊篮、升降机等设备的安全装置应配备齐全,灵敏可靠。

(12)霜雪季节高处作业,应及时清除各走道、平台、脚手板、工作面等处的霜、雪、冰,并采取防滑措施,否则不应施工。

(13)高处作业使用的材料应随用随吊,用后及时清理,在脚手架或其他物架上,临时堆放物品严禁超过允许负荷。

(14)上下脚手架、攀登高层构筑物,应走斜马道或梯子,不应沿绳、立杆或栏杆攀爬。

(15)高处作业时,不应坐在平台、孔洞、井口边缘,不应骑坐在脚手架栏杆、躺在脚手板上或安全网内休息,不应站在栏杆外的探头板上工作和凭借栏杆起吊物件。

(16)特殊高处作业,应有专人监护,并应有与地面联系信号或可靠的通信装置。

(17)在石棉瓦、木板条等轻型或简易结构上施工及进行修补、拆装作业时,应采取可靠的防止滑倒、踩空或因材料折断而坠落的防护措施。

(18)在电杆上进行作业前,应检查电杆埋设是否牢固,强度是否足够,并应选择符合杆型的脚扣,系好合格的安全带,严禁用麻绳等代替安全带登杆作业。在构架及电杆上作业时,地面应有人监护、联络。

(19)高处作业周围的沟道、孔洞井口等,应用固定盖板盖牢或设围栏。

(20)遇有6级及以上的大风,严禁从事高处作业。

(21)进行三级、特级、悬空高处作业时,应事先制定专项安全技术措施。施工前,应向所有施工人员进行技术交底。

三、临边作业安全技术

水利水电工程建设施工现场任何处所,当工作面的边沿无围护设施,使人与物有各种坠落可能的高处作业,属于临边作业。若围护设施(如窗台、墙等)高度低于800 mm时,近旁的作业亦属临边作业,包括屋面边、楼板边、阳台边、基坑边等。

(1)坠落高度基准面2 m及以上进行临边作业时,应在临空一侧设置防护栏杆,并应采用密目式安全立网或工具式栏板封闭。

(2)临边作业的防护栏杆应由横杆、立杆及挡脚板组成(见图4-8)。两道横杆,上杆距地面高度为1.2 m,下杆在上杆和挡脚板中间设置;当防护栏杆高度大于1.2 m时,应增设横杆,横杆间距不应大于600 mm,立杆间距不大于2 m,挡脚板高度不小于180 mm。

图4-8　临边防护栏杆

四、洞口作业安全技术

水利水电工程建设施工过程中,常会出现各种预留洞口、通道口、上料口、楼梯口、电梯井口,在其附近工作,称为洞口作业。

通常将较小的口称为孔,较大的口称为洞。并规定:楼板、屋面、平台面等横向平面上,短边尺寸小于 250 mm 的,以及墙上等竖向平面上,高度小于 750 mm 的称孔;横向平面上,短边尺寸大于或等于 250 mm 的,竖向平面上高度大于或等于 750 mm,宽度大于或等于 450 mm 的称洞。凡深度大于或等于 2 m 的桩孔、沟槽与管道孔洞等边沿上施工作业,亦归入洞口作业的范围。

(1)当竖向洞口短边边长小于 500 mm 时,采取封堵措施;当竖向洞口短边边长大于或等于 500 mm 时,在临空一侧设置高度不小于 1.2 m 的防护栏杆,并采用密目式安全立网或工具式栏板封闭,设置挡脚板。

(2)当非竖向洞口短边边长为 25~500 mm 时,采用承载力满足使用要求的盖板覆盖,盖板四周搁置应均衡,且应防止盖板移位。

(3)当非竖向洞口短边边长为 500~1 500 mm 时,采取盖板覆盖或防护栏杆等措施,并固定牢固。

(4)当非竖向洞口短边边长大于或等于 1 500 mm 时,在洞口作业侧设置高度不小于 1.2 m 的防护栏杆,洞口采用安全平网封闭。

五、悬空作业安全技术

施工现场,在周边无任何防护设施或防护设施不能满足防护要求的临空状态下进行的高处作业,即是悬空作业。

(一)吊装构件和安装管道时的悬空作业

(1)钢结构吊装,构件应尽可能地安排在地面组装,安全设施应一并设置。

(2)吊装钢筋混凝土屋架、梁、柱等大型构件前,应在构件上预先设置登高通道、操作立足点等安全设施。

(3)在高空安装大模板、吊装第一块预制构件或单独的大中型预制构件时,必须站在平台上操作。

(4)钢结构安装施工宜在施工层搭设水平通道,水平通道两侧应设置防护栏杆,当利用钢梁作为水平通道时,应在钢梁一侧设置连续的安全绳,安全绳宜采用钢丝绳。

(5)钢结构、管道等安装施工的安全防护宜采用工具化、定型化设施。

(二)支撑和拆卸模板时的悬空作业

(1)支撑和拆卸模板,应按规定的作业程序进行。前一道工序所支的模板未固定前,不得进行下道工序。严禁在连接件和支撑件上攀登上下,并严禁在上下同一垂直面上装卸模板。结构复杂的模板,其装、拆应严格按照施工组织设计的措施进行。

(2)在坠落基准面 2 m 及以上高处搭设与拆除柱模板及悬挑结构的模板时,应设置操作平台。

(3)拆模高处作业,应配置登高用具或搭设支架。

(三)绑扎钢筋和预应力张拉时的悬空作业

(1)绑扎立柱和墙体钢筋,不得沿钢筋骨架攀登或站在骨架上作业。

(2)在坠落基准面 2 m 及以上高处绑扎柱钢筋和进行预应力张拉时,应搭设操作平台。

(四)浇筑混凝土与结构施工时的悬空作业

(1)浇筑高度 2 m 以上的混凝土结构构件时,应设置脚手架或操作平台。

(2)悬挑的混凝土梁和檐、外墙和边柱等结构施工时,应设置脚手架或操作平台。

六、交叉作业安全技术

水利水电工程建设施工现场常会有上下立体交叉的作业。因此,凡在不同层次中,处于空间贯通状态下同时进行的高处作业,均属于交叉作业。交叉作业必须遵守下列安全规定:

(1)交叉作业时,下层作业位置应处于上层作业的坠落半径之外。安全防护棚和警戒隔离区的设置应视上层作业高度确定,并应大于坠落半径。

(2)交叉作业时,坠落半径内应设置防护棚或安全防护网等安全隔离措施。当尚未设置安全隔离措施时,应设置警戒隔离区,人员严禁进入隔离区。

(3)处于起重机臂架回转范围内的通道,应搭设安全防护棚。

(4)施工现场人员进出的通道口,应搭设安全防护棚。

(5)不得在安全防护棚棚顶堆放物料。

(6)当采用脚手架搭设安全防护棚架构时,应符合国家现行有关脚手架标准的规定。

(7)对不搭设脚手架和设置安全防护棚的交叉作业,应设置安全防护网。当多层、高层建筑外立面施工时,应在二层及每隔四层设一道固定的安全防护网,同时设一道随施工高度提升的安全防护网。

知识链接

《高处作业分级》(GB/T 3608—2008)

《建筑施工高处作业安全技术规范》(JGJ 80—2016)

第三节　焊接作业安全技术

焊接就是通过加热或加压,或既加热又加压,使用或者不用填充金属,使两种或两种以上同种或异种母材焊件达到原子间的结合和扩散,连接成一体的成型方法。

一、焊接作业的危险

(一)焊接的热传导引起火灾事故

由于电焊是通过电弧将金属熔化后进行焊接,而在焊接过程中温度高达 6 000 ℃以上,容易使焊件另一端接触的可燃物着火。

(二)高空掉落和焊渣飞溅

在焊接作业中,炽热的火星到处飞溅。这些小火星温度较高,当飞溅到可燃物上,可能造成火灾;当接触到易爆气体时很可能引起爆炸。

(三)火灾初期不易被发现

一般焊割作业点与起火部位不在一个立体层面,火灾发生初期不易被发现。

(四)短路引发可燃物起火

电焊机的电源线在操作过程中经常拖拽、磨损,容易造成线路损坏,易发生短路引发周围可燃物起火。

水利工程焊接作业见图 4-9。

图 4-9　水利工程焊接作业

二、基本安全规定

码 4-6　文档：焊接作业操作安全

（1）凡从事焊接与气割的工作人员，应熟知有关安全知识，并经过专业培训考核取得操作证，持证上岗。焊接作业是特种作业相关作业人员，必须经专门的安全技术培训并考核合格取得特种作业操作证后方可上岗作业。

（2）从事焊接与气割的工作人员应严格遵守各项规章制度，作业时不应擅离职守，进入岗位应按规定穿戴劳动防护用品。

（3）焊接和气割的场所，应设有消防设施，并保证其处于完好状态。焊工应熟练掌握其使用方法，能够正确使用。

（4）凡有液体压力、气体压力及带电的设备和容器、管道，无可靠安全保障措施禁止焊割。

（5）对贮存过易燃易爆及有毒容器、管道进行焊接与切割时，要将易燃物和有毒气体放尽，用水冲洗干净，打开全部管道窗、孔，保持良好通风，方可进行焊接和切割，容器外要有专人监护，定时轮换休息。密封的容器、管道不应焊割。

（6）禁止在油漆未干的结构和其他物体上进行焊接和切割。禁止在混凝土地面上直接进行切割。

（7）严禁在贮存易燃易爆液体、气体的车辆、容器等的库区内从事焊割作业。

（8）在距焊接作业点火源 10 m 以内，在高空作业下方和火星所涉及范围内，应彻底清除有机灰尘、木材木屑、棉纱棉布、汽油、油漆等易燃物品。如有不能撤离的易燃物品，应采取可靠的安全措施隔绝火星与易燃物接触。对填有可燃物的隔层，在未拆除前不应施焊。

（9）焊接大件须有人辅助时，动作应协调一致，工件应放平垫稳。

（10）在金属容器内进行工作时应有专人监护，要保证容器内通风良好，并应设置防尘设施。

(11)在潮湿地方、金属容器和箱型结构内作业,焊工应穿干燥的工作服和绝缘胶鞋,身体不应与被焊接件接触,脚下应垫绝缘垫。

(12)在金属容器中进行气焊和气割工作时,焊割炬应在容器外点火调试,并严禁使用漏燃气的焊割炬、管、带,以防止逸出的可燃混合气遇明火爆炸。

(13)严禁将行灯变压器及焊机调压器带入金属容器内。

(14)焊接和气割的工作场所光线应保持充足。工作行灯电压不应超过 36 V,在金属容器或潮湿地点工作行灯电压不应超过 12 V。

(15)风力超过 5 级时禁止露天进行焊接或气割。风力 5 级以下、3 级以上时应搭设挡风屏,以防止火星飞溅引起火灾。

(16)离地面 1.5 m 以上进行工作应设置脚手架或专用作业平台,并应设有 1 m 高防护栏杆,脚下所用垫物要牢固可靠。

(17)工作结束后应拉下焊机闸刀,切断电源。对于气割(气焊)作业则应解除氧气、乙炔瓶(乙炔发生器)的工作状态。要仔细检查工作场地周围,确认无火源后方可离开现场。

(18)使用风动工具时,先检查风管接头是否牢固,选用的工具是否完好无损。

(19)禁止通过使用管道、设备、容器、钢轨、脚手架、钢丝绳等作为临时接地线(接零线)的通路。

(20)高空焊割作业时,还应遵守下列规定:

①高空焊割作业须设监护人,焊接电源开关应设在监护人近旁。

②焊割作业坠落点场面上,至少 10 m 以内不应存放可燃或易燃易爆物品。

③高空焊割作业人员应戴好符合规定的安全帽,应使用符合标准规定的防火安全带,安全带应高挂低用,固定可靠。

④露天下雪、下雨或有 5 级大风时严禁高处焊接作业。

三、焊接场地与设备安全技术要求

(一)焊接场地

(1)焊接与气割场地应通风良好(包括自然通风或机械通风),应采取措施避免作业人员直接呼吸到焊接操作所产生的烟气流。

(2)焊接或气割场地应无火灾隐患。若须在禁火区内焊接、气割,应办理动火审批手续,并落实安全措施后方可进行作业。

(3)在室内或露天场地进行焊接及碳弧气刨工作,必要时应在周围设挡光屏,防止弧光伤眼。

(4)焊接场所应经常清扫,焊条和焊条头不应到处乱扔,应设置焊条保温筒和焊条头回收箱,焊把线应收放整齐。

(二)焊接设备

(1)电弧焊电源应有独立且容量足够的安全控制系统,如熔断器或自动断电装置、漏电保护装置等。控制装置应能可靠地切断设备最大额定电流。漏电保护器见图 4-10。

图 4-10　漏电保护器

(2)电弧焊电源熔断器应单独设置,严禁两台或以上的电焊机共用一组熔断器,熔断丝应根据焊机工作的最大电流来选定,严禁使用其他金属丝代替。

(3)焊接设备应设置在固定或移动式的工作台上,电弧焊机的金属机壳应有可靠的独立的保护接地或保护接零装置。焊机的结构应牢固和便于维修,各个接线点和连接件应连接牢靠且接触良好,不应出现松动或松脱现象。

(4)电弧焊机所有带电的外露部分应有完好的隔离防护装置。焊机的接线桩、极板和接线端应有防护罩。电弧焊机见图 4-11。

图 4-11　电弧焊机

(5)电焊把线应采用绝缘良好的橡皮软导线,其长度不应超过 50 m。

(6)焊接设备使用的空气开关、磁力启动器及熔断器等电气元件应装在木制开关板或绝缘性能良好的操作台上,严禁直接装在金属板上。

(7)露天工作的焊机应设置在干燥和通风的场所,其下方应防潮且高于周围地面,上方应设棚遮盖和有防砸措施。

四、焊条电弧焊安全技术

（1）从事焊接工作时，应使用镶有滤光镜片的手柄式或头戴式面罩。护目镜和面罩遮光片的选择应符合《职业眼面部防护　焊接防护　第2部分：自动变光焊接滤光镜》（GB 3609.2—2009）的要求。手柄式面罩见图4-12。

图4-12　手柄式面罩

（2）清除焊渣、飞溅物时，应戴平光镜，并避免对着有人的方向敲打。

（3）电焊时所使用的凳子应用木板或其他绝缘材料制作。

（4）露天作业遇下雨时，应采取防雨措施，不应冒雨作业。

（5）在推入或拉开电源闸刀时，应戴干燥手套，另一只手不应按在焊机外壳上，推拉闸刀的瞬间面部不应正对闸刀。

（6）在金属容器、管道内焊接时，应采取通风除烟尘措施，其内部温度不应超过40℃；否则应实行轮换作业，或采取其他对人体的保护措施。

（7）在坑井或深沟内焊接时，应首先检查有无集聚的可燃气体或一氧化碳气体，如有应排除并保持通风良好。必要时应采取通风除尘措施。

（8）电焊钳应完好无损，不应使用有缺陷的焊钳；更换焊条时，应戴干燥的帆布手套。

（9）工作时禁止将焊把线缠在、搭在身上或踏在脚下；当电焊机处于工作状态时，不应触摸导电部分。

（10）身体出汗或其他原因造成衣服潮湿时，不应靠在带电的焊件上施焊。

五、埋弧焊安全技术

（1）凡从事埋弧焊的工作人员应严格遵守本章焊条电弧焊的有关规定。

（2）操作自动焊、半自动焊、埋弧焊的焊工，应穿绝缘鞋和戴皮手套或线手套。

（3）埋弧焊会产生一定数量的有害气体，在通风不良的场所或构件内工作，应有通风设备。

（4）开机前应检查焊机的各部分导线连接是否良好、绝缘性能是否可靠、焊接设备是否可靠接地、控制箱的外壳和接线板上的外罩是否完好，埋弧焊用电缆是否满足焊机额定焊接电流的要求，发现问题应修理好后方可使用。

(5)在调整送丝机构及焊机工作时，手不应触及送丝机构的滚轮。

(6)焊接过程中应保持焊剂连续覆盖，注意防止焊剂突然供不上而造成焊剂突然中断，露出电弧光辐射损害眼睛。

(7)焊接转胎及其他辅助设备或装置的机械传动部分，应加装防护罩。在转胎上施焊的焊件应压紧卡牢，防止松脱掉下砸伤人。

(8)埋弧焊机发生电气故障时应由电工进行修理，不熟悉焊机性能的人不应随便拆卸。

(9)罐装、清扫、回收焊剂应采取防尘措施，防止吸入粉尘。

六、气体保护焊安全技术

(一)二氧化碳气体保护焊

(1)凡从事二氧化碳气体保护焊的工作人员应严格遵守本章基本规定和本章焊条电弧焊的规定。

(2)焊机不应在漏水、漏气的情况下运行。

(3)二氧化碳在高温电弧作用下，可能分解产生一氧化碳有害气体，工作场所应通风良好。

(4)二氧化碳气体保护焊焊接时飞溅大，弧光辐射强烈，工作人员应穿白色工作服，戴皮手套和防护面罩。

(5)装有二氧化碳的气瓶不应在阳光下暴晒或接近高温物体，以免引起瓶内压力增大而发生爆炸。

(6)气瓶的搬运或储存应按《水利水电工程施工通用安全技术规程》(SL 398—2007)第10.5节的有关规定执行。

(7)二氧化碳气体预热器的电源应采用36 V电压，工作结束时应将电源切断。

(二)手工钨极氩弧焊

(1)从事手工钨极氩弧焊的工作人员应严格遵守本章的基本规定和焊条电弧焊的规定。

(2)焊机内的接触器、断电器的工作元件，焊枪夹头的夹紧力以及喷嘴的绝缘性能等，应定期检查。

(3)高频引弧焊机或焊机装有高频引弧装置时，焊炬、焊接电缆都应有铜网编制屏蔽套，并可靠接地。使用高压脉冲引弧稳弧装置，应防止高频电磁场的危害。

(4)焊机不应在漏水、漏气的情况下运行。

(5)磨削钨棒的砂轮机须设有良好的排风装置，操作人员应戴口罩，打磨时产生的粉末应由抽风机抽走。钍钨极有放射性危害，宜使用铈钨极或钇钨极，并放在铅盒内保存。

(6)手工钨极氩弧焊，焊工除戴电焊面罩、手套和穿白色帆布工作服外，还宜戴静电口罩或专用面罩，并有切实可行的预防和保护措施，如图4-13所示。

图 4-13　手工钨极氩弧焊

七、碳弧气刨安全技术

(1)从事碳弧气刨的工作人员应严格遵守本章基本规定和焊条电弧焊的规定。

(2)碳弧气刨应使用电流较大的专用电焊机,并应选用相应截面积的焊把线。气刨时电流较大,要防止焊机过载发热。

(3)碳弧气刨应顺风操作,防止吹散的铁水溶渣及火星烧损衣服或伤人,并应注意周围人员和场地的防火安全。

(4)在金属容器或舱内工作,应采用排风机排除烟尘。

(5)碳弧气刨操作者应熟悉其性能,掌握好角度、深浅及速度,避免发生事故。

(6)碳棒应选专用碳棒,不应使用不合格的碳棒。

八、气焊与气割安全技术

氧气、乙炔气瓶的搬运、储存应按照《水利水电工程施工通用安全技术规程》(SL 398—2007)第 10.5 节的有关规定执行。

氧气、乙炔气瓶的使用应遵守下列规定:

(1)气瓶应放置在通风良好的场所,不应靠近热源和电气设备,与其他易燃易爆物品或火源的距离一般不应小于 10 m(高处作业时,是与垂直地面处的平行距离)。使用过程中,乙炔瓶应放置在通风良好的场所,与氧气瓶的距离不应小于 5 m。

(2)露天使用氧气、乙炔气时,冬季应防止冻结,夏季应防止阳光直接暴晒。氧气、乙炔气瓶阀冬季冻结时,可用热水或水蒸气加热解冻,严禁用火焰烘烤和用钢材一类器具猛击,更不应猛拧减压表的调节螺丝,以防氧气、乙炔气大量冲出而造成事故。

(3)氧气瓶严禁沾染油脂,检查气瓶口是否有漏气时可用肥皂水涂在瓶口上试验,严禁用烟头或明火试验。

(4)氧气、乙炔气瓶如果漏气应立即搬到室外,并远离火源。搬动时手不可接触气瓶嘴。

(5)打开氧气、乙炔气阀时,工作人员应站在阀门连接的侧面,并缓慢开放,不应面对减压表,以防发生意外事故。使用完毕后应立即将瓶嘴的保护罩旋紧。

(6)氧气瓶中的氧气不允许全部用完,至少应留有0.1~0.2 MPa的剩余压力;乙炔瓶内气体也不应用尽,应保持0.05 MPa的余压。

(7)乙炔瓶在使用、运输和储存时,环境温度不宜超过40 ℃;超过时应采取有效的降温措施。

(8)乙炔瓶应保持直立放置,使用时要注意固定,并应有防止倾倒的措施,严禁卧放使用。卧放的气瓶竖起来后需待20 min后方可输气。

(9)工作地点不固定且移动较频繁时,应装在专用小车上;同时使用乙炔瓶和氧气瓶时,应保持一定安全距离。

(10)严禁铜、银、汞等及其制品与乙炔产生接触,使用铜合金器具时含铜量应低于70%。

(11)氧气、乙炔气瓶在使用过程中应按照《气瓶安全技术规程》(TSG 23—2021)的规定,定期检验。过期、未检验的气瓶严禁继续使用。

回火防止器的使用应遵守下列规定:

(1)应采用干式回火防止器。

(2)回火防止器应垂直放置,其工作压力应与使用压力相适应。

(3)干式回火防止器的阻火元件应经常清洗以保持气路畅通;多次回火后,应更换阻火元件。

(4)一个回火防止器应只供一把割炬或焊炬使用,不应合用。当一个乙炔发生器向多个割炬或焊炬供气时,除应装总的回火防止器外,每个工作岗位都须安装岗位式回火防止器。

(5)禁止使用无水封、漏气、逆止阀失灵的回火防止器。

(6)回火防止器应经常清除污物防止堵塞,以免失去安全作用。

(7)回火防止器上的防爆膜(胶皮或铝合金片)被回火气体冲破后,应按原规格更换,严禁用其他非标准材料代替。

回火防止器见图4-14。

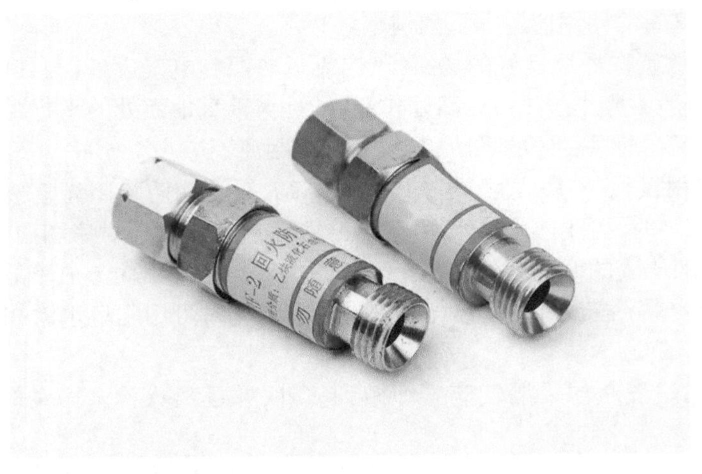

图4-14　回火防止器

减压器(氧气表、乙炔表)的使用应遵守下列规定:

(1)严禁使用不完整或损坏的减压器。冬季减压器易冻结,应采用热水或蒸汽解冻,严禁用火烤,每只减压器只准用于一种气体。

(2)减压器内,氧气、乙炔瓶嘴中不应有灰尘、水分或油脂,打开瓶阀时,不应站在减压阀方向,以免被气体或减压器脱扣而冲击伤人。

(3)工作完毕后应先将减压器的调整顶针拧松直至弹簧分开,再关氧气乙炔瓶阀,放尽管中余气后方可取下减压器。

(4)当氧气、乙炔管、减压器自动燃烧或减压器出现故障时,应迅速将氧气瓶的气阀关闭。然后再关乙炔气瓶的气阀。

氧气减压器见图 4-15。

图 4-15 氧气减压器

使用橡胶软管应遵守下列规定:

(1)氧气胶管为红色,严禁将氧气管接在焊、割炬的乙炔气进口上使用。

(2)胶管长度每根不应小于 10 m,以 15~20 m 为宜。

(3)胶管的连接处应用卡子或铁丝扎紧,铁丝的丝头应绑牢在工具嘴头方向,以防止被气体崩脱而伤人。

(4)工作时胶管不应沾染油脂或触及高温金属和导电线。

(5)禁止将重物压在胶管上。不应将胶管横跨铁路或公路,如需跨越应有安全保护措施。胶管内有积水时,在未吹尽之前不应使用。

(6)胶管如有鼓包、裂纹、漏气现象,不应采用贴补或包缠的办法处理,应切除或更新。

(7)若发现胶管接头脱落或着火,应迅速关闭供气阀,不应用手弯折胶管等待处理。

(8)严禁将使用中的橡胶软管缠在身上,以防发生意外起火引起烧伤。

焊割炬的使用应遵守下列规定:

(1)工作前应检查焊、割枪各连接处的严密性及其嘴子有无堵塞现象,禁止用纯铜丝

(紫铜)清理嘴孔。

(2)焊、割枪点火前应检查其喷射能力,是否漏气,同时检查焊嘴和割嘴是否畅通;无喷射能力不应使用,应及时修理。

(3)不应使用小焊枪焊接厚的金属,也不应使用小嘴子割枪切割较厚的金属。

(4)严禁在氧气和乙炔阀门同时开启时用手或其他物体堵住焊、割枪嘴子的出气口,以防止氧气倒流入乙炔管或气瓶而引起爆炸。

(5)焊、割枪的内外部及送气管内均不允许沾染油脂,以防止氧气遇到油类燃烧爆炸。

(6)焊、割枪严禁对人点火,严禁将燃烧着的焊炬随意摆放,用毕及时熄灭火焰。

(7)焊炬熄火时应先关闭乙炔阀,后关氧气阀;割炬则应先关高压氧气阀,后关乙炔阀和氧气阀,以免回火。

(8)焊、割炬点火时须先开氧气,再开乙炔,点燃后再调节火焰;遇不能点燃而出现爆声时应立即关闭阀门并进行检查和通畅嘴子后再点,严禁强行硬点,以防爆炸;焊、割时间过久,枪嘴发烫出现连续爆炸声并有停火现象时,应立即关闭乙炔再关氧气,将枪嘴浸冷水疏通后再点燃工作,作业完毕熄火后应将枪吊挂或侧放,禁止将枪嘴对着地面摆放,以免引起阻塞而再用时发生回火爆炸。

(9)阀门不灵活、关闭不严或手柄破损的一律不应使用。

(10)工作人员应佩戴有色眼镜,以防飞溅火花灼伤眼睛。

氧气乙炔割炬见图 4-16。

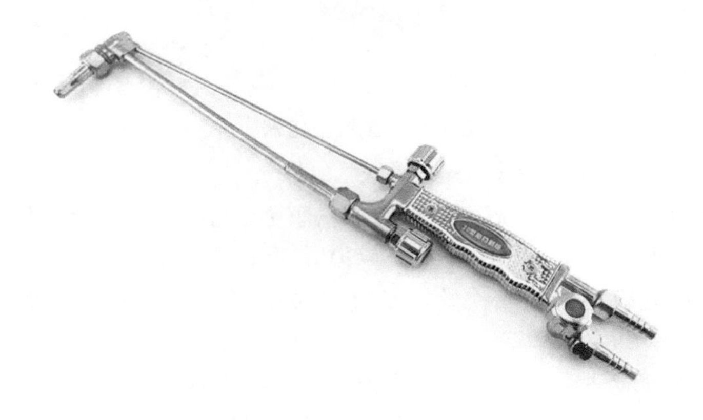

图 4-16　氧气乙炔割炬

九、氧气、乙炔气集中供气系统安全技术

大中型生产厂区的氧气与乙炔气宜采用集中汇流排供气——设置氧气、乙炔气集中供气系统。主要包括供气间(气体库房)、管路系统等,其设计与安装的防护装置、检修保养、建筑防火均应符合《氧气站设计规范》(GB 50030—2013)、《建筑设计防火规范》(GB 50016—2014)等的有关规定。

氧气供气间与乙炔供气间的布置应符合下列规定：

(1)氧气供气间可与乙炔供气间布置在同一座建筑物内，但应以无门、窗、洞的防火墙隔开，且不应设在地下室或半地下室内。

(2)氧气、乙炔供气间应设围墙或栅栏并悬挂明显标志。围墙距离有爆炸物的库房的安全距离应符合相关规定。

(3)供气间与明火或散发火花地点的距离不应小于 10 m，供气间内不应有地沟、暗道。供气间内严禁动用明火、电炉或照明取暖，并应备有足够的消防设备。

(4)氧气乙炔汇流排应有导除静电的接地装置。

(5)供气间应设置气瓶的装卸平台，平台的高度应视运输工具确定，一般高出室外地坪 0.4~1.1 m；平台的宽度不宜小于 2 m。室外装卸平台应搭设雨篷。

(6)供气间应有良好的自然通风、降温和除尘等设施，并要保证运输通道畅通。

(7)供气间内严禁存放有毒物质及易燃易爆物品；空瓶和实瓶应分开放置，并有明显标志，应设有防止气瓶倾倒的设施。

(8)氧气与乙炔供气间的气瓶、管道的各种阀门打开和关闭时应缓慢进行。

(9)供气间应设专人负责管理，并建立严格的安全运行操作规程、维护保养制度、防火规程和进出登记制度等，无关人员不应随便进入。

管路系统安装应遵守下列规定：

(1)管路系统的设计、安装和使用应符合 GB 50030—2013 及 GB 50016—2014 的规定。

(2)氧气和乙炔管路在室外架设或敷设时，应按规定设置防静电的接地装置，且管路与其他金属物之间绝缘应良好。

(3)氧气管道、阀门和附件应进行脱脂处理。

(4)乙炔气应装设专用的减压器、回火防止器，开启时，操作者应站在阀口的侧后方，动作要轻缓；乙炔瓶减压器出口与乙炔皮管，应用专用扎头扎紧，不应漏气。

(5)氧气、乙炔气管路应分别采用蓝、白油漆涂色标识。

(6)带压力的设备及管道，禁止紧固修理。设备的安全附件，如压力表、安全阀应符合有关规定。

(7)乙炔汇气总管与接至厂区的各乙炔分管路的出气口均应设有回火防止装置。

氧气、乙炔气集中供气系统运行管理应遵守下列规定：

(1)系统投入正式运行前，应由主管部门组织按照本规范以及 GB 50030—2013、GB 50016—2014 等的有关规定，进行全面检查验收，确认合格后，方可交付使用。

(2)作业人员应熟知有关专业知识及相关安全操作规定，并经培训考核合格方可上岗。

(3)乙炔供气间的设施、消防器材应定期做检查。

(4)供气间严禁氧气、乙炔瓶混放，并严禁存放易燃物品，照明应使用防爆灯。

(5)作业人员应随时检查压力情况，发现漏气立即停止供气。

(6)作业人员工作时不应离开工作岗位，严禁吸烟。

(7)检查乙炔间管道，应在乙炔气瓶与管道连接的阀门关严和管内的乙炔排尽后进行。

(8)禁止在室内用电炉或明火取暖。

(9)作业人员应严禁让粘有油、脂的手套、棉丝和工具同氧气瓶、瓶阀、减压器管路等接触。

(10)作业人员应认真做好当班供气运行记录。

知识链接

《职业眼面部防护　焊接防护　第2部分:自动变光焊接滤光镜》(GB 3609.2—2009)

《水利水电工程施工通用安全技术规程》(SL 398—2007)

《气瓶安全技术规程》(TSG 23—2021)

《氧气站设计规范》(GB 50030—2013)

《建筑设计防火规范》(GB 50016—2014)

《建筑工程施工现场消防安全技术规范》(GB 50720—2011)

第四节　水上(下)作业安全技术

码4-7　文档:水上(下)作业安全技术

水上(下)作业指作业环境、作业流程或作业内容与接触水相关的操作。要求施工人员在水上(下)对工程项目完成施工,例如修建闸坝、构筑各类堤岸或人工岛、拆除水上水下设施、工程船上的作业等,特殊的工作环境使得水上(下)施工作业的周边环境充满不安全因素。

一、水上(下)作业的安全隐患

(1)水上(下)作业中的环境安全隐患。水上(下)作业要求施工人员在水上(下)完成工程项目的施工,特殊的工作环境同时还受天气影响,作业难度增大,使得作业环境充满了不安全因素。

(2)水上(下)作业中的操作安全隐患。水上(下)作业涉及的工程项目多种多样,水上(下)作业与陆上作业所需的施工器械大多大相径庭,施工器械的操作难度相对更高,也更容易因为操作问题带来安全隐患。

二、水上(下)作业安全技术

(1)在船舶通航的大江、大河、大海区域进行水上施工作业前,必须按《中华人民共和国水上水下作业和活动通航安全管理规定》要求的程序,在规定的期限内向施工所在地海事部门提出施工作业通航安全审核申请,批准并取得水上水下施工许可证后,方可施工。

(2)水上作业施工前,应了解江、河、海域敷设的各种电缆、光缆、管道的走向,按规定采取有效措施予以保护,防止电缆、光缆及水下管道遭到损坏。

(3)项目要制订水上作业各分项工程安全实施方案和细则,对参加水上施工作业人员必须进行水上作业的安全知识教育和专项技术培训,并做好安全交底工作。

（4）水上施工必须在作业人员必经的栈桥、浮箱、交通船、水上工作平台、临时码头上配备安全防护装置和救生设施，如图 4-17 所示。

图 4-17　水上施工

（5）进行水上夜间施工时，要有充足的灯光照明，尽量避免单人操作，特别是电焊作业时，最少安排两人相互监护。

（6）要与地方气象部门、海事部门建立工作联系，及时了解和掌握施工水域的气候涌潮、浪况、潮汐、台风等气象信息，正确指导安全施工。

（7）作业人员进入水上作业时，必须穿好救生衣，戴好安全帽，乘坐交通船上下班时，必须等船停稳后，方可从指定的通道上下船。严禁从船上往下跳跃，防止拥挤、推拉、碰撞、摔伤或滑落水中。

（8）在浮箱上作业时，要注意来往船只航行时引起的涌浪造成浮箱颠簸，致作业人员摔伤或被移位物体碰撞、打击，造成伤害。

（9）遇有 6 级以上大风、大浪等恶劣天气时，应停止水上作业。

（10）水上进行吊装、混凝土浇筑、振桩等各项作业时，必须严格遵循施工工艺和程序，要有专人指挥。由于天气变化或其他原因造成停工停产时，应对有可能造成倾倒、滑动、移位的设施和构造物采取临时加固措施。

（11）参加水上施工的船舶（打桩船、浮吊、驳船、拖轮、交通船）必须证照齐全，按规定配备足够的船员，船舶机械性能良好，能满足施工要求，并及时到海事监督部门签证。

（12）乘坐交通船必须有序上下，乘员必须穿救生衣入舱。航行途中乘船人员不得随意走动或倚靠船舷，严禁打闹、嬉戏及随意动用交通船上的救生用具和消防器材，交通船严禁超员超载。

（13）施工船舶在水上作业，需临时停泊或避台风所选择的避风港，其水深和河床地质等，必须符合船舶锚固的安全要求。

（14）使用轮胎或履带吊车在船上进行打桩、起重作业时，必须先进行稳定计算，满足稳定性要求，船体按施工要求加固，并在吊车轮胎（或履带）下加铺垫板，支撑牢固。

（15）拌和船必须严格按照安全操作规程进行操作，加强值班制度，作业时，随时检查拌和船的整体和锚具受力情况是否变化，防止走锚。

(16)对拌和船的机械、设备,必须经常性地进行检查和保养,使其保持最佳状态,拌和船体整体符合安全生产的要求。

(17)水上打桩船的荷载,横向稳定、抗风能力等必须满足要求,起吊桩体时要缓慢,并以溜绳控制其摇摆,桩体离开甲板后,防止滑动和倾斜。

(18)沉桩作业必须专人指挥,上下配合协调,作业时不得攀登桩锤、桩帽等,不得用手脚触摸运行中的滑轮。

(19)在水上搭建施工平台所使用的钢管桩必须符合施工组织设计要求,并经质检合格后方可使用,如图 4-18 所示。

图 4-18　水上搭建施工平台

(20)施工平台上必须按设计要求合理划分办公区、施工区和材料堆放区,并设置专门卫生间、吸烟室。平台上必须设置救生、消防设施。

(21)施工平台上的所有设施、设备和机械必须采取有效的固定措施,防止倾斜和倒塌。

(22)水上施工平台应于上下游各设置一套可靠、方便的平台爬梯,脚踏板应用麻袋包扎,以防作业人员踩脱滑倒,施工平台上应配备应急软梯。

(23)航道水域上下游各布置一警示标牌,警示过往船舶不得随意进入施工航道。临时施工栈桥设置警示防雾灯,通航口位置设置导航灯,防止过往船舶撞击。

知识链接

《中华人民共和国水上水下作业和活动通航安全管理规定》(交通运输部令第 24 号)

《水利水电工程施工安全防护设施技术规范》(SL 714—2015)

《疏浚与吹填工程技术规范》(SL 17—2014)

第五节　拆除作业安全技术

水利水电工程建设项目拆除作业工期短、流动性大,拆除工程施工速度比新建工程快得多，其使用的机械、设备、材料、人员都比新建工程施工少得多，特别是采用爆破拆除，拆除工作可瞬间完成。因而，拆除施工企业可以在短期内从一个工地转移到第二个、第三个工地，其流动性很大。同时，拆除作业隐患多，危险性大。项目法人往往很难提供原建(构)筑物的结构图和设备安装图，给拆除施工企业制订拆除施工方案带来很多困难。此外，由于改建或扩建改变了原结构的力学体系，因而在拆除中往往因拆除了某一构件造成原建(构)筑物的力学平衡体系受到破坏，易导致其他构件倾覆压伤作业人员。

码 4-8 文档：拆除作业安全技术

工人拆除模板见图 4-19。

图 4-19 工人拆除模板

一、安全技术基本规定

(1)拆除工程在施工前，施工单位应对拆除对象的现状进行详细调查，编制施工组织设计，经合同指定单位批准后，方可施工。

(2)拆除工程在施工前，应对施工作业人员进行安全技术交底。

(3)拆除工程的施工应根据现场情况，设置围栏和安全警示标志，并设专人监护，防止非施工人员进入拆除现场。

(4)拆除工程在施工前，应将电线、瓦斯管道、水道、供热设备等干线通向该建筑物的支线切断或者迁移。

(5)工人从事拆除工作的时候，应站在脚手架或者其他稳固的结构部位上操作。

(6)拆除时应严格遵守自上而下的作业程序，高空作业应严格遵守登高作业的安全技术规程。

(7)在高处进行拆除作业时，应遵守《水利水电工程施工通用安全技术规程》(SL 398—2007)有关高处作业的相关规定，应设置流放槽(溜槽)，以便散碎废料顺槽流下；拆下较大的或者过重的材料，要用吊绳或者起重机械稳妥吊下或及时运走，严禁向下抛掷，拆卸下来的各种材料要及时清理。

(8)拆除旧桥(涵)时,应先建好通车便桥(涵)或渡口;在旧桥的两端应设置路栏(见图4-20),在路栏上悬挂警示灯,并在路肩上竖立通向便桥或渡口的指示标志。

图4-20　路栏警示牌

(9)拆除吊装作业的起重机司机,应严格执行操作规程。信号指挥人员应按照《起重机　手势信号》(GB/T 5082—2019)的有关规定作业。

(10)应按照国家标准《安全标志及其使用导则》(GB 2894—2008)的规定设置相关的安全标志。

二、建(构)筑物拆除(含房屋混凝土结构、桥梁、施工支护等)

(1)采用机械或人工方法拆除建筑物时,应严格遵守自上而下的作业程序,严禁数层同时拆除。当拆除某一部分的时候,应防止其他部分发生坍塌。

(2)采用机械或人工方法拆除建筑物不宜采用推倒方法,遇有特殊情况必须采用推倒方法的时候,应遵守下列规定:

①砍切墙根的深度不能超过墙厚的1/3,墙的厚度小于两块半砖的时候,不应进行掏掘。

②为防止墙壁向掏掘方向倾倒,在掏掘前应有可靠支撑。

③建筑物推倒前,应发出警示信号,待全体工作人员避至安全地带后,才能进行。

(3)采用人工方法拆除建筑物的栏杆、楼梯和楼板等,应和整体拆除进程相配合,不能先行拆除。建筑物的承重支柱和横梁,要等待它所承担的全部结构拆掉后才可以拆除。

(4)用爆破方法拆除建筑物的时候,应该遵守《爆破安全规程》(GB 6722—2014)的相关规定。用爆破方法拆除建筑物部分结构的时候,应该保证结构部分的良好状态。爆破后,如果发现保留的结构部分有危险征兆,要采取安全措施后,才能进行工作。龙滩水电工程下游围堰爆破拆除见图4-21。

(5)拆除建筑物的时候,楼板上不应有多人聚集和堆放料。

图 4-21　龙滩水电工程下游围堰爆破拆除

(6)拆除钢(木)屋架时,应采用绳索将其拴牢,待起重机吊稳后,方可进行气焊切割作业。吊运过程中,应采用辅助绳索控制被吊物处于正常状态。

(7)建筑基础或局部块体的拆除宜采用静力破碎方法进行。当采用爆破法、机械和人工方法拆除时,应参照本章的相关规定执行。

①采用静力破碎作业时,操作人员应戴防护手套和防护眼镜。孔内注入破碎剂后,严禁人员在注孔区行走,并应保持一定的安全距离。

②严禁静力破碎剂与其他材料混放。

③在相邻的两孔之间,严禁钻孔与注入破碎剂施工同步进行。

④拆除地下构筑物时,应了解地下构筑物的情况,切断进入构筑物的管线。

⑤建筑基础破碎拆除时,挖出的土方应及时运出现场或清理出工作面,在基坑边沿 1 m 内严禁堆放物料。

⑥建筑基础暴露和破碎时,发生异常情况,应立即停止作业。查清原因并采取相应措施后,方可继续施工。

(8)拆除旧桥(涵)时,应先拆除桥面的附属设施及挂件、护栏,宜采用爆破法、机械和人工的方法进行桥梁主体部分的拆除。拆除时,应遵照本章的相关规定执行。

(9)钢结构桥梁拆除应按照施工组织设计选定的机械设备及吊装方案进行施工。不应超负荷作业。

(10)施工支护拆除应遵守下列规定:

①喷护混凝土拆除时,应自上而下、分区分段进行。

②用镐凿除喷护混凝土时,应并排作业,左右间距应不少于 2 m,不应面对面使镐。

③用大锤砸碎喷护混凝土时,周围不应有人站立或通行。锤击钢钎,抡锤人应站在扶钎人的侧面,使锤者不应戴手套,锤柄端头应有防滑措施。

④风动工具凿除喷护混凝土应遵守下列规定:

a. 各部管道接头应紧固、不漏气,胶皮管不应缠绕打结,并不应用折弯风管的办法作断气之用,也不应将风管置于跨下。

b. 风管通过过道,应挖沟将风管下埋。

c. 风管连接风包后要试送气,检查风管内有无杂物堵塞送气时,要缓慢旋开阀门,不应猛开。

d. 风镐操作人员应与空压机司机紧密配合,及时送气或闭气。

e. 钎子插入风动工具后不应空打。

利用机械破碎喷护混凝土时,应有专人统一指挥,操作范围内不应有人。

三、临建设施拆除

(1)对有倒塌危险的大型设施拆除,应先采用支柱、支撑、绳索等临时加固措施;用气焊切割钢结构时,作业人员应选好安全位置,被切割物必须用绳索和吊钩等予以紧固。

(2)施工栈桥拆除,应遵守《水利水电工程施工通用安全技术规程》(SL 398—2007)有关高处作业的有关规定。

(3)施工脚手架拆除,应遵守《水利水电工程施工通用安全技术规程》(SL 398—2007)和《水利水电工程机电设备安装安全技术规程》(SL 400—2016)有关施工脚手架拆除的规定。

(4)大型施工机械设备拆除应遵守下列规定:

①大型施工机械设备拆除,应制订切实可行的技术方案和安全技术措施。

②大型施工机械设备拆除现场,应具有足够的拆除空间,拆除空间与输电线路的最小距离,应符合《水利水电工程施工安全防护设施技术规范》(SL 714—2015)第 4. 4. 2 条的有关规定。

③拆除现场的周围应设有安全围栏或色带隔离,并设警告标志。

④在拆除现场的工作设备及通道上方应设置防护棚。

⑤对被拆除的机械设备的行走机构,应有防止滑移的锁定装置。

⑥待拆的大型构件,应设有缆风绳加固,缆风绳的安全系数不应小于 3. 5,与地面夹角应为 30°~40°。

⑦在高处拆除构件时,应架设操作平台,并配有足够的安全绳、安全网等防护用品。

⑧采用起重机械拆除时,应根据机械设备被拆构件的几何尺寸与重量,选用符合安全条件的起重设备。

⑨施工机械设备的拆除程序是该设备安装的逆程序,应遵守《水利水电工程施工通用安全技术规程》(SL 398—2007)第 7 章的相关安全技术规定。

⑩施工机械设备的拆除应遵守该设备维修、保养的有关规定,边拆除、边保养,连接件及组合面应及时编号。

(5)特种设备和设施的拆除,如门塔机、缆机等,应遵守特种设备管理和特殊作业的有关规定。

(6)特种设备和设施的拆除,应由有相应资质的单位和持特种作业操作证的专业人员来执行。

四、围堰拆除

（1）围堰拆除一般应选择在枯水季节或枯水时段进行。特殊情况下，须在洪水季节或洪水时段进行时，应进行充分的论证。只有论证可行，并经合同指定单位批准后方可进行拆除。

（2）在设计阶段，应对必须拆除或破除的围堰进行专项规划和设计。

（3）围堰拆除前，施工单位应向有关方面获取以下资料：

①待拆除围堰的有关图纸和资料。

②待拆除围堰涉及区域的地上、地下建筑及设施分布情况资料。

③当拆除围堰建筑附近有架空线路或电缆线路时，应与有关部门取得联系，采取防护措施，确认安全后方可施工。

（4）施工单位应依据拆除围堰的图纸和资料，进行实地勘察，并应编制施工组织设计方案和安全技术措施。

（5）围堰拆除应制订应急预案，成立组织机构，并应配备抢险救援器材。

（6）当围堰拆除对周围建筑安全可能产生危险时，应采取相应保护措施，并应对建筑内的人员进行撤离安置。

（7）在拆除围堰的作业中，应密切注意雨情、水情，如发现情况异常，应停止施工，并应采取相应的应急措施。

（8）机械拆除应遵守下列规定：

①拆除土石围堰时，应从上至下、逐层、逐段进行。

②施工中应由专人负责监测被拆除围堰的状态，并应做好记录。当发现有不稳定状态的趋势时，应立即停止作业，并采取有效措施，消除隐患。

③机械拆除时，严禁超载作业或任意扩大使用范围作业。

机械拆除围堰见图 4-22。

图 4-22　机械拆除围堰

④拆除混凝土围堰、岩坎围堰、混凝土心墙围堰时,应先按爆破法破碎混凝土(或岩坎、混凝土心墙)后,再采用机械拆除的顺序进行施工。

⑤拆除混凝土过水围堰时,宜先按爆破法破碎混凝土护面后,再采用机械进行拆除。

⑥拆除钢板(管)桩围堰时,宜先采用振动拔桩机拔出钢板(管)桩后,再采用机械进行拆除。振动拔桩机作业时,应垂直向上,边振边拔;拔出的钢板(管)桩应码放整齐、稳固;应严格遵守起重机和振动拔桩机的安全技术规程。

(9)爆破法拆除应遵守下列规定:

①一、二、三级水利水电枢纽工程的围堰、堤坝和挡水岩坎的拆除爆破,设计文件除按正常设计外还应经过以下论证:

a.爆破区域与周围建(构)筑物的详细平面图,爆破对周围被保护建(构)筑和岩基影响的详细论证。

b.爆破后需要过流的工程,应有确保过流的技术措施,以及流速与爆渣关系的论证。

②一、二、三级水利水电枢纽工程的围堰、堤坝和挡水岩坎需要爆破拆除时,宜在修建时就提出爆破拆除的方案或设想,收集必要的基础资料和采取必要的措施。

③从事围堰爆破拆除工程的施工单位,应持有爆破资质证书。爆破拆除设计人员应具有承担爆破拆除作业范围和相应级别的爆破工程技术人员作业证。从事爆破拆除施工的作业人员应持证上岗。

④围堰爆破拆除工程应根据周围环境条件、拆除对象类别、爆破规模,以及《爆破安全规程》(GB 6722—2014)进行分级。围堰爆破拆除工程施工组织设计应由施工单位编制并上报合同指定单位和有关部门审核,做出安全评估,批准后方可实施。

⑤一、二级水利水电枢纽工程的围堰、堤坝和挡水岩坎的爆破拆除工程,应进行爆破振动与水中冲击波效应观测和重点被保护建(构)筑物的监测。

⑥采用水下钻孔爆破方案时,侧面应采用预裂爆破,并严格控制单响药量以保护附近建(构)筑物的安全。

⑦用水平钻孔爆破时,装药前应认真清孔并进行模拟装药试验,填塞物应用木模模紧。

⑧围堰爆破拆除工程起爆,宜采用导爆管起爆法或导爆管与导爆索混合起爆法,严禁采用火花起爆方法,应采用复式网路起爆。

⑨为保护邻近建筑和设施的安全,应限制单段起爆的用药量。

⑩装药前,应对爆破器材进行性能检测。爆破参数试验和起爆网路模拟试验应选择在安全部位和场所进行。

⑪在水深流急的环境,应有防止起爆网路被水流破坏的安全措施。

⑫围堰爆破拆除的预拆除施工,应确保围堰的安全和稳定。

⑬在紧急状态下,需要尽快炸开围堰、堤坝分洪时,可以由防汛指挥部直接指挥爆破工程的设计和施工,不必履行正常情况下的报批手续。

⑭爆破器材的购买、运输、使用和保管应遵守《水利水电工程施工通用安全技术规程》(SL 398—2007)第8章的有关规定。

⑮围堰爆破拆除工程的实施应成立爆破指挥机构,并应按设计确定的安全距离设置

警戒。

⑯围堰爆破拆除工程的实施除应符合本节的要求外,还应按照《爆破安全规程》(GB 6722—2014)的规定。

(10)围堰拆除施工采用的安全防护设施,应由专业人员搭设。应由施工单位安全主管部门按类别逐项查验,并应有验收记录。验收合格后,方可使用。

知识链接

《水利水电工程施工通用安全技术规程》(SL 398—2007)
《起重机　手势信号》(GB/T 5082—2019)
《安全标志及其使用导则》(GB 2894—2008)
《爆破安全规程》(GB 6722—2014)
《水利水电工程机电设备安装安全技术规程》(SL 400—2016)
《水利水电工程施工安全防护设施技术规范》(SL 714—2015)

事故案例分析

一、事故概况

某水库引水渠系工程大坝临时通道拆除施工工地,作业人员进行焊弧切割临时通道作业,开始时作业人员均安全防护到位。12:40左右,一根被割断的钢管落在过道上,1名作业人员怕被切割通道落下的钢管反弹伤人,准备把管子移开,在此过程中,嫌保险带碍事,便解开保险带,将保险带的挂钩顺手挂在被切割的爬梯栏杆上,当被切割的爬梯突然切断时,作业人员连同被切割的爬梯一道落下至最下方平台当场死亡。

二、事故原因分析

施工人员进行高处作业,虽系了安全带,但却将安全带挂在爬梯栏杆上,爬梯栏杆正在被切割,属于不牢固的物件。把安全带拴在不牢固的物件上,爬梯被切断坠落时,将带着作业人员一起坠落,安全带不但起不到保护的作用,反而成了造成事故的原因。选择悬挂安全带的物件,必须牢固可靠。自己和一起工作的人员要互相监护,认真检查,发现安全带悬挂不牢固时,要及时纠正,督促其摘下,重新选择牢固可靠的物件。

三、高处坠落事故的预防措施

根据《水利水电工程施工通用安全技术规程》(SL 398—2007),防止高处坠落应采取如下防范措施。

(一)人员行为

为了防止施工人员进入施工现场或作业的过程中常见的不安全行为和惯性违章,以防止安全事故的发生,应加强安全文明施工教育,提高施工人员的安全意识,自觉遵守并配合专职安全员检查落实条文规定的相关内容。施工现场作业人员,应遵守以下基本要求:

(1)进入施工现场,应按规定穿戴安全帽、工作服、工作鞋等防护用品。正确使用安全绳、安全带等安全防护用具及工具,安全绳、安全带必须系在牢固的物体上。严禁穿拖鞋、高跟鞋或赤脚进入施工现场。安全绳、安全帽应定期检验合格。

(2)严禁酒后作业。

(3)严禁在铁路、公路、洞口、陡坡、高处及水上边缘、滚石坍塌地段、设备运行通道等危险地带停留和休息。

(4)高处作业时,不应向外、向下抛掷物件。由于高空作业人员受环境条件及空间限制,在作业时有可能掉落物品危及下方人员安全,应根据要求设置安全警戒线及警示标志。

(5)严禁随意移动、拆除、损坏安全卫生及环境保护设施和警示标志。

(6)进行三级、特级、悬空高处作业时,应事先制订专项安全技术措施。施工前,应向所有施工人员进行技术交底。三级、特级高处作业其坠落高度分别定义为15~30 m和30 m以上;悬空高处作业无立足点或无牢靠立足点条件下进行高处作业,其作业危险性大。

(7)硬母线、封闭母线安装时,工作人员应系好安全带,防止跌落事故发生。

(二)安全防护

(1)施工现场的井、洞、坑、沟、口等危险处应设置明显的禁止、指示、警示标志,用以警示提醒人员的安全意识和安全行为,并应采取加盖板或设置围栏等防护措施。设置的警示标志应符合国家对安全色、图形、符号的标志要求,提醒人员注意防止事故的发生。安全检查应检查施工现场的井、洞、坑、沟、口等危险处有无醒目的警示标志和加盖板、围栏等防护措施,如不按要求设置应立即整改。

(2)高处临边、临空作业应设置安全网,安全网距工作面的最大高度不应超过3.0 m,水平投影宽度应不小于2.0 m。安全网应挂设牢固,并随工作面升高而升高。安全网距工作面过高会导致人员坠落后冲击力过大而可能使安全网破损失去保护作用,安全网水平投影面积过小导致安全网防护面积过小而可能失去保护作用。安全检查应检测实际安全网距工作面距离和其水平投影面积应符合要求。

(3)高处作业前,应检查排架、脚手板、通道、马道、梯子和防护设施,符合安全要求方可作业。高处作业使用的脚手架平台,应铺设固定脚手板,临空边缘应设高度不低于1.2 m的防护栏杆。排架支撑应稳固不晃动,脚手板、通道、马道、梯子应有一定宽度,铺设应固定。

(4)高处作业下方或附近有煤气、烟尘及其他有害气体,应采取排除或隔离等措施;否则不应施工。煤气、烟尘及其他有害气体会导致高处作业人员头晕而导致高处坠落,因此严禁在缺乏可靠安全措施的情况下,在煤气、烟尘及其他有害气体环境中进行高处作业施工。

(三)加强监督检查,纠正不安全行为

高处作业前,应有专职安全员对照安全规定和要求逐一检查,纠正不安全行为,待符合安全要求后,方准施工作业。不安全作业行为及纠正方法包括以下几个方面。

(1)站在梯子上工作时不使用安全带。纠正方法:应讲清楚站在梯子上工作使用安全带的必要性,不要以为只要站得稳就不会出事,因为在工作中会有意想不到的情况发生而造成坠落事故，所以不但要系好安全带，而且要会正确使用，要将安全带的一端拴在高处牢固的地方。对上梯工作不系安全带的，应督促他们使用和系好安全带。同时，使用的梯子要有防滑措施，以免发生摔伤事故。

（2）上杆工作不系安全带。纠正方法：安全带是高空作业时防坠落的安全技术措施，因不系安全带造成坠落伤害的事例很多，要用具体事例教育职工，增强自我保护意识，严格执行保证人身安全的措施。如不系安全带登杆，监护人要及时提醒，并不准上杆。

（3）虽系了安全带，但将安全带挂在不牢固的物件上。纠正方法：要向职工讲清楚如果是把安全带拴在不牢固的物件上，安全带就达不到保护作用的道理。选择悬挂安全带的物件，必须牢固可靠。自己和一起工作的人员要互相监护，认真检查，发现安全带悬挂不牢固时，要及时纠正，督促其摘下，重新选择牢固可靠的物件。

（4）安全带弹簧卡扣误扣在衣服上。纠正方法：应讲清误扣存在危险性。安全带弹簧卡扣必须扣在卡扣里，否则安全带就起不到保险作用，要教育职工无论干什么工作都要细心，不可马虎。系完安全带后，一定要仔细检查，看是否扣好，是否处于安全可靠状态。

（5）高处作业不使用工具袋，上下取物不用绳索，随意上下抛物及工具。纠正方法：要教育职工不要图省事，怕麻烦。不使用工具袋，工具随便放置，容易造成坠物伤人。用上下抛、丢的方法传递物件容易把人砸伤。

（6）作业中随意从高处跳下。纠正方法：应向职工讲清楚随意从高处跳下存在的危险性。发生从高处跳下造成的伤害事故不少，可以用具体事例对职工进行教育。高处作业，严禁从高处往下跳，防止发生意外事故。

（7）在变电站上构架爬梯时，不注意逐档检查。纠正方法：要使大家知道爬梯虽然是稳固性构件，但是随着时间和环境变化及其他意外原因，有可能发生锈蚀、损坏等缺陷和隐患，而不被人们所发现。因而上下爬梯时，不但要逐档检查是否牢固，而且还应两手各抓一个梯阶，以免发生坠落事故。

课后练习

请扫描二维码，做课后测试题。

码 4-9　第四章测试题

第五章 施工作业安全技术

为了保证水利水电工程的安全建设并改善与控制施工领域中的违反法律法规的行为，水利行业建立了《水利水电工程施工通用安全技术规程》（SL 398—2007）、《水利水电工程土建施工安全技术规程》（SL 399—2007）、《水利水电工程机电设备安装安全技术规程》（SL 400—2016）、《水利水电工程施工作业人员安全操作规程》（SL 401—2007）等安全技术标准。4 个标准在内容上各有侧重、互为补充，形成一个相对完整的水利水电工程建筑安装安全技术标准体系。

但也必须认识到，当前的水利水电工程“安全生产”形式仍然非常严重，安全事故是主要的客观事件。施工安全与施工人员的生命和财产安全有关，并与社会稳定发展的总体有关。而施工安全技术控制就是整个施工阶段中的重点，因此有必要在整个施工阶段内继续加强施工作业安全技术的管理。

第一节 爆破作业安全技术

在进行水利水电工程建设施工时，通常都要进行大量的土石方开挖，爆破则是最常用的施工方法之一。爆破是利用工业炸药爆炸时释放的能量，使炸药周围的一定范围内的土石破碎、抛掷或者松动。爆破施工是危险性较高的作业，从火工材料的领用到爆破方案的设计再到爆破方案的实施、安全警戒及盲炮的处理，每一工序都要细心，要严谨。因此，在爆破作业中，需采用有效的施工安全技术措施，以确保人员、设备及邻近建筑物或构筑物等的安全。堰塞体爆破作业见图 5-1。溢洪道爆破作业见图 5-2。

图 5-1 堰塞体爆破作业

图 5-2　溢洪道爆破作业

一、爆破安全基本要求

码 5-1　文档：爆破的分类

(1)爆破工程均应编制爆破技术设计文件。在进行爆破设计时，应制定安全技术措施。

(2)每次爆破的技术设计均应经监理单位签认后，再组织实施。爆破工作的组织实施应与监理签认的爆破技术设计相一致。

(3)爆破实施前，施工企业应编写施工组织设计，编写负责人所持爆破工程技术人员安全作业证的等级和作业范围应与施工工程相符合。

(4)需经公安机关审批的爆破作业项目，提交申请前，均应进行安全评估。

码 5-2　文档：爆破工程师

(5)A、B 级爆破工程，都应成立爆破指挥部，全面指挥和统筹安排爆破工程的各项工作。

(6)爆破指挥部应与爆破施工现场、起爆站、主要警戒哨建立并保持通信联络；不成立指挥部的爆破工程，在爆破组(人)、起爆站和警戒哨间应建立通信联络，保持畅通。

(7)凡须经公安机关审批的爆破作业项目，爆破作业应于施工前 3 d 发布公告，并在作业地点张贴。施工公告内容应包括爆破作业项目名称、委托单位、设计施工单位、安全评估单位、安全监理单位、爆破作业时限等。

(8)装药前 1 d 应发布爆破公告并在现场张贴，内容包括爆破地点、每次爆破时间、安全警戒范围、警戒标志、起爆信号等。

(9)邻近交通要道的爆破需进行临时交通管制时，应预先申请并至少提前 3 d 由公安交管部门发布爆破施工交通管制通知。

（10）在邻近通航水域进行爆破施工，应在 3 d 前通知港航监督部门。

（11）爆破可能危及供水、排水、供电、供气、通信等线路，以及运输交通隧道、输油管线等重要设施时，应事先准备好相应的应急措施，向有关主管部门报告，做好协调工作，并在爆破时通知有关单位到场。

（12）在同一地区同时进行露天、地下、水下爆破作业或几个爆破作业单位平行作业时，应由建设单位组织协商后共同发布施工公告和爆破公告。

（13）爆破工程施工前，应根据爆破设计文件要求和场地条件，对施工场地进行规划，并开展施工现场清理与准备工作。

二、爆破作业环境要求

（1）爆破前应对爆区周围的自然条件和环境状况进行调查，了解危及安全的不利环境因素，采取必要的安全防范措施。

（2）爆破作业场所有下列情形之一时，不应进行爆破作业：

①岩体有冒顶或边坡滑落危险的。

②爆破会造成巷道涌水、堤坝漏水、河床严重阻塞、泉水变迁的。

③爆破可能危及建（构）筑物、公共设施或人员的安全而无有效防护措施的。

④洞室、炮孔温度异常的。

⑤作业通道不安全或堵塞的。

⑥支护规格与支护说明书的规定不符或工作面支护损坏的。

⑦危险区边界未设警戒的。

⑧光线不足、无照明或照明不符合相关规定的。

（3）露天、水下爆破装药前，应与当地气象、水文部门联系，及时掌握气象、水文资料，遇以下特殊恶劣气候、水文情况时，应停止爆破作业，所有人员应立即撤到安全地点：

①热带风暴或台风即将来临时。

②雷电、暴雨雪来临时。

③大雾天气，能见度不超过 100 m 时。

④现场风力超过 8 级，浪高大于 0.8 m 或水位暴涨暴落时。

（4）采用电爆网路时，应对高压电、射频电等进行调查，对杂散电流进行测试；发现存在危险应立即采取预防或排除措施。

（5）浅孔爆破应采用湿式凿岩，深孔爆破凿岩机应配收尘设备；在残孔附近钻孔时应避免凿穿残留炮孔，在任何情况下不应打钻残孔。钻孔见图 5-3。

三、爆破装药安全技术

码 5-3　动画：炸药爆炸

（1）装药前应对作业场地、爆破器材堆放场地进行清理，装药人员应对准备装药的全部炮孔、药室进行检查。

（2）炸药运入现场开始，应划定装药警戒区，警戒区内禁止烟火，并不得携带火柴、打火机等火源进入警戒区域；采用普通电雷管起爆时，不得携带手机或其他移动式通信设备进入警戒区。

图 5-3　钻孔

(3)炸药运入警戒区后,应迅速分发到各装药孔口或装药洞口,不应在警戒区临时集中堆放大量炸药,不得将起爆器材、起爆药包和炸药混合堆放。

(4)搬运爆破器材要轻拿轻放,装药时不应冲撞起爆药包。

(5)在油、重油炸药与导爆索直接接触的情况下,应采取隔油措施或采用耐油型的导爆索。

(6)各种爆破作业都应按设计药量装药并做好装药原始记录。记录应包括装药基本情况、出现的问题及处理措施。

(7)爆破装药照明条件应符合以下规定:

①在黄昏和夜间等能见度差的条件下,不宜进行露天及水下爆破的装药工作。

②在上述条件下,如确需进行装药作业,应有足够的照明设施保证作业安全。

③爆破装药现场不应用明火照明。

④爆破装药用电灯照明时,在离爆破器材 20 m 以外可装 220 V 的照明器材,在作业现场或洞室内使用电压不高于 36 V 的照明器材。

⑤从带有电雷管的起爆药包或起爆体进入装药警戒区开始,装药警戒区内应停电,可采用安全蓄电池灯、安全灯或绝缘手电筒照明。

(8)人工装药应符合以下规定:

①炮孔装药,应使用木质或竹制炮棍。

②不应投掷起爆药包和敏感度高的炸药,起爆药包装入后应采取有效措施,防止后续药卷直接冲击起爆药包。

③装药发生卡塞时,若在雷管和起爆药包放入之前,可用非金属长杆处理。装入起爆药包后,不应用任何工具冲击、挤压。

④在装药过程中,不应拔出或硬拉起爆药包中的导火索、导爆管、导爆索和电雷管引出线。

人工装药见图 5-4。

图 5-4　人工装药

(9)现场混装炸药车装药应符合以下规定:

①混装车驾驶员、操作工,应经过严格培训和考核,熟练掌握混装车各部分的操作程序和使用及维护方法,持证上岗。

②混装车上料前应对计量控制系统进行检测标定。配料仓不应有其他杂物;上料时不应超过规定的物料量,上料后应检查输药软管是否畅通。

③混装车应配备消防器具,接地良好,进入现场应悬挂“危险”警示标志。

④混装车行驶速度不应超过 40 km/h,扬尘、起雾、暴风雨等能见度差时速度减半;在平坦道路上行驶时,两车距离不应小于 50 m;上山或下山时,两车距离不应小于 200 m。

⑤混装车行车时不应压、刮、碰坏爆破器材。

⑥装药前应对炸药密度进行检测,检测合格后方可进行装药。

⑦采用输药软管方式输送混装炸药时,对干孔应将输药软管末端送至孔口填塞段以下 0.5~1 m 处;对水孔应将输药软管末端下至孔底,并根据装药速度缓缓提升输药软管。

⑧装药时应进行护孔,防止孔口岩屑、岩渣混入炸药中。

⑨混装乳化炸药装药完毕至少 10 min 后经检验合格才可进行填塞。应测量填塞段长度是否符合爆破设计要求。

⑩混装乳化炸药装药至最后一个炮孔时,应将软管中剩余炸药装入炮孔中,装药完毕将软管内残留炸药清理干净。

混装车见图 5-5。

四、爆破警戒和信号

(一)爆破警戒

(1)装药警戒范围由爆破技术负责人确定;装药时应在警戒区边界设置明显标识并派出岗哨。

(2)爆破警戒范围由设计确定;在危险区边界,应设有明显标识,并派出岗哨。

图 5-5 混装车

(3)执行警戒任务的人员,应按指令到达指定地点并坚守工作岗位。

(4)靠近水域的爆破安全警戒工作,除按上述要求封锁陆岸爆区警戒范围外,还应对水域进行警戒。水域警戒应配有指挥船和巡逻船,其警戒范围由设计确定。

爆破警戒见图 5-6。

图 5-6 爆破警戒

(二)信号

(1)预警信号。该信号发出后,爆破警戒范围内开始清场工作。

(2)起爆信号。起爆信号应在确认人员全部撤离爆破警戒区,所有警戒人员到位,具备安全起爆条件时发出。起爆信号发出后,现场指挥应再次确认达到安全起爆条件,然后下令起爆。

(3)解除信号。安全等待时间过后,检查人员进入爆破警戒范围内检查,确认安全后,报请现场指挥同意,方可发出解除警戒信号。在此之前,岗哨不得撤离,不允许非检查人员进入爆破警戒范围。

(4)各类信号均应使爆破警戒区域及附近人员能清楚地听到或看到。

五、盲炮处理安全技术

(1)处理盲炮前应由爆破技术负责人定出警戒范围,并在该区域边界设置警戒,处理盲炮时无关人员不准进入警戒区。

(2)应派有经验的爆破员处理盲炮,洞室爆破的盲炮处理应由爆破工程技术人员提出方案并经单位技术负责人批准。

(3)电力起爆发生盲炮时,应立即切断电源,及时将盲炮电路短路。

(4)导爆索和导爆管起爆网路发生盲炮时,应首先检查导爆管是否有破损或断裂,发现有破损或断裂的应修复后重新起爆。

(5)不应强行拉出炮孔中的起爆药和雷管。

(6)盲炮处理后,应仔细检查爆堆,将残余的爆破器材收集起来销毁;在不能确认爆堆无残留的爆破器材之前,应采取预防措施并派专人监督爆堆挖运作业。

(7)盲炮处理后应由处理者填写登记卡片或提交报告,说明产生盲炮的原因、处理的方法和结果、预防措施。

六、爆破作业安全技术

(一)露天爆破作业

(1)露天爆破作业时,应建立避炮掩体,避炮掩体应设在冲击波危险范围之外;掩体结构应坚固紧密,位置和方向应能防止飞石和有害气体的危害;通达避炮掩体的道路不应有任何障碍。

(2)起爆站应设在避炮掩体内或设在警戒区外的安全地点。

(3)露天爆破时,起爆前应将机械设备撤至安全地点或采取就地保护措施。

(4)雷雨天气、多雷地区和附近有通信机站等射频源时,进行露天爆破不应采用普通电雷管起爆网路。

(5)松软岩土或砂矿床爆破后,应在爆区设置明显标志,发现空穴、陷坑时应进行安全检查,确认无危险后,方准许恢复作业。

(6)在寒冷地区的冬季实施爆破,应采用抗冻爆破器材。

(7)洞室爆破爆堆开挖作业遇到未松动地段时,应对药室中心线及标高进行标示,确认是否有洞室盲炮。

(8)当怀疑有盲炮时,应设置明显标识并对爆后挖运作业进行监督和指挥,防止挖掘机盲目作业引发爆炸事故。

(9)露天岩土爆破不得采用裸露药包。

(二)浅孔爆破作业

(1)露天浅孔爆破宜采用台阶法爆破。

(2)在台阶形成之前进行爆破应加大填塞长度和警戒范围。

(3)装填的炮孔数量,应以一次爆破为限。

(4)采用浅孔爆破平整场地时,应尽量使爆破方向指向一个临空面,并避免指向重要建(构)筑物。

(5)破碎大块时,单位炸药消耗量应控制在 150 g/m 以内,应采用齐发爆破或短延时毫秒爆破。

(三)深孔爆破作业

(1)验孔时,应将孔口周围 0.5 m 范围内的碎石、杂物清除干净,孔口岩壁不稳者,应进行维护。

(2)深孔验收标准。孔深允许误差±0.2 m,间排距允许误差 0.2 m,偏斜度允许误差 2%;发现不合格钻孔应及时处理,未达验收标准不得装药。

(3)爆破工程技术人员在装药前应对第一排各钻孔的最小抵抗线进行测定,对形成反坡或有大裂隙的部位应考虑调整药量或间隔填塞。底盘抵抗线过大的部位,应进行处理,使其符合爆破要求。孔口抵抗线过小者,应适当加大填塞长度。

(4)爆破员应按爆破技术设计的规定进行操作,不得自行增减药量或改变填塞长度;如确需调整,应征得现场爆破工程技术人员同意并做好变更记录。

(5)台阶爆破初期应采取自上而下分层爆破形成台阶,如需进行双层或多层同时爆破,应有可靠的安全措施。

(6)装药过程中发现炮孔可容纳药量与设计装药量不符时,应及时报告,由爆破工程技术人员检查校核处理。

(7)装药过程中出现阻塞、卡孔等现象时,应停止装药并及时疏通。如已装入雷管或起爆药包,不得强行疏通,应保护好雷管或起爆药包,报告爆破工程技术人员采取补救措施。

(8)装药结束后,应进行检查验收,验收合格后再进行填塞和联网作业。

(9)高台阶抛掷爆破应与预裂爆破结合使用。

(10)深孔爆破使用空气间隔器时,应确保空气间隔器与使用环境要求相匹配;使用前应进行空气间隔器充气速度测试和负荷试验;使用时不应损伤空气间隔器外防护层。

(四)预裂爆破、光面爆破作业

(1)采用预裂爆破或光面爆破技术时,验孔、装药等应在现场爆破工程技术人员指导监督下由熟练爆破员操作。

(2)预裂孔、光面孔应按设计要求钻凿在一个布孔面上,钻孔偏斜误差不得超过 1.5%。

(3)布置在同一控制面上的预裂孔,应采用导爆索网路同时起爆,如同时起爆药量超过安全允许药量,也可分段起爆。

(4)预裂爆破、光面爆破应严格按设计的装药结构装药。若采用药串结构药包,在加工和装药过程中应防止药卷滑落;若设计要求药包装于钻孔轴线,应使用专门的定型产品或采取定位措施。

(5)预裂爆破、光面爆破应按设计进行填塞。

(6)预裂爆破孔应超前相邻主爆破孔或缓冲爆破孔起爆,时差应不小于 75 ms。光面爆破孔应滞后相邻主爆破孔起爆。

(五)水下爆破作业

(1)水下爆破实施前,爆破区域附近有建(构)筑物、养殖区、野生水生物需保护时,应针对爆破飞石、水中冲击波(动水压力)、爆破振动和涌浪等水下爆破有害效应制订有效的安全保护措施。

(2)爆破作业船上的工作人员,作业时应穿好救生衣,不能穿救生衣作业时,应备有相应数量的救生设备。无关人员不应登上爆破作业船。

(3)爆破工作船及其辅助船舶,应按规定悬挂信号(灯号);在危险水域边界上应设置警告标志禁航信号、警戒船舶和岗哨等。

(4)水下爆破应使用防水的或经防水处理的爆破器材;用于深水区的爆破器材,应具有足够的抗压性能,或采取有效的抗压措施;水下爆破使用的爆破器材应进行抗水和抗压试验。

(5)水下爆破的药包和起爆药包,应在专用的加工房内或加工船上制作。

(6)起爆药包,只准由爆破员搬运。搬运起爆药包上下船或跨船时,应有必要的防滑措施。用船只运送起爆药包时,航行中应避免剧烈的颠簸和碰撞。

(7)现场运输爆破器材和起爆药包,应专船装运。用机动船装运,应采取防电、防振及隔热措施。

(8)用电力和导爆管起爆网路时,每个起爆药包内安放的雷管数不宜少于2发,并宜连成两套网路或复式网路同时起爆。

(9)水下电爆网路的导线(含主线连接线)应采用有足够强度,且防水性和柔韧性良好的绝缘胶质线,爆破主线路呈松弛状态扎系在伸缩性小的主绳上;水中不应有接头。

(10)不宜用铝(或铁)芯线作水下电爆网路的导线。

(11)在流速较大水域爆破时,宜采用导爆索起爆网路。

(12)起爆药包使用非电导爆管雷管及导爆索起爆时,应做好端头防水工作,导爆索搭接长度应大于0.3 m。

(13)导爆索起爆网路应在主爆线上加系浮标,使其悬吊;应避免导爆索网路沉入水底造成网路交叉,破坏起爆网路。

(14)盲炮应及时处理;遇有难于处理而又危及航行船舶安全的盲炮,应延长警戒时间,直至处理完毕。

知识链接

《水利水电工程施工通用安全技术规程》(SL 398—2007)

《水利水电工程土建施工安全技术规程》(SL 399—2007)

《水利水电工程施工作业人员安全操作规程》(SL 401—2007)

第二节　土石方工程安全技术

一、土石方工程施工安全基本要求

(1)土石方开挖施工前,应掌握必要的工程地质、水文地质、气象条件、环境因素等勘测资料。

(2)达到一定规模的危险性较大的土方和石方开挖工程应编制专项施工方案,并附安全验算结果,经施工企业技术负责人签字以及总监理工程师核签后实施,并由专职安全生产管理人员对专项施工方案实施情况进行现场监督。对工程中涉及高边坡、深基坑工程的专项施工方案,施工企业还应组织专家进行论证、审查。

码 5-4　文档:常见的土石方工程机械

(3)施工中应遵循各项安全技术规程和标准,按施工方案组织施工,在施工过程中注重加强对人、机器设备、物料、环境等因素的安全控制,保证作业人员、设备的安全。

(4)土石方开挖施工前,应根据设计文件复查地下构造物(电缆、管道等)的埋设位置和走向,并采取防护或避让措施。施工中如发现危险物品及其他可疑物品,应立即停止开挖,报请有关部门处理。

(5)土石方开挖过程中应充分重视地质条件的变化,遇到不良地质构造和存在事故隐患的部位应及时采取防范措施,并设置必要的安全围栏和警示标志。

(6)土石方开挖过程中,应采取有效的截水、排水措施,防止地表水和地下水影响开挖作业和施工安全。

(7)土石方开挖程序应遵循自上而下的原则,并采取有效的安全措施。

(8)应合理确定开挖边坡坡比,及时制订边坡支护方案。

引江济淮江水北送段基坑开挖见图 5-7。

图 5-7　引江济淮江水北送段基坑开挖

二、土方明挖安全技术

(1)人工挖掘土方应符合下列规定:

①边坡开挖中如遇地下水涌出,应先排水,后开挖。

②开挖工作应与装运作业面相互错开,应避免上、下交叉作业。

③边坡开挖影响交通安全时,应设置警示标志,严禁通行,并派专人进行交通疏导。

④边坡开挖时,应及时清除松动的土体和浮石,必要时应进行安全支护。

(2)施工过程中应密切关注作业部位和周边边坡、山体的稳定情况,一旦发现裂痕、滑动、流土等现象,应停止作业,撤出现场作业人员。

(3)滑坡地段的开挖,应从滑坡体两侧向中部自上而下进行,不应全面拉槽开挖,弃土不应堆在滑动区域内。开挖时应有专职人员监护,随时注意滑动体的变化情况。

(4)已开挖的地段,不应顺土方坡面流水,必要时坡顶应设置截水沟。

(5)在靠近建筑物、设备基础、路基、高压铁塔、电杆等构筑物附近挖土时,应制订防坍塌的安全措施。

(6)开挖基坑(槽)时,应根据土壤性质、含水量、土的抗剪强度、挖深等要素,设计安全边坡及马道。

(7)在不良气象条件下,不应进行边坡开挖作业。

(8)当边坡高度大于5 m时,应在适当高程设置防护栏栅。

三、土方暗挖安全技术

(1)土方暗挖作业应符合下列规定:

①应按施工组织设计和安全技术措施规定的开挖顺序进行施工。

②作业人员到达工作地点时,应首先检查工作面是否处于安全状态,并检查支护是否牢固,如有松动的石、土块或裂缝应先予以清除或支护。

③工具应安装牢固。

隧道暗挖见图5-8。

图5-8 隧道暗挖

(2)土方暗挖的洞口施工应符合下列规定:

①应有良好的排水措施。

②应及时清理洞脸,及时锁口。在洞脸边坡外应设置挡渣墙或积石槽,或在洞口设置钢或木结构防护棚,其顺洞轴方向伸出洞口外长度不应小于 5 m。

③洞口以上边坡和两侧应采取锚喷支护或混凝土永久支护措施。

(3)土方暗挖应遵循“管超前、严注浆、短开挖、强支护、快封闭、勤量测、速反馈”的施工原则。

(4)开挖过程中,如出现整体裂缝或滑动迹象,应立即停止施工,将人员、设备尽快撤离工作面,视开裂或滑动程度采取不同的应急措施。

(5)土方暗挖的循环应控制在 0.5~0.75 m,开挖后应及时喷素混凝土加以封闭,尽快形成拱圈,在安全受控的情况下,方可进行下一循环的施工。

(6)站在土堆上作业时,应注意土堆的稳定,防止滑坍伤人。

(7)土方暗挖作业面应保持地面平整、无积水,洞壁两侧下边缘应设排水沟。

(8)洞内使用内燃机施工设备,应配有废气净化装置,不应使用汽油发动机施工设备。进洞深度大于洞径 5 倍时,应采取机械通风措施,送风能力应满足施工人员正常呼吸需要[3 m^3/(人·min)],并能满足冲淡、排除燃油发动机和爆破烟尘的需要。

四、石方明挖安全技术

(1)机械凿岩时,应采用湿式凿岩或装有能够达到国家工业卫生标准的干式捕尘装置,否则不应开钻。

(2)开钻前,应检查工作面附近岩石是否稳定,是否有瞎炮,发现问题应立即处理;否则不应作业;不应在残眼中继续钻孔。

(3)供钻孔用的脚手架,应搭设牢固的栏杆。开钻部位的脚手板应铺满绑牢,板厚应不小于 5 cm。

(4)开挖作业开工前应将设计边线外至少 10 m 范围内的浮石、杂物清除干净,必要时坡顶应设截水沟,并设置安全防护栏。

(5)对开挖部位设计开口线以外的坡面、岸坡和坑槽开挖,应进行安全处理后再作业。

(6)对开挖深度较大的坡(壁)面,每下降 5 m,应进行一次清坡、测量、检查。对断层、裂隙、破碎带等不良地质构造,应按设计要求及时进行加固或防护,应避免在形成高边坡后进行处理。

(7)进行撬挖作业时应符合下列规定:

①严禁站在石块滑落的方向撬挖或上下层同时撬挖。

②在撬挖作业的下方严禁通行,并应有专人监护。

③撬挖人员应保持适当间距。在悬崖、35°以上陡坡上作业应系好安全绳、佩戴安全带,严禁多人共用一根安全绳。撬挖作业宜在白天进行。

(8)高边坡作业时应遵守下列规定:

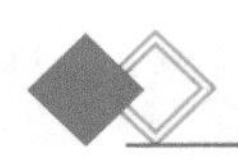

①高边坡施工搭设的脚手架、排架平台等应符合设计要求，满足施工负荷，操作平台应满铺牢固，临空边缘应设置挡脚板，并应经验收合格后，方可投入使用。

②上下层垂直交叉作业的中间应设有隔离防护棚或者将作业时间错开，并应有专人监护。

③高边坡开挖每梯段开挖完成后，应进行一次安全处理。

④对断层、裂隙、破碎带等不良地质构造的高边坡，应按设计要求及时采取锚喷或加固等支护措施。

⑤在高边坡底部、基坑施工作业上方边坡上，应设置安全防护措施。

⑥高边坡施工时应有专人定期检查，并应对边坡稳定进行监测。

⑦高边坡开挖应边开挖、边支护，确保边坡稳定和施工安全。

五、石方暗挖安全技术

洞室开挖作业应遵守下列规定：

(1)洞室开挖的洞口边坡上不应存在浮石、危石及倒悬石。

(2)作业施工环境和条件相对较差时，施工前应制订全方位的安全技术措施，并对作业人员进行交底。

(3)洞口削坡，应按照明挖要求进行。不应上下同时作业，并应做好坡面、马道加固及排水等工作。

(4)进洞前，应对洞脸岩体进行察看，确认稳定或采取可靠措施后方可开挖洞口。

(5)洞口应设置防护棚。其顺洞轴方向的长度，可依据实际地形、地质和洞型断面选定，不宜小于 5 m。

(6)自洞口计起，当洞挖长度不超过 15~20 m 时，应依据地质条件、断面尺寸，及时做好洞口永久性或临时性支护。支护长度不宜小于 10 m。当地质条件不良全部洞身应进行支护时，洞口段则应进行永久性支护。

(7)暗挖作业中，在遇到不良地质构造或易发生塌方地段、有害气体逸出及地下涌水等突发事件应即停工，作业人员撤至安全地点。

(8)暗挖作业设置的风、水、电等管线路应符合相关安全规定。

(9)每次放炮后，应立即进行全方位的安全检查，并清除危石、浮石，若发现非撬挖所能排除的险情，应果断地采取其他措施进行处理。洞内进行安全处理，应有专人监护，及时观察险石动态。

(10)处理冒顶或边墙滑脱等现象时应遵守下列规定：

①应查清原因，制订具体施工方案及安全防范措施，迅速处理。

②地下水十分活跃的地段，应先治水后治塌。

③应准备好畅通的撤离通道，备足施工器材。

④处理工作开始前，应先加固好塌方段两端未被破坏的支护或岩体。

⑤处理坍塌，宜先处理两侧边墙，然后再逐步处理顶拱。

⑥施工人员应在有可靠的掩护体下进行工作，作业的整个过程应有专人现场监护。

⑦应随时观察险情变化，及时修改或补充原定措施计划。

⑧开挖与衬砌平行作业时的距离，应按设计要求控制，但不宜小于 30 m。

斜、竖井开挖作业应遵守下列规定：

(1)斜、竖井的井口附近，应在施工前做好修整，并在周围修好排水沟、截水沟，防止地面水侵入井中。竖井井口平台应比地面至少高出 0.5 m。在井口边应设置不低于 1.4 m 规定高度的防护栏，挡脚板高应不小于 35 cm。

(2)在井口及井底部位应设置醒目的安全标志。

(3)当工作面附近或井筒未衬砌部分发现有落石、支撑发生响动或大量涌水等其他失稳异常表现时，工作面施工人员应立即从安全梯或使用提升设备撤出井外，并报告处理。

(4)斜、竖井采用自上而下全断面开挖方法时应遵守下列规定：

①井深超过 15 m 时，上下人员宜采用提升设备。

②提升设施应有专门设计方案。

③应锁好井口，确保井口稳定。应设置防护设施，防止井台上弃物坠入井内。

④漏水和淋水地段，应有防水、排水措施。

(5)竖井采用自上而下先打导洞再进行扩挖时，应遵守下列规定：

①井口周边至导井口应有适当坡度，便于扒渣。

②爆破后必须认真处理浮石和井壁。

③采取有效措施，防止石渣砸坏井底棚架。

④扒渣人员应系好安全带，自井壁边缘石渣顶部逐步下降扒渣。

⑤导井被堵塞时，严禁到导井口位置或井内进行处理，以防止石渣坠落砸伤。

不良地质地段开挖作业应遵守下列规定：

(1)根据设计工程地质资料制订施工技术措施和安全技术措施，并应向作业人员进行交底。作业现场应有专职安全人员进行监护作业。

(2)不良地质地段的支护应严格按施工方案进行，应待支护稳定并验收合格后方可进行下一工序的施工。

(3)当出现围岩不稳定、涌水及发生塌方情况时，所有作业人员应立即撤至安全地带。

(4)施工作业时，岩石既是开挖的对象，又是成洞的介质，为此施工人员应充分了解围岩性质。合理运用洞室体形特征，以确保施工安全。

(5)施工时应采取浅钻孔、弱爆破、多循环，尽量减少对围岩的扰动。应采取分部开挖，及时进行支护。每一循环掘进应控制在 0.5~1.0 m。

(6)在完成一个开挖作业循环时，应全面清除危石，及时支护，防止落石。

(7)在不良地质地段施工，应做好工程地质、地下水类型和涌水量的预报工作，并设置排水沟、积水坑和充分的抽排水设备。

(8)在软弱、松散破碎带施工，应待支护稳定后方可进行下一段施工作业。

(9)在不良地质地段施工应按所制定的临时安全用电方案实施，设置漏电保护器，并有断、停电应急措施。

六、土石方填筑安全技术

(1)土石方填筑应按施工组织设计进行施工,不得危及周围建筑物的结构或施工安全,不得危及相邻设备、设施的安全运行。

(2)填筑作业时,应注意保护相邻的平面、高程控制点,防止碰撞造成移位及下沉。

(3)夜间作业时,现场应有足够照明,在危险地段设置护栏和明显的警示标志。

(4)取料、填筑现场机械作业应设专人指挥,设备操作人员应经过专门培训,持证上岗。

(5)雨天不应进行填土作业。如需施工,应分段尽快完成,且宜采用碎石类土和砂土、石屑等填料。土石方填筑见图 5-9。

图 5-9 土石方填筑

(6)土石方填筑的运输、摊平、碾压、夯实等设备的灯光、制动、信号、警告装置应齐全可靠。

(7)坡面碾压、夯实作业时,设备、设施应锁定牢固,工作装置应有防脱、防断措施,禁止双层作业。

(8)水下填筑应符合下列规定:

①所有船舶航行、运输、驻位、停靠等应遵守《中华人民共和国内河避碰规则》(交通部令第 30 号)及水务部门水上、水下作业安全管理的有关规定。

②水下填筑应按设计要求和施工组织设计确定施工程序。

③船上作业人员应穿救生衣、戴安全帽,并经过水上作业安全技术培训。

④为了保证抛填作业安全及抛填位置的准确率,宜选择在风力小于 3 级、浪高小于 0.5 m 的风浪条件下进行作业。

⑤水下基床填筑应符合下列规定：

a. 定位船及抛石船的驻位方式，应根据基床宽度、抛石船尺度、风浪和水流确定，定位船参照所设岸标或浮标，通过锚泊系统预先泊位，并由专职安全管理人员及时检查锚泊系统的完好情况。

b. 采用装载机、挖掘机等机械在船上抛填时，宜采用 400 t 以上的平板驳，抛填时为避免船舶倾斜过大，船上块石应在测量人员的指挥下，对称抛入水中，如图 5-10 所示。

图 5-10　挖掘机在船上抛填

c. 人工抛填时，应遵循由上至下、两侧块石对称抛投的原则抛投；严禁站在石堆下方掏取石块，以免石堆坍塌造成事故。

d. 抛填时宜顺流抛填块石，且抛石和移船方向应与水流方向一致，避免块石抛在已抛部位而超高，增加水下整理工作量。

e. 有夯实要求的基床，其顶面应由潜水员适当平整，为确保潜水员水下整平作业的安全，船上作业人员应服从潜水员和副手的统一指挥，补抛块石时，需通过透水的串筒抛投至潜水员指定的区域，严禁不通过串筒直接将块石抛入水中。

f. 基床重锤夯实作业过程中，周围 100 m 范围之内不应进行潜水作业。

g. 夯锤宜设计成低重心的扁式截头圆锥体，中间设置排水孔，选择铸钢链、卡环、连接环和转动环的能力时，安全系数宜取 5~6，且 4 根铸钢链按 3 根进行受力计算。此外，吊钩应设有封钩装置以防止脱钩。

h. 打夯操作手工作时，注意力要高度集中，严禁锤在自由落下的过程中紧急刹车。

i. 经常检查钢丝绳、吊臂等有无断丝、裂缝等异常情况，若有异常应及时采取措施进行处理。

⑥重力式码头沉箱内填料作业时应符合下列规定：

a. 沉箱内填料，宜采用砂、卵石、渣石或块石，如图 5-11 所示。填料时应均匀抛填，各格舱壁两侧的高差宜控制在 1 m 以内，以免造成沉箱倾斜、格舱壁开裂。

b. 为防止填料砸坏沉箱壁的顶部，在其顶部要覆盖型钢、木板或橡胶保护。

c. 沉箱码头的减压棱体（或后方回填）应在箱内填料完成后进行。扶壁码头的扶壁

图 5-11　沉箱内填料

若设有尾板,在填棱体时应防止石料进入尾板下而失去减小前趾压力的作用。

d. 为保证箱体回填时不受回填时产生的挤压力而导致结构位移及失稳,减压棱体和倒滤层宜采用民船或方驳于水上进行抛填。对于沉箱码头,为提高抛填速度,可考虑从陆上运料于沉箱上抛填一部分。抛填前,发现基床和岸坡上有回淤和塌坡,应按设计要求进行清理。

⑦水下理坡时,船上测量人员和吊机应配合潜水员,按“由高至低”的顺序进行理坡作业。

《水利水电工程土建施工安全技术规程》(SL 399—2007)

第三节　砌筑工程安全技术

一、砌石工程施工安全基本要求

码 5-5　文档:
房屋砌体
施工工艺流程

(1)施工人员进入施工现场前应经过三级安全教育,熟悉安全生产的有关规定。

(2)施工人员在进行高空作业之前,应进行身体健康检查,查明是否患有高血压、心脏病等其他不宜进行高空作业的疾病,经医院证明合格者,方可进行作业。

(3)进入施工现场应戴安全帽,操作人员应正确佩戴劳保用品,严禁砌筑施工人员徒手进行施工。

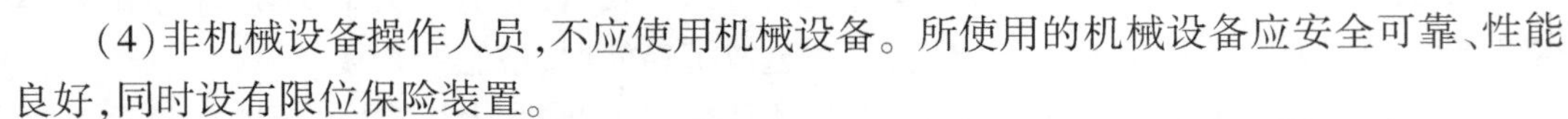

(4)非机械设备操作人员,不应使用机械设备。所使用的机械设备应安全可靠、性能良好,同时设有限位保险装置。

(5)脚手架应按《建筑结构荷载规范》(GB 50009—2012)、《建筑施工扣件式钢管脚手架安全技术规范》(JGJ 130—2011)进行设计,未经检查验收不应使用。验收后不应随意拆改或自搭飞跳,如必须拆改,应制订技术措施,经审批后实施。

(6)砌筑施工时,脚手架上堆放的材料不应超过设计荷载,应做到随砌随运。

(7)运输石料、混凝土预制块、砂浆及其他材料至工作面时,脚手架应安装牢固,马道应设防滑条及扶手栏杆。采用两人抬运的方式运输材料时,使用的马道坡度角不宜大于30°、宽度不宜小于80 cm;采用四人联合抬运的方式时,宽度不宜小于120 cm;采用单人以背、扛的方式运输材料时,使用的马道坡度角不宜大于45°、宽度不宜小于60 cm。

(8)堆放材料应离开坑、槽、沟边沿1 m以上,堆放高度不应大于1.5 m;往坑、槽、沟内运送石料及其他材料时,应采用溜槽或吊运的方法,其卸料点周围严禁站人。

(9)进行高空作业时,作业层(面)的周围应进行安全防护,设置防护栏杆及张挂安全网。

(10)吊运砌块前应检查专用吊具的安全可靠程度,性能不符合要求的严禁使用。

(11)吊装砌块时应注意重心位置,严禁用起重扒杆拖运砌块,不应起吊有破裂、脱落、危险的砌块。严禁起重扒杆从砌筑施工人员的上空回转;若必须从砌筑区或施工人员的上空回转,应暂停砌筑施工,施工人员应暂时离开起重扒杆回转的危险区域。

(12)当现场风力达到6级及以上,或因刮风使砌块和混凝土预制构件不能安全就位时,机械设备应停止吊装作业,施工人员应停止施工并撤离现场。

(13)砌体中的落地灰及碎砌块应及时清理,装车或装袋进行运输,严禁采用抛掷的方法进行清理。

(14)在坑、槽、沟、洞口等处,应设置防护盖板或防护围栏,并设置警示标志,夜间应设红灯示警。

(15)严禁作业人员乘运输材料的吊运机械进出工作面,不应向正在施工的作业人员或作业区域投掷物体。

(16)搬运石料时应检查搬运工具及绳索是否牢固,抬运石料时应采用双绳系牢。

(17)用铁锤修整石料时,应先检查铁锤有无破裂,锤柄是否牢固。击锤时要按石纹走向落锤,锤口要平,落锤要准,同时要查看附近有无危及他人安全的隐患,然后落锤。

(18)不宜在干砌石、浆砌石墙身顶面或脚手架上整修石材,应防止振动墙体而影响安全或石片掉下伤人。制作镶面石、规格料石和解小料石等石材应在宽敞的平地上进行。

(19)应经常清理道路上的零星材料和杂物,使运输道路畅通无阻。

(20)遇恶劣天气时,应停止施工。在台风、暴风雨之后应检查各种设施和周围环境,确认安全后方可继续施工。

二、干砌石施工安全技术

(1)干砌石施工应进行封边处理,防止砌体发生局部变形或砌体坍塌而危及施工人员安全。

(2)干砌石护坡工程应从坡脚自下而上施工,应采用竖砌法(石块的长边与水平面或斜面呈垂直方向)砌筑,缝口要砌紧使空隙达到最小。空隙应用小石填塞紧密,防止砌体

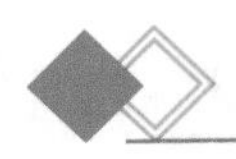

受到水流冲刷或外力撞击时滑脱沉陷,以保持砌体的坚固性。

(3)干砌石墙体外露面应设丁石(拉结石),并均匀分布,以增强整体稳定性。

(4)干砌石墙体施工时,不应站在砌体上操作和在墙上设置拉力设施、缆绳等。对于稳定性较差的干砌石墙体、独立柱等设施,施工过程中应加设稳定支撑。

(5)卵石砌筑应采用三角缝砌筑工艺,按整齐的梅花形砌法,六角紧靠,不应有"四角眼"或"鸡抱蛋"(中间一块大石,四周一圈小石)。石块不应前伏后仰、左右歪斜或砌成台阶状。

(6)砌筑时严禁将卵石平铺散放,而应由下游向上游一排紧挨一排地铺砌,同一排卵石的厚度应尽量一致,每块卵石应略向下游倾斜,严禁砌成逆水缝。

(7)铺砌卵石时应将较大的砌缝用小石塞紧,在进行灌缝和卡缝工作时,灌缝用的石子应尽量大一些,使水流不易淘走;卡缝用小石片,用木榔头或石块轻轻砸入缝隙中,用力不宜过猛,以防砌体松动。

干砌石工程见图5-12。

图5-12　干砌块石坝前护坡

三、浆砌石施工安全技术

(1)砂浆搅拌机械应符合《建筑机械使用安全技术规程》(JGJ 33—2012)及《施工现场临时用电安全技术规范》(JGJ 46—2005)的有关规定,施工中应定期进行检查、维修,保证机械使用安全。

(2)砌筑基础时,应检查基坑的土质变化情况,查明有无崩裂、渗水现象。发现基坑土壁裂缝、化冻、水浸或变形并有坍塌危险时,应及时撤退;对基坑边可能坠落的危险物要进行清理,确认安全后方可继续作业。

(3)当沟、槽宽度小于1 m时,在砌筑站人的一侧,应预留不小于40 cm的操作宽度;施工人员进入深基础沟、槽施工时应从设置的阶梯或坡道上出入,不应从砌体或土壁支撑面上出入。

（4）施工中不应向刚砌好的砌体上抛掷和溜运石料，应防止砂浆散落和砌体破坏而致使坠落物伤人。

（5）砌筑浆砌石护坡、护面墙、挡土墙时，若石料存在尖角，应使用铁锤敲掉，以防止外露墙面尖角伤人。

（6）当浆砌体墙身设计高度不超过 4 m，且砌体施工高度已超过地面 1.2 m 时，宜搭设简易脚手架进行安全防护，简易脚手架上不应堆放石料和其他材料。当浆砌体墙身设计高度超过 4 m，且砌体施工高度已超过地面 1.2 m 时，应安装脚手架。当砌体施工高度超过 4 m 时，应在脚手架和墙体之间加挂安全网，安全网应随墙体的升高而相应升高，且应在外脚手架上增设防护栏杆和踢脚板。当浆砌体墙身设计高度超过 12 m，且边坡坡率小于 1∶0.3 时，其脚手架应根据施工荷载、用途进行设计和安装。凡承重脚手架均应进行设计或验算，未经设计或验算的脚手架施工人员不应在上面进行操作施工和承担施工荷载。

（7）防护栏杆上不应坐人，不应站在墙顶上勾缝、清扫墙面和检查大角垂直，脚手板高度应低于砌体高度。

（8）挂线用的线坠、垂体应用线绳绑扎牢固。

（9）施工人员出入施工面时应走扶梯或马道，严禁攀爬架子。

在遇霜、雪的冬季施工时，应先清扫干净后再行施工。

（10）采用双胶轮车运输材料跨越宽度超过 1.5 m 沟、槽时，应铺设宽度不小于 1.5 m 的马道。平道运输时两车相距不宜小于 2 m，坡道运输时两车相距不宜小于 10 m。

浆砌石工程见图 5-13。

图 5-13　浆砌块石护坡

四、坝体砌筑施工安全技术

(1)应在坝体上下游侧结合坝面施工安装脚手架。脚手架应根据用途、施工荷载、工程安全度汛、施工人员进出场要求进行设计和施工。脚手架和坝体之间应加挂安全网,安全网应随坝体的升高而相应升高,安全网与坝体施工面的高差不应大于1.2 m,同时应在外脚手架上加设防护栏杆和踢脚板。

(2)结合永久工程需要应在坝体左右两侧坝肩处的不同高程上设置不少于两层的多层上坝公路。当条件受限制时,应在坝体的一侧坝肩处的不同高程上设置不少于两层的多层上坝公路,以保证坝体安全施工的基本要求和保证施工人员、机械设备、施工材料进出坝体应具备的基本条件。

(3)垂直运输宜采用缆式起重机、塔吊、门机等设备,当条件受限制时,应由施工组织设计确定垂直运输方式。垂直运输中使用的吊笼、绳索、刹车及滚杠等,应满足负荷要求,吊运时不应超载,发现问题应及时检修。垂直运输物料时应有联络信号,并有专人指挥和进行安全警戒。

(4)吊运石料、混凝土预制块时应使用专用吊笼,吊运砂浆时应使用专用料斗,吊运混凝土构件、钢筋、预埋件、其他材料及工器具时应采用专用吊具。吊运中严禁碰撞脚手架。

(5)坝面上作业宜采用四轮翻斗车、双胶轮车进行水平运输,短距离运输时宜采用两人抬运的组合方式进行。

(6)运送人员、小型工器具至大坝施工面上的施工专用电梯,应设置限速和停电(事故)报警装置。

(7)进行立体交叉作业时,严禁施工人员在起重设备吊钩运行所覆盖的范围内进行施工作业;若必须在起重设备吊钩运行所覆盖的范围内作业,当起重设备运行时应暂停施工,施工人员应暂时离开由于立体交叉作业而产生的危险区域。

(8)砌筑倒悬坡时,宜先浇筑面石背后的混凝土或砌筑腹石,且下一层面石的胶结材料强度未达到2.0 MPa以上时,施工人员不应站在倒悬的面石上作业。当倒悬坡率大于0.3时,应安装临时支撑。

坝体砌筑见图5-14。

五、其他砌石施工安全技术

(1)修建石拱桥、涵拱圈、拱形渡槽时,承重脚手架应置于坚实的基础之上。承重脚手架安装完成后应加载进行预压,加载预压荷载应由设计确定,未经加载预压的脚手架不应投入砌筑施工。在砌筑施工中应遵循先砌拱脚,再砌拱顶,然后砌1/4处,最后砌筑其余各段和按拱圈跨中央对称的砌筑工艺流程。砌筑石拱时,拱脚处的斜面应修整平顺,使其与拱的料石相吻合,以保证料石支撑稳固。各段之间应预留一定的空缝,待全部拱圈砌筑完毕后,再将预留缝填实。

(2)在浆砌石柱施工中,其上部工程尚未进行或未达到稳定前,应及时进行安全防

图 5-14　坝体砌筑

护。砌筑完成后应加以保护,严禁碰撞,上部工程完工后才能拆除安全防护设施。

(3)修建渠道进行砌体施工时,应参照砌石工程施工基本要求和浆砌石施工安全技术的有关内容执行。

知识链接

《建筑结构荷载规范》(GB 50009—2012)

《建筑施工扣件式钢管脚手架安全技术规范》(JGJ 130—2011)

《建筑机械使用安全技术规程》(JGJ 33—2012)

《施工现场临时用电安全技术规范》(JGJ 46—2005)

第四节　模板工程安全技术

模板工程,就其材料用量、人工、费用及工期来说,在混凝土结构工程施工中是十分重要的组成部分,在水利水电工程建设施工中占有相当重要的位置。

一、模板的构造

码 5-6　文档:模板的类型

一般模板通常由 3 部分组成:模板面、支撑结构(包括水平支撑结构,如龙骨、架、小梁等,以及垂直支撑结构,如立柱、结构柱等)和连接配件(包括穿墙螺栓、模板面连接卡扣、模板面与支撑构件以及支撑构件之间的连接零配件等)。

模板的结构设计,必须能承受作用于模板结构上的所有垂直荷载和水平荷载(包括混凝土的侧压力、振捣和倾倒混凝土产生的侧压力、风力等)。在所有可能产生的荷载中要选择最不利的组合验算模板整体结构和构件及配件的强度、稳定性和刚度。当然,首先在模板结构设计上必须保证模板支撑系统形成空间稳定的结构体系。

二、施工安全基本要求

(1)模板安装前,应审查模板结构设计与施工说明书中的荷载、计算方法、节点构造和安全措施,设计审批手续应齐全。

(2)达到一定规模的危险性较大的模板工程应编制专项施工方案,并附安全验算结果,经施工企业技术负责人签字以及总监理工程师核签后实施,并由专职安全生产管理人员对专项施工方案实施情况进行现场监督。对工程中涉及高大模板工程的专项施工方案,施工企业还应组织专家进行论证审查。

(3)模板安装应进行全面的安全技术交底,操作班组应熟悉设计与施工说明书,并应做好模板安装作业的分工准备。采用爬模、飞模、隧道模等特殊模板施工时,所有参加作业的人员必须经过专门技术培训,考核合格后方可上岗。

(4)施工前应对模板和配件进行挑选、检测,不合格应剔除,并运至工地指定地点存放。

(5)施工前备齐操作所需的一切安全防护设施和器具。

三、木模板施工安全技术

(1)支、拆模板时,不应在同一垂直面内立体作业。无法避免立体作业时,应设置专项安全防护设施。

(2)高处、复杂结构模板的安装与拆除,应按施工组织设计要求进行,并应有安全措施。

(3)上下传送模板,应采用运输工具或用绳子系牢后升降,不应随意抛掷。

(4)模板的支撑,不应支撑在脚手架上。

(5)支模过程中,如需中途停歇,应将支撑、搭头、柱头板等连接牢固。拆模间歇时,应将已活动的模板、支撑等拆除运走并妥善放置,以防扶空、踏空导致事故。

(6)模板上如有预留孔(洞),安装完毕后应将孔(洞)口盖好。混凝土构筑物上的预留孔(洞),应在拆模后盖好孔(洞)口。

(7)模板拉条不应弯曲,拉条直径不应小于 14 mm,拉条与锚环应焊接牢固;割除外露螺杆、钢筋头时,不应任其自由下落,应采取安全措施。

(8)混凝土浇筑过程中,应设专人检查、维护模板,发现变形走样,应立即调整、加固。

(9)高处拆模时,应有专人指挥,并标出危险区;应实行安全警戒,暂停交通。

(10)拆除模板时,严禁操作人员站在正在拆除的模板上。

木模板施工见图 5-15。

四、钢模板施工安全技术

(1)对拉螺栓拧入螺帽的丝扣应有足够长度,两侧墙面模板上的对位螺栓孔应平直相对,穿插螺栓时,不应斜拉硬顶。

(2)钢模板应边安装边找正,找正时不应用铁锤或撬棍硬撬。

(3)高处作业时,连接件应放在箱盒或工具袋中,严禁散放;扳手等工具应用绳索系

图 5-15　木模板施工

挂在身上以免掉落伤人。

(4)组合钢模板装拆时,上下应有人接应,钢模板及配件应随装拆随转运,严禁从高处扔下。中途停歇时,应把活动件放置稳妥,防止坠落。

(5)散放的钢模板,应用箱架集装吊运,不应任意堆捆起吊。

(6)用铰链组装的定型钢模板,定位后应安装全部插销、顶撑等连接件。

(7)架设在钢模板、钢排架上的电线和使用的电动工具,应使用安全电压电源。

钢模板施工见图 5-16。

图 5-16　钢模板施工

五、大模板施工安全技术

(1)各种类型的大模板,应按设计制作。每块大模板应设有操作平台、上下梯道、防护栏杆以及存放小型工具和螺栓的工具箱。

(2)大模板应按施工组织设计的规定分区堆放,各区之间保持一定的安全距离。存放场地必须平整夯实,不得存放在松土和坑洼不平的地方。

(3)未加支撑或自稳角不足的大模板,要存放在专用的堆放架内或卧倒平放,不应靠在其他模板或构件上。

(4)安装和拆除大模板时,吊车司机和指挥、挂钩、装拆人员应在每次作业前检查索具、吊环。吊运过程中,严禁操作人员随大模板起落。

(5)大模板安装就位后,应焊牢拉杆、固定支撑。未就位固定前,不应摘钩,摘钩后不应再行撬动;如需调整,撬动后应重新固定。

(6)大模板吊运过程中,起重设备操作人员不应离岗。模板吊运过程应平稳流畅,不应将模板长时间悬置空中。

(7)拆除大模板,应先挂好吊钩,然后拆除拉条和连接件。拆模时,不应在大模板或平台上存放其他物件。

六、滑动模板施工安全技术

(1)滑升机具和操作平台,按照施工设计的要求进行安装。平台周围应有防护栏杆和安全网。

(2)操作平台设有消防、联络通信信号装置和供人员上下的设施。雷雨季节应设置避雷装置。

(3)施工通道与操作平台衔接处设有安全跳板,跳板应设扶手或栏杆。

(4)操作平台上所设的洞孔,应有标志明显的活动盖板。

(5)操作平台上的施工荷载应均匀对称,严禁超载。

(6)施工电梯应安装柔性安全卡、限位开关等安全装置,并规定上下联络信号。

(7)滑升过程中,应每班检查并调整水平、垂直偏差,防止平台扭转和水平位移,遵守设计规定的滑升速度与脱模时间。

(8)电源配电箱设在操纵控制台附近,所有电气装置均接地,接地电阻应不大于4 Ω。

(9)冬季施工采用蒸汽养护时,蒸汽管路应有安全隔离设施,暖棚内严禁明火取暖。

(10)滑模模板拆除应均匀对称,按顺序分段进行,严禁大面积撬落和拉倒,拆下的模板、设备应用绳索吊运至指定地点。

(11)液压系统如出现泄漏,应停车检修。

滑动模板施工见图 5-17。

图 5-17 滑动模板施工

七、钢模台车施工安全技术

(1)钢模台车的各层工作平台,应设防护栏杆,平台四周应设挡脚板,上下爬梯应有扶手,垂直爬梯应加护圈。

(2)在有坡度的轨道上使用时,台车应配置灵敏、可靠的制动(刹车)装置。

(3)台车行走前,应清除轨道上及其周围的障碍物,台车行走时应有人监护。

钢模台车见图 5-18。

图 5-18 钢模台车

知识链接

《建筑施工模板安全技术规范》(JGJ 162—2008)

《组合钢模板技术规范》(GB/T 50214—2013)

《水工建筑物滑动模板施工技术规范》(SL 32—2014)

第五节 混凝土工程安全技术

混凝土工程施工在水利水电工程建设过程中占有重要地位,特别是以混凝土大坝为主体的枢纽工程。纵观整个混凝土工程施工,涉及预埋件和冲洗、混凝土拌和、混凝土运输、混凝土浇筑、混凝土保护和养护、水下混凝土和碾压混凝土等诸多环节。由于混凝土工程工期长,施工条件多为大范围、露天高空作业,为了保证混凝土工程施工的安全进行,必须有可靠的安全技术。

一、施工安全基本要求

码 5-7 文档:混凝土施工工艺流程

(1)混凝土工程施工前,施工单位应根据相关安全生产规定,按照施工组织设计确定的施工方案、方法和总平面布置制订行之有效的安全技术措施,报合同指定单位审批并向施工人员交底后,方可施工。

(2)施工中,应加强生产调度和技术管理,合理组织施工程序,尽量避免多层次、多单位交叉作业。

(3)施工现场电气设备和线路(包括照明和手持电动工具等)应绝缘良好,并配备触电保护装置。

二、混凝土拌和楼(站)安全技术

(1)混凝土拌和楼(站)机械转动部位的防护设施,应在每班前进行检查。

(2)电气设备和线路应绝缘良好,电动机应接地。临时停电或停工时,应拉闸、上锁。

(3)压力容器应定期进行压力试验,不应有漏风、漏水、漏气等现象。

(4)楼梯和挑出的平台,应设安全护栏;马道板应加强维护,不应出现腐烂、缺损;冬季施工期间,应设置防滑措施以防止结冰溜滑。

(5)消防器材应齐全、良好,楼内不应存放易燃易爆物品,不应明火取暖。

(6)楼内各层照明设备应充足,各层之间的操作联系信号应准确、可靠。

(7)粉尘浓度和噪声不应超过国家规定的标准。

(8)机械、电气设备不应带“病”和超负荷运行,维修应在停止运转后进行。

(9)检修时,应切断相应的电源、气路,并挂上“有人工作,不准合闸”的警示标志。

(10)进入料仓(斗)、拌和筒内工作,外面应设专人监护。检修时应挂“正在修理,严禁开动”的警示标志。非检修人员不应乱动气、电控制元件。

(11)在料仓或外部高处检修时,应搭设脚手架,并应遵守高处作业的有关规定。

(12)设备运转时,不应擦洗和清理。严禁将头、手伸入机械行程范围以内。

三、混凝土运输安全技术

(一)混凝土水平运输

1. 汽车运送混凝土

(1)运输道路应满足施工组织设计要求。

(2)不应超载、超速、酒后及疲劳驾车,应谨慎驾驶,应熟悉运行区域内的工作环境。

(3)不应在陡坡上停放,需要临时停车时,应打好车塞,驾驶员不应远离车辆。

(4)驾驶室内不应乘坐无关人员。

(5)搅拌车装完料后严禁料斗反转,斜坡路面满足不了车辆平衡时,不应卸料。

(6)装卸混凝土的地点,应有统一的联系和指挥信号。

(7)车辆直接入仓卸料时,卸料点应有挡坎,应防止在卸料过程中溜车,应留有安全距离。

(8)自卸车应保证车辆平稳,观察、确定无障碍后,方可卸车;等卸料大箱落回原位后,方可起架行驶。

(9)自卸车卸料卸不净时,作业人员不应爬上未落回原位的车厢上进行处理。

(10)夜间行车,应适当减速,并应打开灯光信号。

2. 轨道运输和机车牵引装运混凝土

(1)机车司机应经过专门技术培训,并经过考试合格后方可驾驶。

(2)装卸混凝土时应听从信号员的指挥,运行中应按沿途标志操作运行。信号不清、路况不明时,应停止行驶。

(3)通过桥梁、道岔、弯道、交叉路口、复线段会车和进站时应加强观望,不应超速行驶。

(4)在栈桥上限速行驶,栈桥的轨道端部应设信号标志和车挡等拦车装置。

(5)两辆机车在同一轨道上同向行驶时,均应加强观望,特别是位于后面的机车应随时准备采取制动措施,行驶时两车相距不应小于 60 m;两车同用一个道岔时,应等对方车辆驶出并解除警示后或驶离道岔 15 m 以外双方不致碰撞时,方可驶进道岔。

(6)交通频繁的道口,应设专人看守道口两侧,应设移动式落地栏杆等装置防护,危险地段应悬挂“危险”或“禁止通行”警示标志,夜间应设红灯示警。

(7)机车和调度之间应有可靠的通信联络,轨道应定期进行检查。

(8)机车通过隧洞前,应鸣笛警示。

(二)混凝土垂直运输

1. 吊罐入仓

(1)使用吊罐前,应对钢丝绳、平衡梁(横担)、吊锤(立锤)、吊耳(卧)、吊环等起重部件进行检查,如有破损,严禁使用。

(2)吊罐的起吊、提升、转向、下降和就位,应听从指挥。指挥人员应由受过训练的熟练工人担任,并持证上岗。指挥信号应明确、准确、清晰。

(3)起吊前,指挥人员应得到两侧挂罐人员的明确信号,才能指挥起吊;起吊时应慢速,并应在吊离地面 30~50 cm 时进行检查,在确认稳妥可靠后,方可继续提升或转向。

(4)吊罐吊至仓面,下落到一定高度时,应减慢下降、转向,并避免紧急刹车,以免晃荡撞击人体。应防止吊罐撞击模板、支撑、拉条和预埋件等。吊罐停稳后,人员方可上罐卸料,卸料人员卸料前应先挂好安全带。

(5)吊罐卸完混凝土,应立即关好斗门,并将吊罐外部附着的骨料、砂浆等清除后方可吊离。摘钩吊罐放回平板车时,应缓慢下降,对准并旋转平衡后方可摘钩;对于不摘钩吊罐放回时,挡壁上应设置防撞弹性装置,并应及时清除搁罐平台上的积渣,以确保罐的平稳。

(6)吊罐正下方严禁站人。吊罐在空间摇晃时,不应扶拉。吊罐在仓内就位时,不应斜拉硬推。

(7)应定期检查及维修吊罐、立罐门的托辊轴承、卧罐的齿轮,并定期加油润滑。罐门把手、振动器固定螺栓应定期检查紧固,防止松脱坠落伤人。

(8)当混凝土在吊罐内初凝,不能用于浇筑时,可采用翻罐方式处理废料,但应采取可靠的安全措施,并有带班人在场监护,以防发生意外。

(9)吊罐装运混凝土,严禁混凝土超出罐顶,以防坍落伤人。

(10)气动罐、蓄能罐卸料弧门拉绳不宜过长,并应在每次装完料、起吊前整理整齐,以免吊运途中挂上其他物件而导致弧门打开,引起事故。

(11)严禁罐下串吊其他物件。

白鹤滩水电站大坝吊罐入仓见图 5-19。

图 5-19　白鹤滩水电站大坝吊罐入仓

2. 溜槽(筒)入仓

(1)溜槽搭设应稳固可靠,架子应满足安全要求,使用前应经技术与安全部门验收。溜槽旁应搭设巡查、清理人员行走的马道与护栏。

(2)溜槽坡度最大不宜超过 60°。超过 60°时,应在溜槽上加设防护罩(盖)。

(3)溜筒使用前,应逐一检查溜筒、挂钩的状况。磨损严重时,应及时更换。溜筒宜采用钢丝绳、铅丝或麻绳连接牢固。

(4)用溜槽浇筑混凝土,每罐料下料开始前,在得到同意下料信号后方可下料。溜槽下部人员应与下料点有一定的安全距离,以避免骨料滚落伤人。溜槽使用过程中,溜槽底部不应站人。

(5)下料溜筒被混凝土堵塞时,应停止下料,及时处理。处理时应在专设爬梯上进行,不应在溜筒上攀爬。

(6)搅拌车下料应均匀,自卸车下料应有受料斗,卸料口应有控制设施。垂直运输设备下料时不应使用蓄能罐,应采用人工控制罐供料,卸料处宜有卸料平台。

(7)北方地区冬季不宜使用溜槽(筒)方式入仓。

溜槽入仓见图5-20。

图5-20　溜槽入仓

四、预埋件、打毛和冲洗安全技术

(1)吊运各种预埋件及止水、止浆片时,应绑扎牢靠,防止在吊运过程中滑落。

(2)所有预埋件的安装应牢固、稳定,以防脱落。

(3)焊接止水、止浆片时,应遵守焊接的有关安全技术操作规程。

(4)多人在同一工作面打毛时,应避免面对面近距离操作,以防飞石、工具伤人。不应在同一工作面、上下层同时打毛。

(5)使用风钻、风镐打毛时,应遵守风钻、风镐安全技术操作规程。

(6)高处使用风钻、风镐打毛时,应用绳子将风钻、风镐拴住,并挂在牢固的地方。

(7)使用冲毛机前,应对操作人员进行技术培训,合格后方可进行操作;操作时,应穿戴防护面具、绝缘手套和长筒胶靴。

(8)冲毛时,应防止泥水溅到电气设备或电力线路上。工作面的电线灯头应悬挂在不妨碍冲毛的安全高度。

(9)使用刷毛机刷毛时,操作人员应遵守刷毛机的安全操作规程。

(10)操作人员应在每班作业前检查刷盘与钢丝束连接的牢固性。一旦发现松动,应及时紧固,以防钢丝断丝、飞出伤人。

(11)手推电动刷毛机的电线接头、电源插座、开关按钮应有防水措施。

(12)自行式刷毛机仓内行驶速度应控制在8.2 km/h以内。

五、混凝土浇筑安全技术

(1)浇筑混凝土前,应检查仓内排架、支撑、拉条、模板及平台、漏斗、溜筒等是否安全可靠。

(2)仓内脚手架、支撑、钢筋、拉条、埋设件等不应随意拆除、撬动,如果需要拆除、撬动,应经施工负责人同意。

(3)平台上所预留的下料孔,不用时应封盖。平台除出入口外,四周均应设置栏杆和挡脚板。

(4)仓内人员上下应设靠梯,不应从模板或钢筋网上攀登。

(5)吊罐卸料时,仓内人员应注意避开,不应在吊罐正下方停留或工作。接近下料位置时,应减慢吊罐下降速度。

(6)在平仓振捣过程中,应观察模板、支撑、拉筋是否变形。如发现变形有倒塌危险,应立即停止工作,并及时报告有关指挥人员。

(7)使用大型振捣器和平仓机时,不应碰撞模板、拉条、钢筋和预埋件,以防变形、倒塌。

(8)不应将运转中的振捣器放在模板或脚手架上。

(9)使用电动振捣器,应有触电保护器或接地装置。搬移振捣器或中断工作时,应切断电源。

(10)湿手不应接触振捣器电源开关,振捣器的电缆不应破皮漏电。

(11)平仓振捣时,仓内作业人员应思想集中,互相关照。浇筑高仓位时,应防止工具和混凝土骨料掉落仓外,更不应将大石块抛向仓外,以免伤人。

(12)吊运平仓机、振捣臂、仓面吊等大型机械设备时,应检查吊索、吊具、吊耳是否完好,吊索角度是否适当。

(13)下料溜筒被混凝土堵塞时,应停止下料,立即处理。处理时不应直接在溜筒上攀登。

(14)冬季仓内用火盆保温时,应明确专人管理,谨防失火。

(15)电气设备的安装、拆除或在运转过程中的故障处理,均应由电工进行。

六、混凝土保护与养护安全技术

(一)表面保护

(1)在混凝土表面保护工作的部位,作业人员应精力集中,佩戴安全防护用品。

(2)混凝土立面保护材料应与混凝土表面贴紧,并用压条压接牢靠,以防风吹掉落伤人。采用脚手架安装、拆除时,应符合脚手架安全技术规程的规定;采用吊篮安装、拆除时,应符合吊篮安全技术规程的规定。

(3)混凝土水平面的保护材料应采用重物压牢,防止风吹散落。

(4)竖向井(洞)孔口应先安装盖板,然后方可覆盖柔性保护材料,并应设置醒目的警示标志。

(5)水平洞室等孔洞进出口悬挂柔性保护材料应牢靠,并应方便人员和车辆的出入。

(6)混凝土保护材料不宜采用易燃品,在气候干燥的地区和季节,应做好防火工作。

(二)养护

(1)养护用水不应喷射到电线和各种带电设备上。养护人员不应用湿手移动电线。养护水管应随用随关,不应使交通道转梯、仓面出入口、脚手架平台等处有长流水。

(2)在养护仓面上遇有沟、坑、洞时,应设明显的安全标志,必要时铺设安全网或设置安全栏杆,严禁施工作业人员在不易站稳的位置进行洒水养护作业。

(3)采用化学养护剂、塑料薄膜养护时,对易燃有毒材料应佩戴相关防护用品并做好防护工作。

大坝混凝土洒水养护见图 5-21。

图 5-21 大坝混凝土洒水养护

七、水下混凝土安全技术

(1)设计工作平台时,除考虑工作荷重外,还应考虑溜管、管内混凝土以及水流和风压影响的附加荷重。工作平台应牢固、可靠。

(2)溜管节与节之间,应连接牢固,其顶部漏斗及提升钢丝绳的连接处应用卡子加固。钢丝绳应有足够的安全系数。

(3)上下层同时作业时,层间应设防护挡板或其他隔离设施,以确保下层工作人员的安全。各层的工作平台应设防护栏杆。各层之间的上下交通梯子应搭设牢固,并应设有扶手。

(4)混凝土溜管底的活门或铁盘,应防止突然脱落而失控开放,以免溜管内的混凝土骤然下降引起溜管突然上浮。向漏斗卸混凝土时,应缓慢开启弧门,适当控制下料方量。

八、碾压混凝土安全技术

(1)碾压混凝土铺筑前,应全面检查仓内排架、支撑、拉条、模板等是否安全可靠。

(2)自卸汽车入仓时,入仓口道路宽度、纵坡、横坡以及转弯半径应符合所选车型的性能要求。洗车平台应做专门的设计,满足有关的安全规定。自卸汽车在仓内行驶时,车速控制在5.0 km/h以内。

(3)真空溜管入仓时应符合下列规定:

①真空溜管应做专门的设计,包括受料斗、下料口、溜管管身、出料口以及各部分的支撑结构,并应满足有关的安全规定。

②支撑结构应与边坡锚杆焊接牢靠,不应采用铅丝绑扎。

③出料口应设置垂直向下的弯头,以防碾压混凝土料飞溅伤人。

④真空溜管盖破损,修补或者更换时,应遵守高处作业的安全规定。

(4)卸料与摊铺时应符合下列规定:

①仓号内应派施工经验丰富、熟悉各类机械性能的人指挥、协调各类施工设备。指挥人员应采用红旗、白旗和口哨发出指令。

②采用自卸卡车直接进仓卸料时,宜采用退铺法依次卸料;应防止在卸料过程中溜车,应使车辆保证一定的安全距离。

③采用吊罐入仓时,卸料高度不宜大于15 m,并应遵守吊罐入仓的安全规定。

④搅拌车运送入仓时,仓内车速应控制在5.0 km/h以内,距离临空面应有一定的安全距离,卸料时不应用手触摸旋转中的搅拌筒和随动轮。

⑤多台平仓机在同一作业面作业时,前后两机相距不应小于8 m,左右相距应大于1.5 m。两台平仓机并排平仓时,两平仓机刀片之间应保持20~30 cm的间距。平仓前进应以相同速度直线行驶;后退时,应分先后,防止互相碰撞。

⑥平仓机上下坡时,其爬行坡度不应大于20°;在坡上作业时,横坡坡度不应大于10°;下坡时,宜采用后退下行,严禁空挡滑行,必要时可放下刀片做辅助制动。

(5)碾压时应符合下列规定:

①振动碾的行走速度应控制在1.0~1.5 km/h。

②振动碾前后、左右无障碍物和人员时才能启动。

③变换振动碾前进或者后退方向应待滚轮停止后进行,不应利用换向离合器做制动用。

④两台以上振动碾同时作业,其前后间距不应小于3 m;在坡道上纵队行驶时,其间距不应小于20 m。上坡时变速应在制动后进行,下坡时不应脱挡滑行。

⑤起振和停振应在振动碾行走时进行;在老混凝土面上行走,不应振动;换向离合器、起振离合器和制动器的调整,应在主离合器脱开后进行,不应在急转弯时用快速挡;不应在尚未起振的情况下调节振动频率。

《水利水电工程土建施工安全技术规程》(SL 399—2007)

第六节 疏浚与吹填工程

疏浚工程是指通过机械设备的水下开挖工作,达到行洪、通航、引水、排涝、清污及扩大蓄水容量、改善生态环境等目的的一种施工作业；吹填工程由疏浚土的处理发展而来，是指利用机械设备自水下开挖取土，通过泥泵、管线输送以达到填筑坑塘、加高地面或加固、加高堤防等目的的一种施工作业。这两项工程对水工建筑物在管理、维护期间可以发挥正常效益起关键作用。

码 5-8　文档：河道清淤施工流程

徒骇河治理工程河道清淤疏浚见图 5-22。浙江龙港新城吹填工程见图 5-23。

图 5-22　徒骇河治理工程河道清淤疏浚

图 5-23　浙江龙港新城吹填工程

一、疏浚与吹填工程的基本规定

(1)在通航航道内从事疏浚、吹填作业,应在开工前与航政管理(海事)部门取得联系,及时申请并发布航道施工公告。

(2)施工船舶应取得合法的船舶证书和适航证书,并获得安全签证。

(3)所有船员必须经过严格培训和学习,熟悉安全操作规程、船舶设备操作与维护规程;熟悉船舶各类信号的意义并能正确发布各类信号;熟悉并掌握应急部署和应急工器具的使用。

(4)船员应按规定取得相应的船员服务簿和任职资格证书。

(5)施工前应对作业区内水上、水下地形及障碍物进行全面调查,包括电力线路、通信电缆、光缆、各类管道、构筑物、污染物、爆炸物、沉船等,查明位置和主管单位,并联系处理解决。

(6)施工时按规定设置警示标志:白天作业,在通航一侧悬挂黑色锚球一个,在不通航一侧悬挂黑色十字架一个;夜间作业,在通航一侧悬挂白光环照灯一盏,在不通航一侧悬挂红光环照灯一盏。

(7)陆地排泥场围堰与退水口修筑必须稳固、不透水,并在整个施工期间设专人进行巡视、维护。水上抛泥区水深应满足船舶航行、卸泥、调头需要,防止船舶搁浅。

(8)绞吸式挖泥船伸出的排泥管线(含潜管)的头、尾及每间隔 50 m 的位置应显示白色环照灯一盏。

(9)自航式挖泥船作业时,除显示机动船在航号灯外,还应白天悬挂圆球、菱形、圆球号型各一个,夜间设置红、白、红光环照灯各一盏。

(10)拖轮拖带泥驳作业时,应分别在拖轮、泥驳规定位置显示号灯和在航标志。

(11)施工船舶应配置消防、救生、防撞、堵漏等应急抢险器材和设施,应定期进行检查和保养,使之处于适用状态;船队应编制消防、救生、防撞、堵漏等应急部署表,应定期组织应急抢险演练;并按不同区域、不同用途在船体适合部位明示张贴警示标志和放置位置分布图。

(12)跨航道进行施工作业应得到航政管理部门同意,并采用水下潜管方式敷设排泥管线;施工中随时注意过往船只航行安全,需要时应请航政部门进行水上交通管制。

(13)同一施工区内有两艘以上挖泥船同时作业时,船体、管线彼此应保持足够的安全距离。

(14)沿海或近海施工作业,应联系当地气象部门的气象服务;随时掌握风浪、潮涌、暴雨、浓雾的动向,提前采取防范措施;风力大于 6 级或浪高大于 1.0 m 时,非自航船应停止作业,就地避风;暴雨、浓雾天气应停止机动船作业。

(15)施工船舶在施工期间还应遵守下列规定:

①船上配置功率足够的无线电通信设备,并保持其技术状态良好。

②机舱内严禁带入火种,排气管等高温区域严禁放置易燃易爆物品。在无安全监护条件下,不应在船上进行任何形式的明火作业。

③施工船舶的工作平台、行走平台及台阶周围的护栏应完整;行走跳板要搭设牢固,

并设有防滑条；各类缆绳应保持完好、清洁。

④备用发电机组、应急空压机、应急水泵、应急出口、应急电瓶等应处于完好状态，每周至少检查一次，并将检查结果记入船舶轮机日志；一旦发现问题应及时报告、处理。

⑤冬季施工应注意设备保温，需要时柴油机应加注防冻液，或打开蒸汽管进出阀对循环油柜的润滑油进行加温；各工作平台、行走平台及台阶要增加防滑设施，及时清除表面霜、雪、冰凌；在水上进行作业时必须穿戴救生衣、防滑鞋，并配有辅助船舶协同作业。

⑥夏季施工应注意防暑降温，保持机舱通风设施良好；高温天气在甲板作业时应穿厚底鞋，以防烫伤；应检查船上避雷装置，使其保持有效状态，预防雷电突然袭击。

⑦严禁船员作业时间喝酒，同时禁止船员酒后水上作业。

⑧废弃物品（污油、棉纱、生活垃圾等）不应随意抛弃，应放入指定的容器内，定期处置。

二、疏浚施工安全技术

（1）挖泥船进场就位应符合下列要求：

①挖泥船进场前，应了解沿途航道及水面、水下碍航物的分布情况，必要时安排熟悉水域情况的机动船引航。

②自航式挖泥船或由拖轮拖带挖泥船进场时，应缓慢行驶进入施工区域，拖轮的连接缆绳应牢固可靠；行进中，做好船舶避让和采取防碰撞措施；就位时，应在船舶完全停稳后再抛定位锚或下定位桩。

③挖泥船在流速较大的水域就位时，宜采用逆水缓慢上行方式就位；下桩前应测量水深，若水深接近定位桩最大允许深度，应采取分段缓降方式进行落桩定位。

（2）挖泥船开工前应做下列安全检查：

①检查全船各部件的紧固情况，对机械运转部位进行全面润滑，保持各机械和部件运转灵活；锚缆、横移缆、提升缆、拖带缆应完好、无破损。

②检查各操纵杆是否都处在“空挡”位置，按钮是否处于停止工作位置，仪表显示是否处于起始位置。

③检查各柴油机及连接件紧固、转动情况，开车前盘车1~2圈无特别重感，才可启动操作。

④检查冷却系统、柴油机机油和日用油箱油位、齿轮箱与液压油箱油位、蓄电池电位、报警系统中位等是否处于正确和正常状态。

⑤检查水、陆排泥管线及接头部位的连接是否可靠与牢固，排泥场运行情况是否正常。

⑥从开挖区到卸泥区之间自航或拖航船舶应上、下水各试航一次，同时应测量水深，了解水情和过往船只情况及避让方式。

⑦检查抓（铲）斗船左右舷压载水舱是否按规定注入足够的压载水，以防止吊机（斗臂）旋转时造成船体过度倾斜。

⑧修船或停工时间较长，恢复生产时应安排整船及各机械（含甲板机械）的空车试运行，试运行时间不应少于2 h，保证整船各机械、各部件施工时运转正常。

(3)绞吸式挖泥船常规作业应遵守下列规定：

①开机时，当主机达到合泵转速要求时，方可按下合泵按钮进行合泵操作，合泵后应缓慢提高主机转速，直至达到泥泵正常工作压力；主机转速超过 800 r/min 时，不应实施合(脱)泵操作。

②施工中若遇泥泵、绞刀等工作压力仪表显示不正常，应立即降低主机转速至脱泵，检查分析原因并处置后，再重新进行合泵操作。

③横移锚缆位于通航航道内时，应加强对过往船只的观察，需要时应放松缆绳让航，防止缆绳对过往船只造成兜底或挂住推进器。

④挖泥船在窄河道采用岸边地垅固定左右横移缆作业时，应设置醒目的警示标志，并有专人巡视。

⑤沿海地区需候潮作业时，施工间隙宜下单桩并收紧锚缆等候，禁止下双桩或绞刀头着地。

绞吸式挖泥船见图 5-24。

图 5-24　绞吸式挖泥船

(4)耙吸式挖泥船常规作业应遵守下列规定：

①开机前，检查并清除耙吸管、绞车、吊架、波浪补偿器等活动部位的障碍物；开机后，听从操纵台驾驶员的指挥，准确无误地将耙头下到泥面，直至正常生产。

②施工中注意流速、流向，当挖槽与流向有交角时应尽量使用上游一舷的泥耙，下耙前应慢车下放，调正船位。

③发现船体失控有压耙危险时，应立即提升耙头钢缆，使之垂直水面或定耙平水，并注意与船舷的距离；待船体平稳后再下耙进行挖泥施工。

④卸泥时，在开启泥门前应测试水深，水深值应大于挖泥船卸泥后泥门能正常关闭时的水深值；否则应另选深槽卸泥。耙吸式挖泥船见图 5-25。

(5)抓斗(铲斗)式挖泥船常规作业应遵守下列规定：

图 5-25　耙吸式挖泥船

①必须在泥驳停稳、缆绳泊系完成后才能进行抓(铲)斗作业。

②抓(铲)斗作业回转区下禁止行人走动;船机收紧或放松各种缆绳要由专人指挥,任何人不应站立于钢缆或锚链之上,或紧靠滚筒或缆桩;操作人员要集中注意力,松缆时不宜突然刹车,严防钢缆、链条崩断伤人。

③施工中因等驳、移锚等暂停作业时,抓(铲)斗不应长时间悬在半空,应将抓(铲)斗落地并锁住开合、升降、旋转等机构,需要时通知主机人员停车。

④空驳装载时,抓(铲)斗不宜过高,开斗不宜过大,防止因泥团石块下坠力过大损坏泥门、泥门链条或泥浆石块飞溅伤人。

⑤作业人员系缆、解缆时,严禁脚踏两船作业,防止突然失足落水。

⑥船、驳甲板上的泥浆应随时冲洗,以防人员滑倒。

抓斗式挖泥船见图 5-26。

(6)链斗式挖泥船常规作业应遵守下列规定:

①每天交接班时,应对斗链、斗销、桥机、锚机、钢缆及各种仪表进行全面检查,确认安全后才可开机启动。

②链斗运转中,应时刻注意斗桥运行状况,合理控制横移速度,以防止斗链出轨;听到异常声响时应立即放慢转速后停车、提起斗桥,待查明原因并处置后,再重新启动。

③松放卸泥槽要待泥驳停靠泊系完成后进行;收拢卸泥槽则应在泥驳解缆之前完成,以防卸泥槽触碰驳船或伤人。

④横移锚缆位于通航航道内时,应对过往船只加强观察,需要时应放松缆绳让航。

⑤前移或左右横移锚缆时,若发现绞锚机受力过大,应查看仪表所示负荷量,若拉力超过最大允许负荷量时,应停止继续绞锚,待查明原因并处置后,再继续运转;严禁超负荷运转。

⑥挖泥过程中如锚机发生故障,应立即停止挖泥,防止锚机倒运转引发事故。

链斗式挖泥船见图 5-27。

图 5-26　抓斗式挖泥船

图 5-27　链斗式挖泥船

(7)机动作业船作业应遵守下列规定：

①作业人员应穿戴救生衣、工作鞋。

②起吊或拖带用的钢丝绳必须完好，不应使用按规定应报废的钢丝绳。

③作业过程中应防止钢丝绳断丝头扎手、身体各部位被卷入起锚绞盘等事故发生。

④工作人员应与承重钢丝绳保持一定距离，防止钢丝绳崩断而导致人员受伤。

(8)高岸土方疏浚时应遵守下列规定：

①水面以上土层高度超过 3 m 时，不应直接用挖泥船进行开挖；在上层土体剥离或松动，爆破坍塌成一定坡度后，才可用挖泥船垂直岸坡进行开挖；开挖时宜实现边挖边塌，防止大块土方突然坍塌对挖泥船造成冲击或损坏。

②分层开挖时,在保证挖泥船施工水深的情况下,尽量减少上层的开挖厚度;同时尽可能增加分条的开挖宽度,以减少高岸土体坍塌对挖泥船造成的冲击。

③施工中当发现大块土体将要坍塌时,应立即松缆退船,待坍塌完成后再进船施工。

(9)硬质土方疏浚时应遵守下列规定:

①采用绞吸式挖泥船开挖硬质土时,应随时观察绞刀或斗轮的切削压力和横移绞车的拉力,当实际压力、拉力超过设备最大允许值时,应及时调整(减小)开挖厚度和放慢横移速度。

②采用耙吸式挖泥船开挖硬质土时,应根据耙头(高压水枪)实际切削能力控制船舶航行速度。

③采取抓斗或铲斗式挖泥船开挖硬质土时,应根据设备挖掘力大小,控制抓斗或铲斗的挖掘速度和提升速度。

④采取链斗式挖泥船开挖硬质土时,应根据设备挖掘力大小,控制斗链的转动速度和船舶前移(横)速度。

(10)采用潜管输泥施工时应遵守下列规定:

①潜管安装完成后应进行压水试验,确保管线无泄漏现象。

②潜管在航道内敷设或拆除前应提前联系航政部门,及时发布禁航或通航公告;敷设或拆除时应由适航的拖轮与锚艇进行作业,并申请航政部门在航道上、下游进行水上交通管制。

③潜管端点站及管线固定锚应悬吊红、白色醒目锚飘,并加强对锚位的瞭望观察,发现锚位移动较大时,应及时采取有效措施恢复锚位。

④施工中应加强对潜管段水域过往船只的瞭望,发现险情时,应及时发出警报信号,同时提升绞刀开始吹清水准备停机,以防不测。

⑤潜管在易淤区域作业时,应定期实施起浮作业,以避免潜管被淤埋无法起浮而造成财产损失。

(11)长距离接力输泥施工时应遵守下列规定:

①长距离接力输泥管线安装必须牢固、密封,穿行线路不影响水陆交通。

②接力输泥施工应建立可靠的通信联络系统,前后泵之间应设专人随时监控泵前、泵后的真空度和压力值,防止设备超负荷运行造成重大事故。

③接力泵进、出口排泥管位置高于接力泵时,应在泵前、泵后适当位置安装止回阀,防止突然停机泥浆回流对泵造成冲击,引发事故。

三、吹填施工安全技术

(1)吹填造地施工应遵守下列规定:

①初始吹填,排泥管口离围堰内坡脚不应小于 10 m,并尽可能远离退水口。

②吹填区内排泥管线延伸高程应高于设计吹填高程,延伸的排泥管线离原始地面大于 2 m 时,应筑土堤管基或搭设管架,管架应稳定、牢固。

③吹填区围堰应设专人昼夜巡视、维护,发现渗漏、溃塌等现象及时报告和处理;在人畜经常通行的区域,围堰的临水侧应设置安全防护栏。

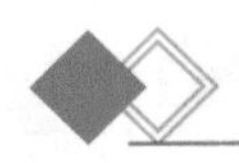

④退水口外水域应设置拦污屏,减少和防止退水对下游关联水体的污染。

(2)围堰内吹填筑堤(淤背)应遵守下列规定:

①新堤吹填应确保围堰安全,一次吹填厚度根据不同土质控制在0.5~1.5 m,并采用间隙吹填方式,间隙时间根据土质排水性能和固结情况确定。

②吹填时管线应顺堤布置,需要时可敷设吹填支管;对有防渗要求的围堰,应在堰体内侧铺设防渗土工膜,并在围堰外围开挖截渗沟,以防渗水外溢危及周围农田与房屋。

③排泥管口或喷口位置离围堰应有一定安全距离,以免危及围堰安全。

(3)建筑物周围采用吹填方式回填土方,应制订相应的施工安全技术措施。施工中发现有危及建筑物和人员安全迹象时,应立即停止吹填,并及时采取有效改进措施妥善处理。

四、水下爆破作业安全技术

(1)水下爆破作业应由具备相应资质的专业队伍承担。

(2)在通航水域进行水下爆破作业时,应向当地港航监督部门和公安部门申报,并按时发布水下爆破施工通告。

(3)爆破工作船及其辅助船舶,应按规定悬挂特殊信号(灯号)。

(4)在黄昏和夜间等能见度差的条件下,不宜进行水下爆破的装药工作;如确需进行水下爆破作业,应有足够的照明设施,确保作业安全。

(5)爆破作业船上的工作人员,作业时应穿好救生衣,无关人员不应登上爆破作业船。

(6)爆破工作负责人应根据爆区的地质、地形、水位、流速、流态、风浪和环境安全等情况布置爆破作业。

(7)水下爆破应使用防水的或经防水处理的爆破器材;用于深水区的爆破器材,应具有足够的抗压性能,或采取有效的抗压措施;用于流速较大区的起爆器材还应有足够的抗拉性能,或采取有效的抗拉措施;水下爆破使用的爆破器材应进行抗水试验和抗压试验,起爆器材还应进行抗拉试验。

(8)水下爆破器材加工和运输应遵守下列规定:

①水下爆破的药包和起爆药包,应在专用的加工房内或加工船上制作。

②起爆药包,只可由爆破员搬运;搬运起爆药包上下船或跨船舷时,应有必要的防滑措施;用船只运送起爆药包时,航行中应避免剧烈的颠簸和碰撞。

③现场运输爆破器材和起爆药包,应专船装运;用机动船装运时,应采取严格的防电、防振、防火、防水、隔潮及隔热等措施。

(9)水下爆破作业时应遵守以下基本规定:

①水下爆破严禁采用火花起爆。

②装药及爆破时,潜水员及爆破工不应携带对讲电话机和手电筒上船,施工现场也应切断一切电源。

③用电力和导爆管起爆网路时,每个起爆药包内安放的雷管数不宜少于两发,并宜连成两套网路或复式网路同时起爆。

④水下电爆网路的导线(含主线连接线)应采用有足够强度且防水性和柔韧性良好的绝缘胶质线,爆破主线路呈松弛状态扎系在伸缩性小的主绳上,水中不应有接头。

⑤在水流较大、较深的爆破区放电爆连线时,应将连线接头架离水面,以免漏电造成电流不足而导致瞎炮。

⑥不宜用铝(或铁)芯线做水下起爆网路的导线。

⑦起爆药包使用非电导爆管雷管及导爆索起爆时,应做好端头防水工作,导爆索搭接长度应大于 0.3 m。

⑧导爆索起爆网路应在主爆线上加系浮标,使其悬吊;应避免导爆索网路沉入水底造成网路交叉,破坏起爆网路。

⑨起爆前,应将爆破施工船舶撤离至安全地点。

⑩应按设计要求进行爆破安全警戒。

⑪盲炮应及时处理,遇有难以处理而又危及航行船舶安全的盲炮时,应延长警戒时间,继续处理,直至完毕。

知识链接

《疏浚与吹填工程技术规范》(SL 17—2014)

《水利水电工程土建施工安全技术规程》(SL 399—2007)

第七节　基础处理安全技术

一、基础处理基本规定

(1)凡从事地基与基础工程的施工人员,应经过安全生产教育,熟悉本专业和相关专业安全技术操作规程,并应自觉遵守。

码 5-9　文档:地基处理的施工流程

(2)钻场、机房不应单人开机操作。

(3)应经常检查机械及防护设施,确保安全运行。

(4)在得到 6 级以上大风或台风的报告后,应迅速做好以下工作:

①应卸下钻架布并妥善放置,检查钻架,做好加固。

②在不能进行工作时,应切断电源,盖好设备,工具应装箱保管,封盖孔口。

(5)受洪水威胁的施工场地,应加强警戒,并随时掌握水文及气象资料,做好应急措施。

(6)对特殊处理的工程施工,应根据实际情况制定相应的单项安全措施和补充安全规定。

二、混凝土防渗墙工程安全技术

(1)钻机施工平台应平整、坚实。枕木放在坚实的地基上。道轨间距应与平台车轮距相符。

(2)吊装钻机应遵守下列规定:

①吊装钻机,宜选用起吊能力 16 t 以上的吊车,严禁超负荷吊装。

②吊装用的钢丝绳应完好,直径应不小于 16 mm。

③套挂应稳固,并应经检查可靠后方能试吊。

④吊装钻机应先行试吊,试吊高度应为离地 10~20 cm,同时应检查钻机套挂是否平稳,吊车的制动装置以及套挂的钢丝绳是否可靠,在确认无误的情况下,方可正式起吊。下降应缓慢,装入平台车应轻放就位。

(3)钻机就位后,应用水平尺找平后才能安装。

(4)钻机桅杆升降应注意下列事项:

①检查离合器、闸带是否灵活可靠。

②检查钢丝绳、蜗轮、销轴是否完好。

③警告钻机周围人员散开,严禁有人在桅杆下面停留、走动。

④随着桅杆的升起或落放,用桅杆两边的绷绳或在桅杆中点绑一保险绳,两边配以同等人力拉住,以防桅杆倾倒。立好桅杆后,应及时挂好绷绳。

(5)开机前的准备工作应遵守下列规定:

①检查地锚,埋深不应少于 1.2 m,引出绳头应用钢丝绳,不宜用脆性材料。

②应稳好钻机,塞垫好三角木,收紧绷绳,紧固所有连接螺丝;应检查钻具重量是否与钻机性能参数相符,所有钻头、抽筒均应焊有易拉、易挂、易捞装置。

③应检查并调整各操纵系统,使之灵活可靠,离合器间隙应调至适当位置,不能过紧或太松,紧圈上的 3 个扒爪应均匀压紧在压力盘上,使压力盘与摩擦带受力均匀。应检查制动闸,调整摩擦带间隙,宜保持在 1.5~2 mm,使闸带在松开情况下不与制动轮轮缘接触。

④应按钻机保养、使用规程检查各润滑部位的加油情况。

⑤钻机上应有的安全防护装置,应齐全、可靠。

⑥应检查冲击臂缓冲弹簧,其两边压紧程度应保持一致,否则应进行调整。

⑦应检查电气部分,三相按钮开关应安装在操纵手把附近以方便操作。

(6)冲击钻进应遵守下列规定:

①开机前应拉开所有离合器,严禁带负荷启动。

②开孔应采用间断冲击,直至钻具全部进入孔内且冲击平稳后,方可连续冲击。

③钻进中应经常注意和检查机器运行情况,如发现轴瓦、钢丝绳、皮带等有损坏或机件操作不灵等情况,应及时停机检查修理。

④钻头距离钻机中心线 2 m 以上时,钻头埋紧在相邻的槽孔内或深孔内提起有障碍时,钻机未挂好、收紧绑绳时,孔口有塌陷痕迹时,严禁开车。

⑤遇到暴风、暴雨和雷电时,严禁开车,并应切断电源。

⑥钻机移动前,应将车架轮的三角木取掉,松开绷绳,摘掉挂钩,钻头、抽筒应提出孔口,经检查确认无障碍后,方可移车。

⑦电动机运转时,不应加注黄油,严禁在桅杆上工作。

⑧除钻头部位槽板盖因工作打开外,其余槽板盖不应敞开,以防止人或物件掉入

槽内。

⑨钻机后面的电线宜架空，以免妨碍工作及造成触电事故。

⑩钻机桅杆宜设避雷针。

⑪孔内发生卡钻、掉钻、埋钻等事故，应摸清情况，分析原因，然后采取有效措施进行处理，不应盲目行事。

（7）制浆及输送应遵守下列规定：

①搅拌机进料口及皮带、暴露的齿轮传动部位应设有安全防护装置；否则，不应开机运行。

②当人进入搅拌槽内之前，应切断电源，开关箱应加锁，并挂上“有人操作，严禁合闸！”的警示标志。

（8）浇注导管安装及拆卸工作应遵守下列要求：

①安装前应认真检查导管是否完好、牢固。吊装的绳索挂钩应牢固、可靠。

②导管安装应垂直于槽孔中心线上，不应与槽壁相接触。

③起吊导管时，应注意天轮不应出槽，由专人拉绳；人的身体不应与导管靠得太近。

三、基础灌浆工程安全技术

（1）钻机平台应平整、坚实、牢固，满足最大负荷 1.3~1.5 倍的承载安全系数，钻架脚周边宜保证有 50~100 cm 的安全距离，临空面应设置安全防护栏杆。

（2）安装、拆卸钻架应遵守下列规定：

①立、拆钻架工作应在机长或其指定人员统一指挥下进行。

②应严格遵守先立钻架后装机、先拆机后拆钻架、立架自下而上、拆架自上而下的原则。

③立、放钻架的准备工作就绪后，指挥人员应确认各部位人员已就位、责任已明确和设施完善牢固，方可发出信号。

（3）钻架腿应使用坚固的杉木或相应的钢管制作。在深孔或处理故障时，若负载过大，架腿应安装在地梁上，并用夹板螺栓固定牢靠。

（4）钻架正面（钻机正面）两支腿的倾角宜为 60°~65°，两侧斜面应对称。

（5）钻架架立完毕后应做好下列加固工作：

①腿根应打有牢固的柱窝或其他防滑设施。

②至少有两面支架应绑扎、加固拉杆。

③至少加固对称缆风绳 3 根，缆风绳与水平夹角不宜大于 45°；特殊情况下，应采取其他相应加固措施。

（6）移动钻架、钻机应有安全措施。若以人力移动，支架腿不应离地面过高，并应注意拉绳，抬动时应同时起落，并应清除移动范围内的障碍物。

（7）机电设备拆装应遵守下列规定：

①机械拆装解体的部件，应用支架稳固垫实，回转机构应卡死。

②拆装各部件时，不应用铁锤直接猛力敲击，可用硬木或铜棒承垫。铁锤活动方向不应有人。

③用扳手拆装螺栓时,用力应均匀对称,同时应一手用力,一手做好支撑防滑。

④应使用定位销等专用工具找正孔位,严禁用手伸入孔内试探;拆装传动皮带时,严禁将手指伸进皮带里面。

⑤电机及起动、调整装置的外壳应有良好的保护接地装置;有危险的传动部位应装设安全防护罩;照明电线应与铁架绝缘。

(8)扫孔遇阻力过大时,不应强行开钻。

(9)升降钻具过程中应遵守下列规定:

①严格执行岗位分工,各负其责,动作一致,紧密配合。

②认真检查塔架支腿、回转、给进机构是否安全稳固。确认卷扬提引系统符合起重要求。

③提升的最大高度,以提引器距天车不小于 1 m 为宜;遇特殊情况时,应采取可靠安全措施。

④操作卷扬机,不应猛刹猛放;任何情况下都严禁用手或脚直接触动钢丝绳,如缠绕不规则,可用木棒拨动。

⑤使用普通提引器,倒放或拉起钻具时,开口应朝下,钻具下面严禁站人。

⑥起放粗径钻具,手指不应伸入下管口提拉,亦不应用手去试探岩芯,应用一根有足够拉力的麻绳将钻具拉开。

⑦跑钻时,严禁抽插垫叉,抽插垫叉应提持手把,不应使用无手把垫叉。

⑧升降钻具时,若中途发生钻具脱落,不应用手去抓。

(10)水泥灌浆应遵守下列规定:

①灌浆前,应对机械、管路系统进行认真检查,并进行 10~20 min 该灌注段最大灌浆压力的耐压试验。高压调节阀应设置防护设施。

②搅浆人员应正确穿戴防尘保护用品。

③压力表应经常核对,超出误差允许范围的不应使用。

④处理搅浆机故障时,传动皮带应卸下。

⑤灌浆中应有专人控制高压阀门并监视压力指针摆动,避免压力突升或突降。

⑥灌浆栓塞下孔途中遇有阻滞时,应起出后扫孔处理,不应强下。

⑦在运转中,安全阀应确保在规定压力时动作;经校正后不应随意调节。

⑧对曲轴箱和缸体进行检修时,严禁一手伸进试探、另一手同时转动工作轴,更不应两人同时进行此动作。

(11)孔内事故处理应遵守下列规定:

①事故发生后,应将孔深、钻具位置、钻具规格、种类和数量、所用打捞工具及处理情况等详细填入当班报表。

②发现钻具(塞)被卡时,应立即活动钻具(提塞),严禁无故停泵。

③钻具(塞)在提起中途被卡时,应用管钳搬扭或设法将钻具(塞)下放一段,同时开泵送水冲洗,上下活动、慢速提升,不应使用卷扬机和立轴同时起拔事故钻具。

④使用打吊锤处理事故应遵守下列规定:

a. 由专人统一指挥,检查钻架的绷绳是否安全牢固。

b. 吊锤处于悬挂状况打吊锤时，周围不应有人。

c. 不应在钻机立轴上打吊锤；必要时，应对立轴做好防护措施。

⑤用千斤顶处理事故应遵守下列规定：

a. 操作时，场地应平整坚实，千斤顶应安放平稳，并将卡瓦及千斤顶绑在机架上，以免顶断钻具时卡瓦飞出伤人。

b. 不应使用有裂纹的丝杆、螺母。

c. 使用油压千斤顶时，不应站在保险塞对面。

d. 装紧卡瓦时，不应用铁锤直接打击，卡瓦塞应缠绑牢固，受力情况下，不应面对顶部进行检查。

e. 扳动螺杆时，用力应一致，手握杆棒末端。

f. 使用管钳或链钳扳动事故钻具时，严禁在钳把回转范围内站人，也不应用两把钳子进行前后反转。掌握限制钳者，应站在安全位置。

四、化学灌浆安全技术

施工准备应遵守下列规定：

(1)查看工程现场，收集全部有关设计和地质资料，搞好现场施工布置与检修钻灌设备等准备工作。

(2)材料仓库应布置在干燥、凉爽和通风条件良好的地方；配浆房的位置宜设置在阴凉通风处，距灌浆地点不应过远，以运送浆液。

(3)做好培训技工的工作。培训内容包括化学灌浆基本知识、专业方法、安全防护和施工注意事项等。

(4)根据施工地点和所用的化学灌浆材料，应设置有效的通风设施。尤其是在大坝廊道、隧洞及井下作业时，应保证能够将有毒气体彻底排出现场，引进新鲜空气。

(5)施工现场应配备足够的消防设施。

灌浆应遵守下列规定：

(1)灌浆前应先行试压，以便检查各种设备仪表及其安装是否符合要求；止浆塞隔离效果是否良好、管路是否通畅、有无漏浆现象等，只有在整个灌浆系统畅通无漏的情况下，才可开始灌浆。

(2)灌浆时严禁浆管对准工作人员，注意观测灌浆孔口附近有无返浆、跑浆、串漏等异常现象，若有，应立即采取有效措施及时处理。

(3)灌浆结束后，止浆塞应保持封闭不动，或用乳胶管封口以免浆液流失和挥发，施工现场应及时清理，用过的灌浆设备器皿应用清水或丙酮及时清洗，灌浆管路拆卸时，应同时检查腐蚀堵塞情况并予以处理。

(4)清理灌浆时落弃的浆液，可使用专用小提桶盛装，妥善处理。严禁废液流入水源，污染水质。

施工现场应遵守下列规定：

(1)易燃药品不允许接触火源、热源和靠近电气启动设备，若需加温可用水浴等方法间接加热。

(2)不应在现场大量存放易燃品;施工现场严禁吸烟和使用明火,严禁非工作人员进入现场。

(3)加强灌浆材料的保管,按灌浆材料的性质不同,采取不同的存储方法,防暴晒、防潮、防泄漏。

(4)按环境保护的有关规定进行施工,防止化学灌浆材料对环境造成污染,尤其应注意施工对地下水的污染。

(5)施工中的废浆、废料及清洗设备、管路的废液应集中妥善处理,不应随意排放。

劳动保护应遵守下列规定:

(1)化学灌浆施工人员,应穿防护工作服,根据浆材的不同,酌情佩戴橡胶手套、眼镜、防毒口罩。

(2)当化学药品溅到皮肤上时,应用肥皂水或酒精擦洗干净,不应使用丙酮等渗透性较强的溶剂洗涤,以防有毒物质渗入皮肤。

(3)当浆液溅到眼睛里时,应立即用大量清水或生理盐水彻底清洗,冲洗干净后迅速到医院检查治疗。

(4)严禁在施工现场进食,以防有毒物质通过食道进入人体。

(5)对参加化学灌浆工作的人员,应定期进行体格检查。

事故处理应遵守下列规定:

(1)运输中若出现盛器破损,应立即更换包装、封好,液体药品用塑料盛器为宜,粉状药物和易溶药品应分开包装。

(2)当出现溶液药品黏度增大情况时,应首先使用,不宜再继续存放。

(3)当玻璃仪器破损、致人体受伤时,应立即进行消毒包扎。

(4)当试验设备仪器发生故障时,应立即停止运转,关闭电源,进行修复处理。

(5)当发生材料燃烧或爆炸时,应立即关闭电源,熄灭火源,抢救受伤人员,搬走余下药品。

五、灌注桩基施工安全技术

吊装钻机应遵守下列规定:

(1)吊装钻机的吊车,应选用大于钻机自重 1.5 倍以上的型号,严禁超负荷吊装。

(2)起重用的钢丝绳应满足起重要求规定的直径。

(3)吊装时先进行试吊,高度宜为 10~20 cm,检查确定牢固平稳后方可正式吊装。

(4)钻机就位后,应用水平尺找平。

开钻前的准备工作应遵守下列规定:

(1)塔架式钻机,各部位的连接应牢固、可靠。

(2)有液压支腿的钻机,其支腿应用方木垫平、垫稳。

(3)钻机上应有安全防护装置,并应齐全、适用、可靠。

供水、供浆管路安装时,接头应密封、牢固,各部分连接应符合压力和流量的要求。

钻进操作时应遵守下列规定:

(1)钻孔过程中,应严格按工艺要求进行操作。

(2)对于有离合器的钻机,开机前拉开所有离合器,不应带负荷启动。

(3)开始钻进时,钻进速度不宜过快。

(4)在正常钻进过程中,应使钻机不产生跳动,振动过大时应控制钻进速度。

(5)用人工起下钻杆的钻机,应先用吊环吊稳钻杆,垫好垫叉后,方可正常起下钻杆。

(6)钻进过程中,若发现孔内异常,应停止钻进,分析原因,或起出钻具、处理后再行钻进。

(7)孔内发生卡钻、掉钻、埋钻等事故,应分析原因,采取有效措施后,才可进行处理,不应随意行事。

(8)突然停电或其他原因停机且短时间内不能送电时,应采取措施将钻具提离孔底 5 m 以上。

(9)遇到暴风、雷电时,应暂停施工。

冲击钻机施工,应遵守 SL 399—2007 的有关规定。

钢筋笼搬运和下设应遵守下列规定:

(1)搬运和吊装钢筋笼应防止其发生变形。

(2)吊装钢筋笼的机械应满足起吊的高度和重量要求。

(3)下设钢筋笼时,应对准孔位,避免碰撞孔壁,就位后应立即固定。

(4)钢筋笼安放就位后,应用钢筋固定在孔口的牢固处。

钢筋笼吊装见图 5-28。

图 5-28　钢筋笼吊装

混凝土浇筑导管的安装和拆卸,应遵守 SL 399—2007 条的有关规定。

钢筋笼加工、焊接应遵守焊接中的有关规定。钢筋笼首节的吊点强度应满足全部钢筋笼的重量的吊装要求。

下设钢筋笼时、浇筑导管采用吊车时应遵守起重设备和机具有关规定。

六、振冲法施工安全技术

组装振冲器应遵守下列规定：

(1)组装振冲器应有专业人员负责指挥，振冲器各连接螺丝应拧紧，不应松动。

(2)射水管插入胶管中的接头不应小于 10 cm，并应卡牢、不应漏水，达到与胶管同等的承拉力。

(3)在组装好的振冲器顶端，应绑上一根长 1.2 m、直径 10 cm 的圆木，将电缆和水管固定在圆木上，以防电缆和水管与吊管顶口摩擦漏电、漏水而发生事故。

(4)起吊振冲器时，振冲器各节点应设保护设施，以防节点折弯损坏。

(5)振冲器潜水电机尾线与橡皮电缆接头处应用防水胶带包扎，包扎好后用胶管加以保护，以防漏电。

振冲器见图 5-29。

图 5-29　振冲器

开机前的检查应包括下列内容：

(1)各绳索连接处是否牢固，各部分连接是否紧固，振冲器外部螺丝应加有弹簧垫圈。

(2)配电箱及电器操作箱的各种仪表应灵敏、可靠。

(3)吊车运行期间，行人严禁在桅杆下通行、停留。

造孔应遵守下列规定：

(1)电动机启动前，应有专人将振冲器防扭绳索拉紧并固定。

(2)造孔过程中不应停水停电，水压应保持稳定。

(3)振冲器进行工作时，操作人员应密切注视电气操作箱仪表情况，如发生异常情况应立即停止贯入,并应采取有效措施进行处理。

施工中应注意如下事项:

(1)振冲器严禁倒放启动。

(2)振冲器在无冷水情况下,运转时间不应超过1~2 min。

(3)振冲加密过程中电机提出孔口后,应使电机冷却至正常温度。

(4)在造孔或加密过程中,导管上部拉绳应拉紧,防止振冲器转动。

(5)振冲器工作时工作人员应密切观察返水情况,发现返水中有蓝色油花、黑油块或黑油条,可能是振冲器内部发生故障,应立即提拔振冲器进行检修。

(6)在造孔或加密过程中,突然停电应尽快恢复或使用备用电源,不应强行提拔振冲器。

(7)遇有6级以上大风或暴雨、雷电、大雾时,应停止作业。

七、高喷灌浆工程安全技术

(1)施工平台应平整坚实,其承载安全系数应达到最大移动设备荷载1.5倍以上。

(2)施工平台、制浆站和泵房、空压机房等工作区域的临空面应设置防护栏杆。

(3)风、水、电应设置专用管路和线路,输电线路与高压管或风管等不应缠绕在一起。专用管路接头应连接可靠牢固、密封良好,且耐压能力满足要求。

(4)施工现场应设置废水、废浆处理回收系统。此系统应设置在钻喷工作面附近,并避免干扰喷射灌浆作业的正常操作场面和影响交通。

(5)高喷台车桅杆升降作业应遵守下列规定:

①底盘为轮胎式平台的高喷台车,在桅杆升降前,应将轮胎前后固定以防止其移动或用方木、千斤顶将台车顶起固定。

②检查液压阀操作手柄或离合器与闸带是否灵活可靠。

③检查卷筒、钢丝绳、蜗轮、销轴是否完好。

④除操作人员外,其他人员均应离开台车及其前方,严禁有人在桅杆下面停留和走动。

⑤在桅杆升起或落放的同时,应用基本等同的人数拉住桅杆两侧的两根斜拉杆,以保证桅杆顺利达到或尽快偏离竖直状态;立好桅杆后,应立即用销轴将斜拉杆下端固定在台车上的固定销孔内。

混凝土高喷台车见图5-30。

(6)开钻、开喷前的准备应遵守下列规定:

①在砂卵石、砂砾石地层中以及孔较深时,开始前应采取必要的措施以稳固、找平钻机或高喷台车。可采用的措施有增加配重、镶铸地锚、建造稳固的钻机平台等;对于有液压支腿的钻机,将平台支平后,宜再用方木垫平、垫稳支腿。

②检查并调试各操作手把、离合器、卷扬设备、安全阀,确保灵活可靠。

③皮带轮和皮带上的安全防护装置、高空作业用安全带、漏电保护装置、避雷装置等,应齐备、适用可靠。

(7)喷射灌浆应遵守下列规定:

图 5-30 混凝土高喷台车

①喷射灌浆前应对高压泵、空压机、高喷台车等机械和供水、供风、供浆管路系统进行检查。下喷射管前,宜进行试喷和 3~5 min 管路耐压试验。对高压控制阀门宜安设防护罩。

②下喷射管时,应采取胶带缠绕或注入水、浆等措施防止喷嘴堵塞。

③在喷射灌浆过程中,出现压力突降或骤增,孔口回浆变稀或变浓,回浆量过大、过小或不返浆等异常情况时,应查明原因并及时处理。

④喷射灌浆过程中应有专人负责监测高压压力表,防止压力突升或突降。

⑤下喷射管时,遇有严重阻滞现象,应起出喷射管进行扫孔,不允许强下。

⑥高压泵、空压机气罐上的安全阀应确保在额定压力下立即动作,应定期校验安全阀,校验后不应随意调整。

⑦单孔高喷灌浆结束后,应尽快用水泥浆液回灌孔口部位,防止地下空洞给人身安全和交通造成威胁。

八、预应力锚固工程安全技术

(1)预应力锚固施工场地应平整,道路应通畅。在边坡施工时,脚手架应满足钻孔、锚索施工对承重和稳定的要求,脚手架上应铺设马道板和设置防护栏杆。施工人员在脚手架上施工时应系上安全带。

(2)边坡多层施工作业时,应在施工面适当位置加设防护网。

架子平台上施工设备应固定可靠,工具等零散件使用后应集中放在工具箱内。

(3)下索应遵守下列规定:

①钢绞线下料,应在切口两端事先用火烧丝绑扎牢固后再切割。

②在下索过程中应统一指挥，步调一致。

③锚束吊放的作业区，严禁其他工种立体交叉作业。

（4）张拉、锁定应遵守下列规定：

①张拉操作人员未经训练考核不应上岗，拉张时严禁超过规定张拉值。

②张拉时，在千斤顶出力方向的作业区，应设置明显标识，严禁人员进入。

③不应敲击或振动孔口锚具及其他附件。

④索头应做好防护。

九、沉井法施工安全技术

（1）沉井施工场地应进行充分碾压，对形成的边坡应作相应的保护。

（2）施工机械尤其是大型吊运设备应在坚实的基础上进行作业。

（3）沉井下沉应遵守下列规定：

①底部垫木抽除过程中，每次抽去垫木后加强仪器观测，发现沉井倾斜时应及时采取措施调整。

②根据渗水情况，应配备足够的排水设备，挖渣和抽水应紧密配合。

③施工中为解决沉井内上下交通，每节沉井选一隔仓设斜梯一处，以满足安全疏散及填芯需要，其余隔仓内应各设垂直爬梯一道。

（4）沉井下沉到一定深度后，井外邻近的地面可能出现下陷、开裂，应经常检查基础变形情况，及时调整加固起重机的道床。

（5）井顶四周应设防护栏杆和挡板，以防坠物伤人。

（6）起重机械进行吊运作业时，指挥人员与司机应密切联系，井内井外指挥和联系信号应明确。起重机吊运土方和材料靠近沉井边坡行驶时，应对地基稳定性进行检查，防止发生塌陷倾翻事故。

（7）井内石方爆破时，起爆前应切断照明及动力电源，并妥善保护水泵，机械设备要进行保护性护盖。爆破后加强通风，排除粉尘和有害气体，清点炮数无误之后才可下井清渣。

（8）施工电源（包括备用电源）应能保证沉井连续施工。

（9）井内吊出的石渣应及时运到渣场，以免对沉井产生偏压，造成沉井下沉过程中的倾斜。

（10）对装运石渣的容器及其吊具要经常检查其安全性，渣斗升降时井下人员严禁在其下方。

（11）沉井挖土应分层、分段对称、均匀进行，达到破土下沉时，操作人员应离开刃脚一定距离，防止突然性下沉造成事故。

沉井施工见图5-31。

十、深层搅拌法施工安全技术

（1）施工场地应平整。当场地表层较硬需注水预搅施工时，应在四周开挖排水沟，并设集水井，排水沟和集水井应经常清除沉淀杂物，保持水流畅通。

图 5-31　沉井施工

(2)当场地过软不利于深层搅拌桩机行走或移动时,应铺设粗砂或碎石垫层。灰浆制备工作棚位置宜使灰浆的水平输送距离在 50 m 以内。

(3)深层搅拌时搅拌机的入土切削和提升搅拌,负载太大及电机工作电流超过预定值时,应减慢升降速度或补给清水。

《水利水电工程土建施工安全技术规程》(SL 399—2007)

第八节　金属结构及启闭设备制作与安装安全技术

一、金属结构制作安全技术

生产厂区应符合以下要求:

(1)厂址应避免选择在可能发生洪水、泥石流或滑坡塌陷等自然灾害地段(或影响区域),并参照《工业企业总平面设计规范》(GB 50187—2012)进行规划布置。对区域内防止发生垮塌、淹没及坠落的安全防护设施应进行经常性的检查,发现隐患及时处理。

(2)厂房、工具房、压缩空气站、氧气站、低温液体气化站、乙炔气站、配电房等建筑物及集中供气管道的布置、设计应符合工业建筑、防火、防雷、消防等设计规范及《水利水电工程机电设备安装安全技术规程》(SL 400—2016)规定。

(3)厂内主、次干道的设计能力应根据最大构件制造运输的重量及外形尺寸确定。道路的设计应符合《厂矿道路设计规范》(GBJ 22—1987)及《工业企业厂内铁路、道路运输安全规程》(GB 4387—2008)。

(4)作业环境的防烟尘、防毒、防辐射以及通风措施应符合《工业企业设计卫生标准》(GBZ 1—2010)规定。

(5)车间内主通道不得小于 2 m,各作业区间应有安全通道,其宽度不得小于 1 m。两侧用宽 0.08 m 的黄色油漆标明,通道内不得堆放物品。露天制作拼装及产品堆放场地应有合理的地面排水系统和通畅的运输道路。

(6)架空设置的设备平台、人行道及 2.0 m 以上高空作业的平台、安全走道,其底板应设计为防滑钢板,临边应设置带有挡脚板的钢防护栏杆。

(7)车间及厂区内应布置接地网,各用电设备、电气盘柜、钢板铺设的平台的接地或接零装置应与接地网可靠连接,接地电阻值不得大于 4 Ω,保护零线必须采用绝缘导线,其重复接地电阻值不应大于 10 Ω。露天布置的设备应有可靠的防雨雷遮护装置。

(8)车间及作业区照明充足,照明灯具应设有备用电源。架空的通道、地面主要安全通道、进出口、楼梯口等处应设置自动应急灯。施工场地除布置通用照明外,作业部位还应设置照度足够的临时工作照明。

(9)露天作业场的布置应根据场地交通及起吊设备能力进行设计布局,确保大件产品能够安全吊装、装卸和运输。

(10)各作业区及危险部位应有明显的安全警示标识、标牌、标签等,并保持其醒目完整。周围严禁堆放杂物。

进入施工生产区域人员应正确穿戴安全防护用品。进行 2.0 m(含 2.0 m)以上高空作业应佩戴安全带并在其上方固定物处可靠拴挂;3.2 m 以上高空作业时,其下方应铺设安全网。安全防护用品使用前应认真检查,不应使用不合格的安全防护用品。

安全技术措施或施工技术方案中的起重吊装、高空作业涉及的安全防护设施(机索具、施工平台、承重平台、承重支墩等)应进行校核计算及敷设验收。钢管脚手架应按《建筑施工扣件式钢管脚手架安全技术规范》(JGJ 130—2011)进行设计、搭设及验收。

在闸门等大型钢结构件上作业时应对其工作面上直径(或边长)大于 0.15 m 的孔洞进行临时封堵,临边作业面应设置临时防护栏杆。

金属结构制作机械设备、电气盘柜和其他危险部位应悬挂安全警示标识。

焊接作业安全防护应符合以下要求:

(1)电焊机的接地装置必须定期进行检查,以保证其可靠性。移动式焊机在工作前必须接地,并且接地工作必须在接通电力线路之前做好。

(2)电焊机、加热设备应采用独立电源并装有漏电保护器。电焊机、加热设备外壳应有可靠的接地和接零保护。

(3)大型电焊作业宜进行隔离,设置电焊防护屏,屏高应不低于 1.8 m。

(4)焊接人员作业时应佩戴如工作服、手套、眼镜、口罩等防护用品,针对特殊作业场合,还应佩戴空气呼吸器,防止烟尘危害。

(5)焊接作业时,身体不应倚靠被焊件。在金属容器内或狭窄工作场所施焊时,应采用橡胶或其他绝缘衬垫,保证人体与焊件间良好绝缘,并应两人轮换作业,以便相互照顾。

(6)局部照明灯、行灯及标灯,其电压不应超过 36 V,在特别潮湿的场所及金属容器、金属管道内工作的照明灯电压不应超过 12 V,行灯电源线应使用护套缆线,不得使用塑料软线。

(7)在相对密闭的井架箱体构件内施焊时,应保持通风、换气。

(8)焊工宜着浅色或白色帆布工作服,工作服袖口应扎紧,扣好领口,皮肤不外露。焊接时应使用镶有特别防护镜片的面罩,并按照焊接电流的强度不同来选用不同型号的滤光镜片。

(9)现场拼装焊接时,严禁露天冒雨焊接,应按有关要求采取防护措施。

(10)高处焊割作业点的周围及下方地面上火星所及的范围内,应彻底清除可燃、易爆物品,并配置足够的灭火器材。

(11)焊接与气割作业的安全防护还应符合 SL 398—2007 第 9 章的有关规定。

氩弧焊焊接安全防护应符合以下要求:

(1)焊接有毒气体的防护应符合下列规定:

①氩弧焊工作现场应有良好的通风装置,以排出有害气体及烟尘。除厂房通风外,在焊接工作量大、焊机集中的地方,加装轴流风机向外排风。

②采取局部通风的措施将电弧周围的有害气体抽走。

(2)放射性防护应符合下列规定:

①磨尖钍钨棒应备有专用砂轮,砂轮应安装除尘设备。地面上的磨屑应经常做湿式扫除,并集中深埋处理。砂轮机房地面、墙壁宜铺设瓷砖或水磨石,以利清扫污物。

②钍钨棒储存地点应固定在地下室,并存放在封闭铁箱里,并安装通风装置。

③手工焊接操作时,必须戴送风式头盔,或采取其他有效的通风措施。磨尖钍钨极时应戴防尘口罩。

④根据生产条件尽可能采取稳弧排烟罩,并且在操作中不应随便打开罩体。

⑤要合理地选用工艺规范,避免钍钨极的过量烧损。

⑥接触钍钨极后应以流动水和肥皂水洗手。

(3)为了防备和削弱高频电磁场的影响,应采取下列措施:

①工件良好接地,焊枪电缆和地线应用金属编织线屏蔽。

②适当降低频率。

③不宜使用高频振荡器作为稳弧装置,减少高频电作用时间。

④氩弧焊时,宜选择空气流通的地方施焊,选择钍钨和铈钨放射性小的电极材料。由于臭氧和紫外线作用强烈,焊工宜穿戴非棉布工作服。在容器内焊接又不能采用局部通风的情况下,应采用送风式头盔、送风口罩或防毒口罩等个人防护措施。

金属结构制作安装使用的工业气体的安全防护应符合以下要求:

(1)采用氧气、乙炔气集中供气方式的应符合 SL 398—2007 第 9 章的有关规定。

(2)液氧的使用应符合下列规定:

①低温液体气化站的设计应符合 GB 50030—2013 的规定。液氧库应设有静电接地和防雷接地系统,输送管道应有接地系统。

②存储液氧的设备的使用管理应符合《低温液体贮运设备　使用安全规则》(JB/T 6898—2015)的规定。

③液氧库内及库外 10.0 m 不得存放易燃易爆物质,并远离火源,使用场所应悬挂安

全标识。

④用于焊接、切割场所应安装止回阀,配置灭火器。

⑤操作人员开闭阀门、管道附件时,必须戴好防冻用具,当进行有危险的深冷处理时,应注意对手脚、头部面部的防冻保护,穿戴防护衣帽、目镜。

⑥应在空气流通环境中使用液氧,当发生大量液氧泄漏时,应加强自然通风或使用防爆风扇通风,轻柔处理关闭阀门,人员迅速远离,还应防止因跑动产生的火花和静电而引起火灾。

⑦对于设备、管道、阀门的解冻,应用水冲,严禁敲打、火烤和电加热。

⑧液氧储槽严禁酸、碱、油类物质接触设备。

⑨非工作人员一律不得进入液氧区域。

(3)用于焊接使用的二氧化碳气体、氩气等工业气体的安全防护应符合 SL 398—2007 第 9 章的有关规定及相关标准、法规的规定。

从事机械加工作业的安全防护应符合《水利水电工程施工作业人员安全操作规程》(SL 401—2007)第 11 章的有关规定。

金属加工设备防护罩、挡屑板、隔离围栏等安全设施应齐全、有效。有火花溅出或有可能飞出物的设备应设有挡板或保护罩。

无损探伤作业安全防护应符合以下要求:

(1)X 射线、γ 射线探伤室布置及作业的安全防护应符合《工业探伤放射防护标准》(GBZ 117—2022)和国家卫生部《放射工作人员职业健康管理办法》要求。

(2)辐射源的安全防护技术应严格执行 GB 18871—2002。

射线无损探伤作业见图 5-32。

图 5-32　射线无损探伤作业

(3)射线探伤应严格划分控制区域和设置防护屏障,以保障作业人员和附近非作业人员的安全。防护屏障材料应采用铅板、水泥墙或钡水泥等。

(4)现场射线探伤辐射防护区域应按标准计算被检物体周围的空气比释动能率划分控制区和监督管理区。进行作业前,控制区检测边界和监督区边界必须悬挂警告标牌,作业人员应在控制区边界操作,否则应按照标准规定采取防护措施。必要时设专人警戒,其他人员不得进入监督区域。

(5)进行超声波、磁粉、荧光探伤作业的安全防护应符合 SL 400—2016 的有关规定。

(6)无损检测用电安全防护除应符合探伤设备说明书外,还应符合施工现场用电安全规定。

(7)在高空、临边、孔洞等环境进行探伤作业时,应做好安全防护。

喷砂除锈及涂装作业安全防护应符合以下要求:

(1)除锈设备应采取隔声、减振等措施。

(2)设有独立的排风系统和除尘装置。

(3)喷砂室应设有用不易碎材料制成的观察窗,室内外均应设控制开关,并设有声、光等联系信号装置。

(4)粒丸回收地槽应设有上下扶梯、照明和排水设施等。

(5)电动机的启动装置和配电设备应采用防爆型。

(6)喷砂除锈操作人员应佩戴护目镜、防尘面具和带有空气分配器的工作服,工作服用橡胶或人造革制成,并带有空气分配器,戴上橡胶、皮革或厚布手套,如图 5-33 所示。辅助人员必须戴防护眼镜和防尘口罩。

图 5-33 喷砂除锈

(7)操作者在头盔中呼吸的空气必须经过滤清,气压调节到 0.12 MPa。

(8)冬季作业时,宜在玻璃内壁涂抹防雾剂,但不宜过厚。

(9)工作中应及时打扫脚手板及结构上的砂粒,防止滑跌。

(10)各类油漆、汽油、酒精、松香水、香蕉水、丙酮以及其他有毒有害物质,应在专门库房内密闭存放。库房与其他建筑物的距离应符合 SL 398—2007 中的有关规定。存储库房的设计、施工应符合有关防火、防爆的有关规定。

(11)危险品库房应有良好的通风条件,室内照明应设防爆灯,室外应设置消防器材,并设有明显的防火安全警告标志。

(12)涂装作业场所应符合《涂装作业安全规程　涂漆工艺安全及其通风净化》(GB 6514—2008)的有关规定,喷漆间应保证作业人员有充分的操作空间。

(13)作业人员应根据作业环境和有害物质的情况,应分别采用头部、眼睛、皮肤及呼吸系统的防护用具。防护用具应符合《个体防护装备配备规范　第 1 部分:总则》(GB 39800. 1—2020)的规定,并定期检查,保证其防护性能有效性。

(14)当进入有限空间(包括竖井及容器内)进行作业时,应当符合相关规定。

(15)应采用防爆型照明灯具,电压应符合《特低电压(ELV)限值》(GB/T 3805—2008)规定,照度应符合《建筑照明设计标准》(GB 50034—2013)的规定。严禁在有限空间内使用明火照明。

(16)高压喷漆机的接头线,必须完好接地,卡紧装置必须可靠,喷漆高压软管必须无破损、不得扭结,不得用软管拖拉设备,软管的金属接头必须用绝缘胶带妥善包扎,防止软管拖动时与钢板摩擦产生火花。

(17)喷漆室和喷枪应设有避免静电聚积的接地装置。

(18)热喷涂使用的氧气瓶、乙炔气瓶的安全防护应符合 SL 398—2007 第 9 章的有关规定。

(19)热喷涂必须采取必要的通风和个人安全防护措施,防尘、防毒、防辐射和噪声等,以预防职业病的危害。

(20)热喷涂工应定期进行身体检查,发现慢性呼吸道疾病、慢性肝病和慢性肾病病人以及尿蛋白、糖尿增高者应及时调换工种。

二、金属结构安装安全技术

(1)金属结构设备堆放与预组装场地应综合考虑工程施工特性、拼装方案和现场设备起吊能力诸要素,应避免布置在可能发生山洪、泥石流或滑坡等自然灾害的地段和区域。

(2)场内各金属结构设备堆放场和作业区应布局合理,并应有明显标识。办公室、仓库、变电所、各作业场所应有消防和排水设施,人行通道和消防通道应保持畅通,严禁堆放杂物。对于不需要吊车或运输车辆进入的,宜按 0. 8~1 m 宽度预留人行安全通道,对于需要采用移动式汽车吊等手段进行装卸作业的,根据车辆作业宽度预留 8~10 m 宽的通道。

(3)场区应有完整的接地网,建筑物、用电设备、施工钢平台等接地电阻、漏电保护应符合标准规定。

(4)场内除布置通用照明外,夜间作业部位和主要运输道路旁应按规定布置充足的

工作照明设施。

(5)场内作业房应合理布置,各房间应设有单独的配电盘,盘上应有盖板和挂锁及漏电保护装置。房内应备有灭火器,所有施工设备、电气盘柜等危险部位,均应悬挂安全警示标志和安全操作规程,且应接地良好。接地及保护装置应经常检查、测试。

(6)场内风、水、电等临时施工设施,规划布置应符合 SL 714—2015 第 3 章的有关规定。

(7)现场施工用电以及进行焊接、无损检测、防腐、起重吊装等作业的安全防护应符合安全防护规定。

(8)进行高处和交叉作业的,应设置保护平台、安全护栏和安全网。每次作业前应对安全防护设施进行检查,确保符合要求。

(9)金属结构设备安装施工现场必须照明充足,并符合以下要求:

①现场应有足够的光源。

②潮湿部位应选用密闭型防水照明器或配有防水灯头的开启式照明。

③应设有带有自备电源的应急灯等照明器材。

④用电线路宜采用装有漏电保护器的便携式配电箱。

(10)压力钢管安装应符合以下要求:

①配备有联络通信工具。

②洞、井内必须装设示警灯、电铃等。

③斜道内应安装爬梯。

④钢管上的焊接、组装工作平台、挡板、内支撑、扶手、栏杆等应牢固稳定,临空边缘应设有钢防护栏杆或铺设安全网等。

⑤洞内应配备足够的通风、排烟装置,洞内有害烟尘浓度应符合规定要求。

⑥洞内危石应清除干净或有可靠的锚固措施。

⑦配有足够供洞内人员佩戴的安全帽、安全带、绝缘防护鞋等。

⑧压力钢管内壁的焊接、组装工作平台、挡板、内支撑、扶手、栏杆等的拆除作业,应采取防止构件垮塌的安全防护措施。作业人员应站位于可能垮塌覆盖的反方向,安全带不得拴挂在可能垮塌的构件上。

(11)各类埋件、闸门及拦污栅安装应符合以下要求:

①门槽口应设有安全防护栏杆和临时盖板。

②设有牢固的扶梯、爬梯等。

③有防火要求的设备和部位应设置挡板或盖板防护。

④搭设有满足人员、工件、工具等载重要求的工作平台,平台距工作面高度不应超过 1.00 m,平台的周边设有钢防护栏杆。

⑤在临边、孔洞等处作业人员必须拴挂安全带。

⑥用于安装、检查、清理、修复门槽及闸门的载人升降平台或吊篮必须设有安全保险装置,其设计、制造、使用必须符合国家特种设备有关规定。

⑦闸门在拼装时,应有牢靠的防倾覆设施。

⑧闸门下放时,底槛处、门槽口及启闭机室应设专人监护,并配备可靠联络通信工具。

三、启闭机设备安装及调试安全技术

码 5-10　文档：启闭机的种类

（1）进入施工现场的作业人员，必须按规定穿戴、佩戴安全防护用品，严禁穿拖鞋、高跟鞋、易滑硬底鞋或赤脚工作。

（2）施工现场存放的设备、材料应存放整齐、安全可靠。吊装作业区四周应设置明显警示标志，必要时应设专人值守。

（3）门式启闭机、桥式启闭机轨道安装部位的临空面应设置安全防护栏，其下方有其他作业时应设置安全网。高处作业的脚手架、工作平台、临时吊架、过道等应根据有关规范和使用要求进行设计、搭设，使用前应按设计及相关规范进行检查验收。

（4）进行设备连接部位锈蚀处理和保护漆清扫的作业人员应佩戴防护眼镜和防尘口罩。

（5）对液压管件进行酸洗钝化时，作业人员应穿戴防护用品，配置酸、碱溶液的原料应明确标识并妥善保管，酸洗废液应统一回收处理，不得随意排放。

（6）电器、液压设备上方需进行气割和焊接作业的，应先将设备电源切断并对设备使用阻燃物遮护。施工现场应配置消防器材。

（7）门机大梁与门腿组合部位的作业平台应与门腿可靠连接，脚手板、栏杆、安全网应固定牢固，作业人员应佩戴安全帽、安全带。安全带应高挂可靠。

（8）在小车部件吊装之前，门机、桥机大梁上设置的永久安全护栏应及时安装，小车吊装就位的下方应设置安全防护网。小车吊装就位后应及时采取固定措施。

（9）电气设备安装调试工作场所应备有适用于电气、仪表类的灭火器材。

（10）门式启闭机应通过大车轨道水工建筑物接地网可靠连接，电气线路对地绝缘电阻不应小于 0.8 MΩ，潮湿环境中不应小于 0.4 MΩ。

（11）启闭机负荷试验应设专人指挥，试验现场应设警戒线，悬挂警示标志，无关人员不得进入。负荷试验间歇期间，应投入锚定装置。动负荷试验用的配重吊架应进行专项的设计计算。

（12）启闭机安装搭设的脚手架、临时走台、工作平台等在拆除切割时，操作者应站在永久设备上或站在与被割除物无任何联系的构件上，拴挂好安全带，并应设专人进行监护，他人不应进入拆除区。割除的脚手架、临时走台、工作平台等应立即清除干净。如果割除临时安全防护设施不能立即清除干净，应悬挂警示标志，任何人不应攀爬。

知识链接

《工业企业总平面设计规范》（GB 50187—2012）

《建筑物设计防火规范》（GB 50016—2014）

《建筑物防雷设计规范》（GB 50057—2010）

《水利水电工程机电设备安装安全技术规程》（SL 400—2016）

《厂矿道路设计规范》（GBJ 22—1987）

《工业企业厂内铁路、道路运输安全规程》（GB 4387—2008）

《工业企业设计卫生标准》(GBZ 1—2010)

《建筑施工扣件式钢管脚手架安全技术规范》(JGJ 130—2011)

《水利水电工程施工通用安全技术规程》(SL 398—2007)

《氧气站设计规范》(GB 50030—2013)

《低温液体贮运设备　使用安全规则》(JB/T 6898—2015)

《水利水电工程施工作业人员安全操作规程》(SL 401—2007)

《工业探伤放射防护标准》(GBZ 117—2022)

《放射工作人员职业健康管理办法》(国家卫生部)

《电离辐射防护与辐射源安全基本标准》(GB 18871—2002)

《施工现场临时用电安全技术规范》(JGJ 46—2005)

《涂装作业安全规程　涂漆工艺安全及其通风净化》(GB 6514—2008)

《特低电压(ELV)限值》(GB/T 3805—2008)

《建筑照明设计标准》(GB 50034—2013)

《特种设备生产单位落实质量安全主体责任监督管理规定》(国家市场监督管理总局令第 73 号)

《特种设备使用单位落实使用安全主体责任监督管理规定》(国家市场监督管理总局令第 74 号)

《水利水电施工安全防护设施技术规范》(SL 714—2015)

第九节　机电设备安装与调试安全技术

一、电站主机设备安装

(1)机组安装现场应设足够的固定式照明和移动式照明,埋件安装、机坑、廊道和蜗壳内作业应采用安全电压照明,并备有应急灯。

(2)机组安装现场对预留的进人孔、排水孔、吊物孔、放空阀、排水阀、预留管道口等孔洞应加防护栏杆或盖板封闭。

(3)尾水管、肘管、座环、机坑里衬安装时,机坑内应搭设脚手架和安全工作钢平台,平台基础应稳固,并满足承载力要求。固定导叶之间应采取安全绳、安全网等防护措施。

(4)蜗壳安装高度超过 2.00 m 时,内外均应搭设脚手架和工作平台,并应铺设安全通道和护栏。蜗壳外围应设置安全网。

(5)在水轮机室、蜗壳内等密闭场所进行焊接和打磨作业时应配备通风、除尘设施。

(6)尾水管、蜗壳内进行无损检测时,必须设立警戒区域和醒目标识,并搭设脚手架。

(7)尾水管、蜗壳内和水轮机过流面进行环氧砂浆作业时,应有相应的防火、防毒设施并设置安全防护栏杆和警告标志。

(8)水导轴承及主轴密封系统安装、主轴补气系统安装等,均应设置清扫区域和隔离带;配备足量灭火器,设置安全通道,配置安全网和栏杆。

（9）在专用临时棚内焊接分瓣转轮、定子干燥和转子磁极干燥时周围应设安全护栏和防静电、防磁等警告标志，并配有专门的消防设施。

（10）在机坑外组装上下机架、转子叠片，高度超过 2 m 时，上平面四周必须设安全防护栏杆，并设置满足规范要求的上下钢梯或木梯。

（11）发电机下部风洞盖板、机架及风闸基础埋设时，应搭设与水轮机室隔离封闭的钢平台，其承载力必须满足安全作业要求。

（12）机组零部件使用脱漆剂清扫去锈时，作业人员应佩戴防毒口罩和皮手套，进入转轮体内或轴孔内清扫时，应设置通风设施，清扫去锈施工现场还应设临时围栏和消防设施。

（13）在机坑内进行定子组装、铁芯叠装（见图 5-34）和定子下线作业时，应搭设牢固的脚手架、安全工作平台和爬梯。临空面必须设防护栏杆并悬挂安全网，定子上端与发电机层平面应设安全通道和护栏。定子顶端外圈与机坑之间必须敷设安全网。

图 5-34　叠装的定子铁芯

（14）转子铁片堆积时，铁片堆放应整齐、稳固并留有安全通道，转子外围应搭设宽度不小于 1.20 m 的安全工作平台，转子支架上平台之间必须铺满木板或钢板，并设置上下转子的钢梯或木梯。白鹤滩水电站转子吊装见图 5-35。

（15）发电机大轴在机坑外组装拼接时，应搭设安全作业平台，并设置符合要求的上下爬梯。大轴连接面与吊物孔之间应满铺木板或钢板。

（16）上机架吊入基坑后，应设置中心大轴至发电机层平面、转子上平面至发电机层平面的安全通道和防护栏杆。

（17）定子线棒环氧浇灌、定子与转子喷漆以及机组内部喷（刷）漆时，应配备消防、通风、防毒设施，周围应设围栏和警告标志。

图 5-35　白鹤滩水电站转子吊装

(18)辅机管道安装高度超过 2 m 时,应搭设牢固的脚手架或作业平台,并设置上下爬梯。当采用移动式脚手架施工时,应注意采取防倾倒措施。

(19)在厂内油系统安装管道配置、防腐作业时,现场配备足够数量和相应类型的灭火器,管路回装高度超过 2 m 时,应搭设脚手架或作业平台,设置护栏和警示标志。

(20)与安装机组相邻的待安装机组周围必须设安全防护栏杆,并悬挂警告标志。

(21)运行机组与安装机组之间应采用围栏隔离,并悬挂警告标志。

二、电气设备安装

码 5-11　文档:电气设备

电气设备安装应符合下列规定:

(1)施工现场的孔洞、电缆沟应装有嵌入式盖板。

(2)吊物孔周围应设有防护栏杆和地脚挡板。

(3)地下厂房、电缆夹层、竖井、洞室作业,安装时应配备足够的照明。

(4)高处、竖井作业部位搭设操作平台和脚手架,并设有安全防护栏杆、爬梯、安全绳、安全带、安全网等。

(5)上下层交叉作业时,应设置保护平台和安全网。

(6)施工临时用电部位,应设带有漏电保护器的低压配电箱。

主变压器安装应符合以下规定:

(1)滤油现场设置保护网门和安全防护栏杆,配置干粉手提式和小车式灭火器。

(2)滤油现场悬挂“油库重地,严禁烟火”警示牌。

(3)事故油池装有盖板。

(4)主变如果在洞内,油库内应配置防爆灯。

(5)现场应设有通风及消防装置。

(6)主变在厂房内进行顶升作业,在底部安装调整运输轮时,应在变压器底部设置保护支墩。

(7)进入变压器内部作业时,应配置12 V安全行灯和测氧仪。

GIS安装应符合以下要求:

(1)GIS室应配置通风设备。

(2)GIS安装前,应搭设有作业平台和脚手架,平台周围应设有防护栏杆和地脚挡板,并有爬梯。

(3)GIS安装时,应有SF_6气体回收装置和漏气监测装置。

发电机电压设备安装应符合以下要求:

(1)进入封闭母线内部安装、清洁作业时,应配置12 V安全行灯和防护口罩。

(2)母线焊接场地应设有通风设施,并配有足够的防护口罩等个体防护用品。

(3)母线吊装时,应在底层平面设置一定安全范围的安全防护栏杆,并悬挂警示标志,无关人员不得靠近。

(4)焊缝打磨时,作业人员应佩戴护目镜、防护口罩。

在2 m以上敷设电缆应搭设作业平台,脚手架跳板应满铺,作业人员不得以管道、设备等作为敷设通道。

高压试验现场应设围栏,拉安全绳,并悬挂警告标志。高压试验设备外壳应接地良好(含试验仪器),接地电阻不得大于4 Ω。

高层构架上的爬梯应焊接成整体,不得虚架,并设走道板和防护栏杆等。

在带电高压设备附近作业,应有预防感应电击人的防护措施。

蓄电池安装,蓄电池室应设有通风设施,并配有适量相应的灭火器材。

三、机电设备调试

(1)水轮发电机组整个运行区域与施工区域之间必须设安全隔离围栏,在围栏入口处应设专人看守,并挂“非运行人员免进”的标志牌,在高压带电设备上均应挂“高压危险”“请勿合闸”等标志牌。

(2)吊物孔、临时未形成永久盖板的孔洞等应制作临时盖板,盖板强度应满足相应安全要求,运行现场临时通道应牢固、可靠。机组运行检修期间打开盖板时,应设置防护栏杆,并悬挂安全警示标志。

(3)运行现场临时用电部位,应设带有漏电保护器的低压配电箱。

(4)在低压配电设备前后两侧的操作维护通道上,均应铺设绝缘垫。

(5)水轮机层、发电机层、开关室、电缆屋、附属设备等处均应配备足够的消防器材。

(6)厂房运行区域通风系统应完善可靠,在通风不良的部位应增设临时通风设施。GIS设备检修时,应配有六氟化硫气体探测仪。

(7)机组调试过程中,对需要测量机组运行情况的部位应设可靠的临时测量平台和爬梯等。

(8)进入机组内部检查或检修,应采用36 V安全照明行灯。

事故案例分析

一、事故概况

2020 年 7 月 16 日 14 时许,在水源连通工程第一标段隧道开挖衬砌工程进尺 AK1+000.2—AK1+005.5 处,项目部风钻工许某、谭某、龚某 3 人在用风动凿岩机进行施工断面钻孔作业。由许某操纵的风动凿岩机从施工断面掏心槽处沿掌子面下滑退钎杆(钎杆还在转动),准备换眼打掏心槽下方“5 段”放炮孔,龚某、谭某到许某操纵的风动凿岩机旁帮忙扶钎杆,龚某位于钎杆左侧中间位置扶着钎杆、谭某在掌子面准备扶钎杆重新对眼时,钎杆意外钻到掌子面未能看见残孔的盲炮,引发盲炮爆炸,导致 3 人被爆炸产生的飞石击中当场受伤昏迷。14 时 30 分许,轻微伤者许某清醒后发现现场烟雾很大,并有爆炸后刺鼻的炸药气味,他先后摸到龚某和谭某并把他们扶到一边后,就摸着隧道的岩壁往外走,走到离掌子面 200 多 m 的位置才看得清地面,之后又往前走了 100 多 m 看到电工,就叫电工用摩托车载着他到隧道外工棚求救。15 时 30 分许,120 急救中心工作人员赶到现场后确认伤者谭某、龚某系炸药爆炸所致,立即采取急救处理措施后,将伤者分别送至医院进行医治。

二、事故原因

(一)直接原因

2020 年 7 月 16 日 14 时许,项目部风钻工许某、谭某、龚某 3 人在用风动凿岩机进行隧道开挖衬砌工程断面钻孔作业时,意外钻到经爆破后安全检查未被发现的盲炮引发爆炸。这是导致事故发生的直接原因。

(二)间接原因

(1)2020 年 7 月 15 日 17 时 46 分,项目爆破工程承包方××××建设有限公司 3 名爆破人员吴某、吴某、童某在项目第一标段隧道开挖衬砌工程进尺 AK1+000.2—AK1+005.5 处实施导洞和压顶爆破,在爆破后安全检查时,因残炮孔被碎石渣覆盖,未能及时发现和排除盲炮。

(2)隧道开挖衬砌工程参建各方管理不到位;爆破、排渣、测量、钻孔四道主要工序未明确各方安全管理职责,各工序现场状态检查交接走过场,导致盲炮未能及时被发现和排除。

三、事故的性质认定

经调查认定,本事故是一起一般生产安全责任事故。

四、事故责任认定

(一)××××建设有限公司

××××建设有限公司民用爆炸物品安全生产主体责任履行不到位,存在以下问题:

（1）事故现场爆破人员未能按照《爆破安全规程》（GB 6722—2014）第6.8条爆后检查内容要求确认有无盲炮，爆破后安全检查流于形式，在隧道内排渣完毕之后也未进行安全检查，导致未能及时发现和排除盲炮。

（2）未建立健全爆破后末端的安全检查相关制度，未对排渣后，隧道内掌子面及地面、渣场等位置的安全检查和管控进行规范。

（3）未按照《爆破工程分包合同》约定实施钻孔作业，在口头更改合同内容后，未对钻孔施工前掌子面安全情况进行有效管控，导致钻孔作业意外钻到盲炮。

上述行为违反了《民用爆炸物品安全管理条例》第三十八条，对事故的发生负有主要责任，建议由区公安分局依法进行行政处罚。

（二）××××工程局有限公司

××××工程局有限公司安全生产主体责任履职不到位，存在以下问题：

（1）项目隧道开挖衬砌工程安全管理不到位，仅凭微信群"一标施工交流群"进行工程各工序调度和管理，爆破后各工序交接仅以口头或微信形式进行，在明确爆破施工无须爆破监理的情况下，未有效履行《爆破安全技术交底书》中对爆破施工进行全面的检查、监督和协调管理职责。

（2）在事故发生后，未能保护好事故现场，致使事故现场物品被移动，给事故调查带来不利影响。

上述行为违反了《建设工程安全生产管理条例》第二十四条第三款和第五十一条，对事故的发生负有责任，建议由其项目上级主管部门督促整改，并责令向其项目上级主管部门作出深刻检讨。

（三）××××工程管理有限公司

××××工程管理有限公司安全生产监理责任履行不到位，未达到《水库水源连通工程（××水库至××水厂段）施工监理合同书》安全控制要求，存在以下问题：

（1）对施工单位与爆破分包单位履行《爆破分包合同》不到位，钻孔作业无安全监理、安全管理存在漏洞的问题，未制止未报告。

（2）对工程全过程的施工安全监督不到位，隧道开挖衬砌工程爆破后安全管理监督不到位，对施工单位仅凭微信群"一标施工交流群"进行工程各工序调度和管理的问题未制止未报告。

上述行为违反了《建设工程安全生产管理条例》第十四条，对建设工程安全生产负有监理责任，建议由其项目上级主管部门督促整改，并由建设单位按合同约定追究其责任。

（四）整改防范措施

（1）××××建设有限公司作为工程建设的分包单位，对爆破作业工序的管理负总责，要按照《爆破安全规程》（GB 6722—2014）的要求建立健全爆后检查相关制度和规范，细化爆破作业工序各个作业环节内容，尤其是爆破后安全检查和出渣后对掌子面及地面、渣场等位置的安全检查和管控。要加强岗位技术培训，提高爆破作业人员的职业技能，杜绝经验主义。要严格落实合同约定，对于合同内更改的内容要及时签订补充合同，明确责任划分,严格执行合同内容。

(2)××××工程局有限公司作为工程建设的施工单位,是整个建设工程安全生产的直接责任主体,是安全生产的关键,要确实履行《爆破安全技术交底书》中对爆破工程承包方爆破施工进行全面的检查、监督职责,对存在的问题及时发现、及时制止、及时整改,确保施工过程安全、规范、有序。要加强隧洞开挖衬砌工程的安全管理,尤其是施工过程中生产安全的重点部位和环节要重点管理,规范各施工工序调度及各工序交接的程序和内容,定人、定岗、定责,及时做好登记记录。要建立健全安全隐患排查治理制度,明确安全隐患排查内容,如实记录安全隐患排查治理情况,提高安全管理人员发现问题的能力,及时发现并消除事故隐患。

(3)××××工程管理有限公司作为工程建设的监理单位,要切实担负起建设工程安全生产的监理责任,督促施工单位严格履行合同要求,发现安全管理存在漏洞要及时制止和报告。要做好旁站、巡视检查工作,对建设工程实施全过程的安全监督,特别是建设工程各工序交接、调度和管理的关键节点,要及时督促检查,对监理过程中发现的隐患问题要及时督促施工单位整改到位。

(4)工程建设单位,要督促监理单位切实履行监理职责,对施工过程中安全管理存在的问题要及时掌握。要强化自身的安全管理,督促施工单位和分包单位及时消除事故隐患,以防事故的再次发生。

(5)××市水利工程主管单位,要加强对水库水源连通工程(××水库至××水厂段)第一标段项目现场的指导服务工作,定准对策措施,督促逐一落实整改,做到闭环管理,确保各项质量安全生产措施落实到位,切实负起保水利行业平安的政治责任。

知识链接

《爆破安全规程》(GB 6722—2014)

《民用爆炸物品安全管理条例》(国务院令第466号)

《建设工程安全生产管理条例》(国务院令第393号)

课后练习

请扫描二维码,做课后测试题。

码5-12　第五章测试题

第六章 施工机械安全管理

随着水利水电工程施工机械化程度越来越高，机械的种类、数量在不断增加，机械设备逐步成为重要的生产要素。机械设备克服了传统的生产局限，提高了施工作业效率，降低了生产人员的工作强度，也减少了施工作业人员的数量，为生产人员创造了相对安全的环境条件。但是在机械设备的使用与运行过程中，常常存在着诸多的安全隐患，这些安全隐患可能是设备本身、人为因素等造成的。所以在水利水电施工企业的各方面管理中，施工机械设备是重要的安全生产管理对象。通过加强施工机械的安全生产管理在一定程度上可以实现对这些安全隐患的预防与处理，有效提升机械设备的安全性。

第一节　施工机械设备的危害

一、机械设备的危险和危害因素

（一）机械的危害

（1）运动部件的危害。这种危害主要来自机械设备的危险部位，包括：

码 6-1　文档：常见的施工机械安全隐患

①旋转的部件，如旋转的轴、凸块和孔，旋转的连接器、芯轴，以及旋转的刀夹具、风扇叶、飞轮等。

②旋转部件和呈切线运动部件间的咬合处，如动力传输皮带和它的传动轮、链条和链轮等。

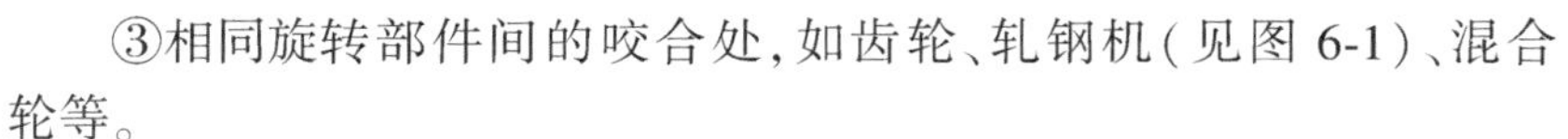

③相同旋转部件间的咬合处，如齿轮、轧钢机（见图 6-1）、混合轮等。

④旋转部件和固定部件间的咬合处，如旋转搅拌机和无保护开口外壳搅拌机装置等。

⑤往复运动或滑动的危险部位，如锻锤的锤体、压力机械的滑块、剪切机的刀刃（见图 6-2）、带锯机边缘的齿等。

⑥旋转部件与滑动件之间的危险，如某些平板印刷机面上的机构、纺织机构等。

（2）静止的危害因素。包括静止的切削刀具与刀刃，突出的机械部件，毛坯、工具和设备的锋利边缘及表面粗糙部分，以及引起滑跌坠落的工作台平面等。

（3）其他危害因素。包括飞出的刀具、夹具、机械部件，飞出的切屑或工件，运转着的加工件打击或绞轧等。

图 6-1　轧钢机

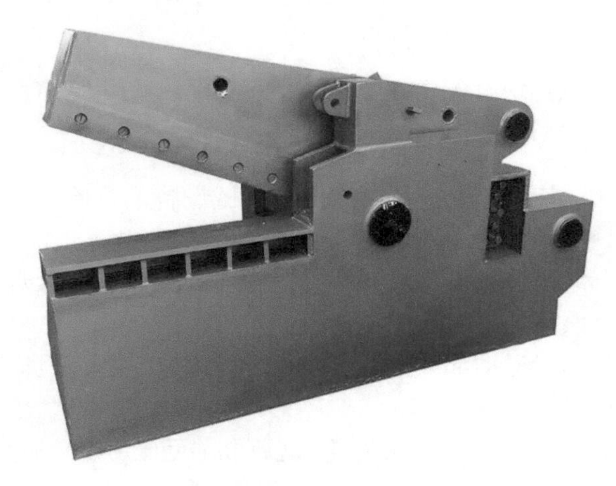

图 6-2　液压剪切机

(二)非机械的危害

(1)电击伤。指采用电气设备作为动力的机械以及机械本身在加工过程中产生的静电引起的危险。

①静电危险如在机械加工过程中产生的有害静电,将引起爆炸、电击伤害事故。

②触电危险如机械电气设备绝缘不良,错误地接线或误操作等原因造成的触电事故。

(2)灼烫和冷危害。如在热加工作业中被高温金属体和加工件灼烫的危险,或与设备的高温表面接触时被灼烫的危险;在深冷处理或与低温金属表面接触时被冻伤的危险。

(3)振动危害。指在机械加工过程中使用振动工具或机械本身产生的振动所引起的危害。按振动作用于人体的方式,可分为全身振动和局部振动。

①全身振动。由振动源通过身体的支持部分将振动传布全身而引起的振动危害。

②局部振动。如在以手接触振动工具的方式进行机械加工时，振动通过振动工具、振动机械或振动工件传向操作者的手和臂，从而给操作者造成振动危害。

(4)噪声危害。指机械加工过程或机械运转过程所产生的噪声而引起的危害。机械引起的噪声包括以下几种：

①机械性噪声。由于机械的撞击、摩擦、转动而产生的噪声，如球磨机、电锯、切削机床在加工过程中发出的噪声。

②电磁性噪声。由于电机中交变力相互作用而发生的噪声，如电动机、变压器等在运转过程中发出的噪声。

③流体动力性噪声。由于气体压力突变或流体流动而产生的噪声，如液压机械、气压机械设备等在运转过程中发出的噪声。

(5)电离辐射危害。指设备内放射性物质、X 射线装置、γ 射线装置等超出国家标准允许剂量的电离辐射危害。

(6)非电离辐射危害。非电离辐射是指紫外线、可见光、红外线、激光和射频辐射等，当超出卫生标准规定剂量时引起的危害。如从高频加热装置中产生的高频电磁波或激光加工设备中产生的强激光等非电磁辐射危害。

(7)化学物危害。指机械设备在加工过程中使用或产生的各种化学物所引起的危害，包括：

①易燃易爆物质的灼伤、火灾和爆炸危险。

②工业毒物的危害是指机械加工设备在加工过程中使用或产生的各种有毒物质引起的危害。工业毒物可能是原料、辅助材料、半成品、成品，也可能是副产品、废弃物、夹杂物，或其中含有毒成分的其他物质。

③酸、碱等化学物质的腐蚀性危害，如在金属的清洗和表面处理时产生的腐蚀性危害。

(8)粉尘危害。指机械设备在生产过程中产生的各种粉尘引起的危害。粉尘来源包括：

①某些物质加热时产生的蒸气在空气中凝结或被氧化所形成的粉尘，如熔炼黄铜时锌蒸气在空气中冷凝、氧化形成氧化锌烟尘。

②固体物质的机械加工或粉碎，如金属的抛光、石墨电极的加工。

③铸造加工中，清砂时或在生产中使用的粉末状物质，在混合、过筛、包装、搬运等操作时产生的以及沉积的粉尘，由于振动或气流的影响再次浮游于空气中的粉尘(二次扬尘)。

④有机物的不完全燃烧，如木材、焦油、煤炭等燃烧时所产生的烟。

⑤焊接作业中，由于焊药分解、金属蒸发所形成的烟尘。

(9)生产环境，指异常的生产环境。

①照明。工作区照度不足，照度均度不够，亮度分布不当，光或色的对比度不当以及存在频闪效应、眩光效应。

②气温。工作区温度过高、过低或急剧变化。

③气流。工作区气流速度过大、过小或急剧变化。

④湿度。工作区湿度过大或过小。

二、危险部位

操作人员易于接近的各种可动零部件都是机械的危险部位，机械加工设备的加工区也是危险部位。常见的危险零部件有以下几种：

(1)旋转轴。

(2)相对传动部件，如啮合的明齿轮。

(3)不连续的旋转零件，如风机叶片、成对带齿滚筒。

(4)皮带与皮带轮，链与链轮。

(5)旋转的砂轮。

(6)活动板和固定板之间靠近时的压板。

(7)往复式冲压工具，如冲头和模具。

(8)带状切割工具，如带锯。

(9)蜗轮和蜗杆。

(10)高速旋转运动部件的表面，如离心机转鼓。

(11)连接杆与链环之间的夹子。

(12)旋转的刀具、刃具。

(13)旋转的曲轴和曲柄。

(14)旋转运动部件的凸出物，如键、定位螺丝。

(15)旋转的搅拌机、搅拌翅。

(16)带尖角、锐边或利棱的零部件。

(17)锋利的工具。

(18)带有危险表面的旋转圆筒，如脱粒机。

(19)运动皮带上的金属接头(皮带扣)。

(20)飞轮。

(21)联轴节上的固定螺丝。

(22)过热过冷的表面。

(23)电动工具的把柄。

(24)设备表面上的毛刺、尖角、利棱、凹凸。

(25)机械加工设备的工作区。

第二节　起重机械安全技术

一、钢丝绳

(一)钢丝绳的分类

按钢丝的接触状态分类，钢丝绳可分为点接触、线接触和面接触。钢丝绳见图6-3。

图 6-3　钢丝绳

(二)钢丝绳安全要求

钢丝绳安全要求应符合以下规定：

(1)起重机械用的钢丝绳应符合《起重机设计规范》(GB/T 3811—2008)的规定,并必须有产品检验合格证。

(2)钢丝绳的安全系数,不应小于表 6-1 规定的要求。

表 6-1　钢丝绳安全系数

<table>
<tr><th>起重机类型</th><th colspan="2">特性和使用范围</th><th>钢丝绳最小安全系数</th></tr>
<tr><td rowspan="4">桅杆式起重机、自行式起重机及其他类型的起重机和卷扬机</td><td colspan="2">手传动</td><td>4.5</td></tr>
<tr><td rowspan="3">机械传动</td><td>轻型</td><td>5</td></tr>
<tr><td>中型</td><td>5.5</td></tr>
<tr><td>重型</td><td>6</td></tr>
<tr><td>1 t 以下手动卷扬机</td><td colspan="2"></td><td>4</td></tr>
<tr><td>缆索式起重机</td><td colspan="2">承担重量的钢丝绳</td><td>3.5</td></tr>
<tr><td rowspan="3">各种用途的钢丝绳</td><td colspan="2">运输热金属、易燃物、易爆物</td><td>6</td></tr>
<tr><td colspan="2">拖拉绳(缆风绳)</td><td>3.5</td></tr>
<tr><td colspan="2">载人的升降机、吊篮绳</td><td>14</td></tr>
</table>

钢丝绳端部固定和连接应符合下列安全要求：

①用绳夹连接时,应满足 GB 6067.1—2010 的要求,同时应保证连接强度不小于钢丝绳破断拉力的 85%。

②用编结连接时,编结长度不应小于钢丝直径的 15 倍,并且不得小于 30 mm。连接强度不得小于钢丝绳破断拉力的 75%。

③用楔块、楔套连接时,楔套应用钢材制造。连接强度不得小于钢丝绳破断拉力的 75%。

④用锥形套浇铸法连接时,连接强度应达到钢丝绳的最小破断拉力。

⑤用铝合金套压缩法连接时,应用可靠的工艺方法使铝合金套与钢丝绳紧密牢固地贴合,连接强度应达到钢丝绳最小破断拉力的 90%。

⑥用压板固接时,固接强度应达到钢丝绳的破断拉力。

钢丝绳不允许接长使用。钢丝绳被压产生永久变形或打结变形后,不允许使用。

(3)当同一载荷由多根钢丝绳支撑时,应设有各根钢丝绳受力的均衡装置。

(4)当起升高度大于 40 m,宜采用不旋转、无松散倾向的钢丝绳;如采用其他钢丝绳,应有防止吊具旋转的措施。

(5)新更换的钢丝绳应满足原设计要求;新装或更换钢丝绳时,从卷轴或钢丝卷上抽出钢丝绳应注意防止钢丝绳打环、扭结、弯折或沾上杂物;截取钢丝绳应在截取两端处用细钢丝扎结牢固,防止切断后绳股松散。

(三)钢丝绳的报废标准

各种起重机钢丝绳报废按《起重机　钢丝绳　保养、维护、检验和报废》(GB/T 5972—2023)附录 C 的规定执行。

二、吊钩

吊钩是起重机械的主要组成部分,它除承受物体的重量外,还要承受起升与制动时产生的冲击荷载,所以吊钩材料应具有较高的机械强度与冲击韧性。常用的吊钩有单钩和双钩两种,均应符合下列要求:

(1)吊钩应有制造单位的合格证等技术证明文件,方可投入使用。使用中,应按规定进行检查维修和报废。

(2)起重机械不得使用铸造的吊钩。

(3)吊钩应设有防止脱钩的机械装置,有水下作业要求的吊钩装置的下滑轮应有防水保护装置。

(4)吊钩表面应光洁,无剥裂、锐角、毛刺、裂纹等。

(5)吊钩上的缺陷禁止补焊。

(6)吊钩的零部件有下列情况之一时,应报废:

①板钩心轴磨损量达到其直径的 5%,应报废心轴。

②板钩衬套磨损达原尺寸的 50%时,应更换衬套。

(7)吊钩出现下列情况之一时,应报废:

①裂纹。

②危险断面磨损达原尺寸的 10%。

③开口度比原尺寸增加 15%。

④扭转变形超过 10°。

⑤危险断面或吊钩颈部产生塑性变形。

⑥吊钩螺纹被腐蚀。

起重机吊钩见图 6-4。

三、起重机械安全装置

(一)起重量限制器

(1)起重机应安装起重量限制器。起重量限制装置的数值显示综合误差应为实际值的±5%。

(2)当实际起重量超过 95%额定起重量时,起重量限制器宜发出警示性报警信号。

(3)当实际起重量为 100%~110%的额定起重量时,起重量限制器应自动切断上升方向的动力源并报警,但应允许机构做安全方向的运动。

起重量限制器见图 6-5。

图 6-4 起重机吊钩

图 6-5 起重量限制器

(二)起重力矩限制器

(1)额定起重量随工作幅度变化的起重机,应装设起重力矩限制器。起重力矩限制装置的数值限制综合误差应为实际值的±5%。

(2)当实际起重量超过实际幅度对应的 95%起重量额定值时,起重力矩限制器应发出报警信号。

(3)当实际起重量超过实际幅度对应的额定值但小于 110%额定值时,起重力矩限制器应自动切断不安全方向(上升、幅度增大、臂架外伸或这些动作的组合)的动力源,但应允许机构做安全方向的运动。

起重力矩限制器见图6-6。

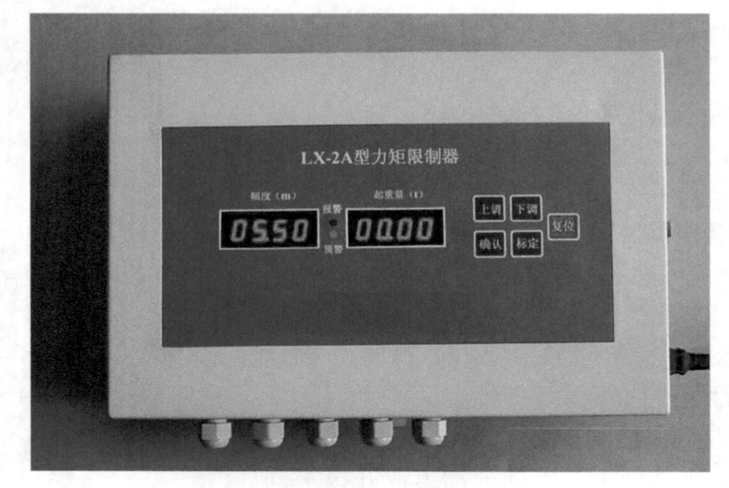

图6-6 起重力矩限制器

（三）极限位置限制器

（1）应设置两套不同工作原理的上升极限位置限制器，当吊具起升到上极限位置时，自动切断起升的动力源；对液压起升机构，应同时给出禁止性报警信号。

（2）应设置下降极限位置限制器，当吊具下降到下极限位置时，自动切断下降的动力源。

（3）应设置大、小车运行极限位置限制器，当运行机构运行到极限位置时，自动切断前进的动力源并停止运行。

极限位置限制器见图6-7。

图6-7 极限位置限制器

（四）安全钩、防后倾装置和回转锁定装置

（1）安全钩。单主梁起重机，由于起吊重物是在主梁的一侧进行，重物等对小车产生一个倾翻力矩，由垂直反轨轮或水平反轨轮产生的抗倾翻力矩使小车保持平衡。但只靠这种方式不能保证在风灾、意外冲击、车轮破碎、检修等情况时的安全，因此这种类型的起重机应安装安全钩。安全钩根据小车和轨轮形式的不同，也设计成不同的结构。

（2）防后倾装置。用柔性钢丝绳牵引吊臂进行变幅的起重机，当遇到突然卸载等情况时，会产生使吊臂后倾的力，从而造成吊臂超过最小幅度，发生吊臂后倾的事故。流动式起重机和动臂式塔式起重机应安装防后倾装置。

（3）回转锁定装置。臂架起重机处于运输、行驶或非工作状态时，锁住回转部分，使之不能转动的装置。常见的有机械锁定器和液压锁定器两种。

(五)夹轨器及锚定装置

(1)对露天工作的轨道式起重机,应安装可靠的防风夹轨器或锚定装置,应能各自独立承受非工作状态下的最大风力而不被吹动。

(2)夹轨器的防爬作用应由本身构件的重力的自锁条件或弹簧作用来实现;夹轨器动作时间应滞后于运行机构的制动时间,以消除起重机可能产生的剧烈颤动。

(3)运行在弧形轨道上的起重机,夹轨器应采取防卡轨措施,使起重机能顺利通过轨道。

(4)采用手工操作的夹轨器最大操作力不得大于 200 N。

液压夹轨器如图 6-8 所示。

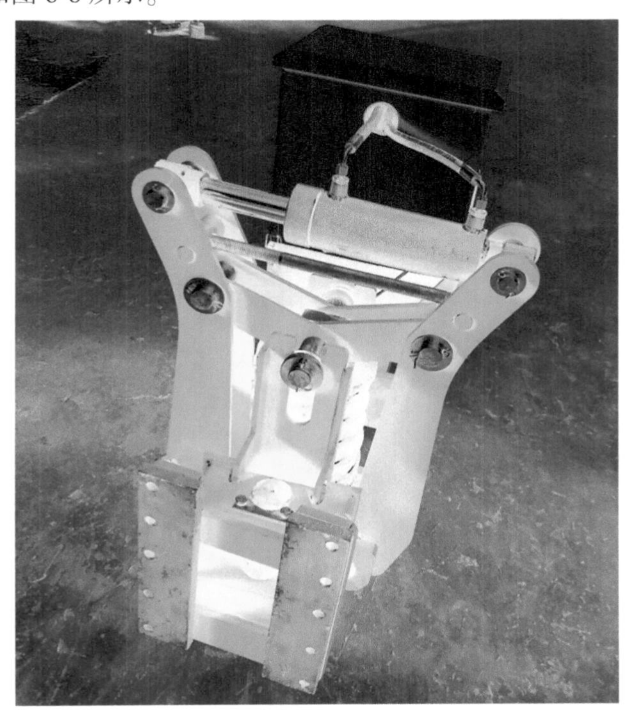

图 6-8　液压夹轨器

(六)防撞装置

相邻两台起重机或起重小车运行在同一轨道上时,应装设防撞装置。在发生碰撞的任何情况下,起重机司机室内的加速度绝对值不应大于 5 m/s^2。

(七)危险电压报警器

臂架型起重机在输电线路附近作业时,由于操作不当,臂架、钢丝绳等过于接近甚至碰触电线,都会造成感应电或触电事故,安装危险电压报警器可有效防止这类事故。

四、塔式起重机

塔式起重机属于一种非连续性搬运机械,在高层建筑施工中其幅度利用率比其他类型起重机高,如图 6-9 所示。由于塔式起重机能靠近建筑物,其幅度利用率可达全幅度的

80%,而且随着建筑物高度的增加还会急剧地减少。塔式起重机可以将构件、设备或其他重物、材料准确地吊运到建筑物的任一作业面,吊运的方式、速度优于其他起重设备,各类物体均能便捷地吊装就位,优势明显。

码 6-2　文档:塔式起重机的分类

(一)安装、顶升、附着和拆卸工程专项施工方案的编制

塔式起重机安装、拆卸前应编制专项施工方案。专项施工方案应根据塔式起重机使用说明书和作业场地的实际情况编制,并按照国家现行相关标准及住房和城乡建设主管部门的有关规定实施。专项施工方案应由本单位技术、安全、设备等部门审核,技术负责人审批后,经监理单位批准实施。

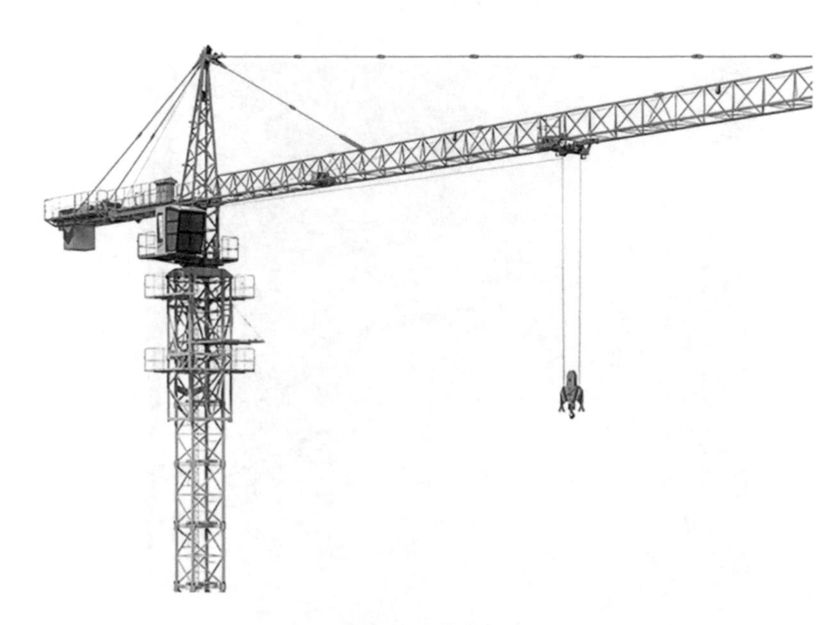

图 6-9　塔式起重机

塔式起重机安装专项施工方案应包括以下内容:工程概况,安装位置平面和立面图,所选用的塔式起重机型号及性能技术参数,基础和附着装置的设置,爬升工况及附着点详图,安装顺序和安全质量要求,主要安装部件的质量和吊点位置,安装辅助设备的型号、性能及布置位置,电源的位置,施工人员配置,吊索具和专用工具的配备,安装工艺顺序,安全装置的调试,重大危险源和安全技术措施,应急预案等。塔式起重机在使用过程中需要附着的,也应制订相应的附着专项施工方案,并由使用单位委托原安装单位或者具有相应资质的安装单位按照专项施工方案实施,并按规定组织验收。验收合格后,方可投入使用。

专项施工方案实施前,应按照规定组织安全施工技术交底并签字确认,同时将专项施工方案、安装拆卸人员名单、安装拆卸时间等资料报施工总承包单位和监理单位审核合格后,告知工程所在地县级以上地方人民政府建设主管部门。

（二）塔式起重机的安装

1. 安装准备工作

（1）安装施工技术交底。交底应具体且具有针对性，应有书面记录，并写明交底时间、交底人，所有接受交底的人员均应签字，不得代签；对其他人员的交底也应有记录和签字；交底书应在作业前交相关部门存档备查。交底内容应包含参加安装作业的人员、工种及责任，所使用起重设备的起重能力和特点，作业环境，安全操作规程，注意事项以及防护措施。

（2）检查安装场地及施工现场环境条件。塔式起重机进场安装前，应对施工现场的环境条件进行勘察确认，如不符合安装条件不得进行施工作业。

环境要求：安装现场道路必须便于进出运输车辆，有满足安装要求的平整场地堆放塔式起重机。安装用汽车起重机或履带起重机等辅助机械的施工范围内，不得有妨碍安装的构筑物、建筑物、高压线以及其他设施或设备。安装用辅助机械的站位基础必须满足吊装要求，基础下不得有空洞、基穴、沟槽等不实结构，基础承载力必须满足要求。

气候要求：夏季安装应注意防雨、防雷，秋季应考虑霜冻及大雾影响，冬季应考虑下雪及强风影响，恶劣天气严禁作业；雨雪过后，请及时清理，做好防滑措施。

由于塔式起重机的性能不同，应严格执行安装使用说明书的相关要求。不同施工位置的要求：基坑边安装应注意边坡的稳定性及承载力，应计算其是否符合要求；基坑下安装应注意坡道稳定性及承载力，坡道不宜太陡，应便于运输车辆及安装用吊车的进出，以免出现塌方、滑坡等现象；当在地下室顶板、栈桥或屋顶上站位时应核算承载力，必要时进行加固处理；当在桩基础、格构柱基础上的混凝土承台或钢承台上安装时，必须验算桩及格构柱承载力，格构柱被挖露出地面时应及时加固处理；安装工地应具备能量足够的电源，并须配备一个专用电源箱。

（3）检查安装工具设备及安全防护用具。安装前应仔细检查安装工具、设备及安全防护用品（包括辅助机具如汽车起重机，辅助工具如绳索、卡环，安全防护用具等）的可靠性，确保无任何问题方可开始施工。

2. 塔式起重机的安装流程

（1）基础的制作与安装。安装前应检查塔式起重机的基础条件是否达到说明书规定的要求，固定式塔式起重机应检查预埋结构件顶部的水平度。基础构造见图6-10。

（2）塔身安装（见图6-11）。使用辅助安装设备（汽车起重机或履带起重机）安装标准节。

（3）顶升套架安装。使用辅助安装设备安装顶升套架，之后吊装液压系统。

（4）回转支承安装。安装回转支承和回转机构，因回转部分是安装过程中起重量最大的环节，在吊装前应核实辅助起重设备的起重能力是否满足要求，在吊装过程中应密切观察辅助起重设备支腿的变化情况。建议在正式吊装前进行试吊装。

（5）塔司节和司机室安装。

（6）平衡臂安装。平衡臂吊装结束后，应根据说明书的要求在平衡重的安装位置安放必要的平衡重。

（7）塔尖安装。

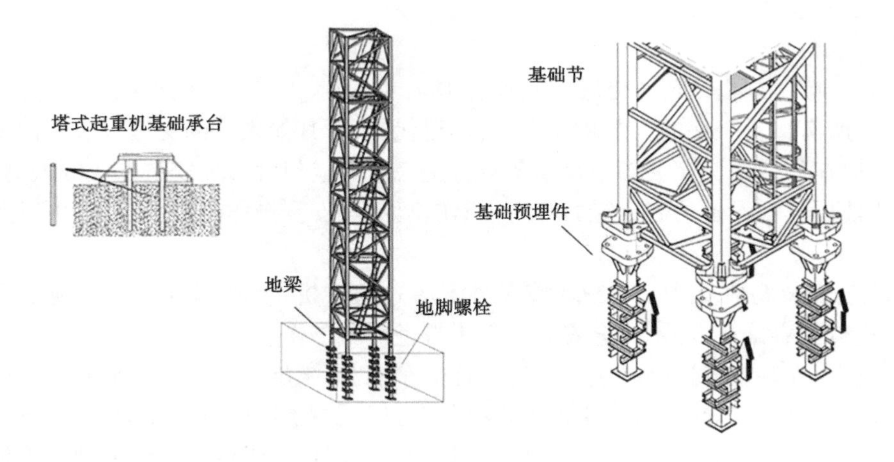

图 6-10 塔式起重机基础构造

图 6-11 塔式起重机塔身安装

(8)起重臂安装。起重臂安装前应在地面进行拼装,并安装变幅小车。因起重臂较长,在吊装前应选择合适的吊点位置,并将辅助起重设备停放在符合起重能力的位置。在正式吊装前应进行试吊装,检查是否平衡、辅助起重设备支车位置的情况。

(9)钢丝绳和电气装置安装。

(10)调试。

3.塔式起重机的顶升

塔式起重机的顶升应严格遵守产品说明书的相关要求,在顶升操作前应检查液压系统的完好性和液压油是否变质。在顶升操作过程中不得随意拆卸液压元器件。

(1)顶升前的准备。应在顶升时起重臂的正下方准备好顶升用的标准节,并选择好配平用的重物。

(2)顶升系统试运转:应在顶升油缸的全行程进行试运转。

(3)将待顶升的标准节安放到引进梁(或平台)上。

(4)吊起配平用的重物,调整变幅小车的位置找到平衡点(检查顶升套架靠轮的间隙是否符合要求)。

(5)根据说明书的要求进行顶升作业。

塔式起重机的顶升见图6-12。

图6-12　塔式起重机的顶升

4.塔式起重机的验收

塔式起重机安装完成后,应进行的验收程序如下:

(1)安装单位自检。安装单位安装完成后,应及时组织单位的技术人员、安全人员、安装组长对塔式起重机进行验收。验收内容包括:塔式起重机安装方案及交底、基础资料、金属结构、运转机构(起升、变幅、回转、行走)、安全装置、电气系统、绳轮钩部件。检查内容可参见《建筑施工塔式起重机安装、使用、拆卸安全技术规程》(JGJ 196—2010)中的附录A。

(2)委托第三方检验机构进行检验。需要注意的是,检测单位完成检测后,出具的检测报告是整机合格,其中可能会有一些一般项目不合格;设备供应方应对不合格项目进行整改,并出具整改报告。

(3)资料审核。施工单位对上述资料原件进行审核,审核通过后,留存加盖单位公章

的复印件，并报监理单位审核。监理单位审核完成后，施工单位组织设备验收。

(4)组织验收。施工单位组织设备供应方、安装单位、使用单位、监理单位对塔式起重机联合验收。实行施工总承包的，由施工总承包单位组织验收。

5. 验收完成后的使用登记

塔式起重机安装验收合格之日起30日内，施工单位应向工程所在地县级以上地方人民政府建设主管部门办理建筑起重机械使用登记。

(三)塔式起重机的使用

(1)当塔式起重机的制造单位未作特殊申明时，应能在以下条件下安全正常使用：

①工作环境温度为-20～+40 ℃。

②安装架设时塔式起重机顶部3 s时平均瞬时风速不大于12 m/s，工作状态时不大于20 m/s，非工作状态时风压按《塔式起重机设计规范》(GB/T 13752—2017)的规定。

③无易燃和(或)易爆气体、粉等非危险场所。

④海拔高度1 000 m以下。

⑤工作电源符合《机械电气安全　机械电气设备　第32部分：起重机械技术条件》(GB/T 5226.32—2017)的规定。

⑥塔式起重机基础符合产品使用说明书中的规定。

⑦使用工作级别不高于产品使用说明书的规定。

(2)塔式起重机起重司机、起重信号工等操作人员应取得特种作业人员资格证书，严禁无证上岗。塔式起重机使用前，应对起重司机、起重信号工等作业人员进行安全技术交底。

(3)塔式起重机的安全操作要求：

①塔式起重机的起重力矩限制器、起重量限制器、幅度限位器、行走限位器、起升高度限位器等安全保护装置不得随意调整和拆除，严禁用限位装置代替操纵机构。安全装置有失灵时，不得进行吊装作业。

②塔式起重机进行回转、变幅、行走、起吊动作前应示意警示。起吊时应统一指挥，明确指挥信号；当指挥信号不清楚时，不得起吊。

③塔式起重机起吊作业前，应按规程的要求对吊具与索具进行检查，确认合格后方可进行吊装作业；吊具与索具不符合相关规定的，不得用于起吊作业。当吊物与地面或其他物件之间存在吸附力或摩擦力而未采取处理措施时，不得起吊。

④作业中遇突发故障，应采取措施将吊物降落到安全地点，严禁吊物长时间悬挂在空中。

⑤塔式起重机不得起吊重量超过额定载荷的吊物，并不得起吊重量不明的吊物。在吊物荷载达到额定载荷的90%时，应先将吊物吊离地面200～500 mm后检查机械状况制动性能、物件绑扎情况等，确认无误后方可起吊。对有晃动的物件，必须拴拉溜绳使之稳固。

⑥物件起吊时应绑扎牢固，不得在吊物上堆放或悬挂其他物件；零星材料起吊时必须用吊笼或钢丝绳绑扎牢固。当吊物上站人时不得起吊。

⑦标有绑扎位置或记号的物件，应按标明位置绑扎。钢丝绳与物件的夹角宜为45°～

60°,且不得小于30°。吊索与吊物棱角之间应有防护措施;未采取防护措施的,不得起吊。

⑧作业完毕后,应松开回转制动器,各部件应置于非工作状态,控制开关应置于零位,并应切断总电源。移动式塔式起重机停止作业时,应锁紧夹轨器。

⑨塔式起重机使用高度超过30 m时应配置障碍灯,起重臂根部铰高度超过50 m时应配备风速仪。

⑩每班作业应做好例行保养,并应做好记录。记录的主要内容应包括结构件外观安全装置、传动机构、连接件、制动器、索具、夹具、吊钩、滑轮、钢丝绳、液位、油位、油压、电源、电压等。

(4)塔式起重机的检查与维护保养要求:

①应执行交接班制度,认真填写交接班记录,接班司机经检查确认无误后,方可开机作业。

②重要部件和安全装置等应进行经常性检查,每月不得少于一次,并应留有记录,发现有安全隐患时应及时进行整改。

③使用过程中塔式起重机发生故障时,应及时维修,维修期间应停止作业。

④修理后应对维修部位进行检查和试运转,确认无误后方可作业。

五、施工升降机

施工升降机是平台、吊笼或其他载人、载物装置沿刚性导轨可上下运行的施工机械,如图6-13所示。它可以非常方便地自行安装和拆卸,并可随着建筑物的增高而增高。

(一)施工升降机的安装作业程序

1. 安全施工技术交底

交底要求:交底应具体且具有针对性,应有书面记录,并写明交底时间、交底人,所有接受交底的人员均应签字,不得代签;对其他人员的交底也应有记录和签字;交底书应在作业前交相关部门存档备查。

交底内容:参加安装作业的人员、工种及责任,所使用起重设备的起重能力和特点,作业环境,安全操作规程,注意事项以及防护措施。

2. 检查安装场地及施工现场环境条件

进场安装前,应对施工现场的环境条件进行勘察确认,如不符合安装条件,不得进行施工作业。

环境要求:安装现场道路必须便于进出运输车辆,有满足安装要求的平整场地堆放施工升降机。安装用辅助机械的施工范围内,不得有妨碍安装的构筑物、建筑物、高压线以及其他设施或设备。安装用辅助机械的站位基础必须满足吊装要求,基础下不得有空洞、墓穴、沟槽等不实结构,基础承载力必须满足要求。

气候要求:夏季安装应注意防雨、防雷,秋季应考虑霜冻及大雾影响,冬季应考虑下雪及强风影响,恶劣天气严禁作业;雨雪过后,应及时清理,做好防滑措施。由于施工升降机的性能不同,应严格执行安装使用说明书的相关要求。根据现场情况,按有关技术文件的要求,确定附墙架与建筑物连接方案,准备好预埋件或固定件;按有关标准及技术要求,制

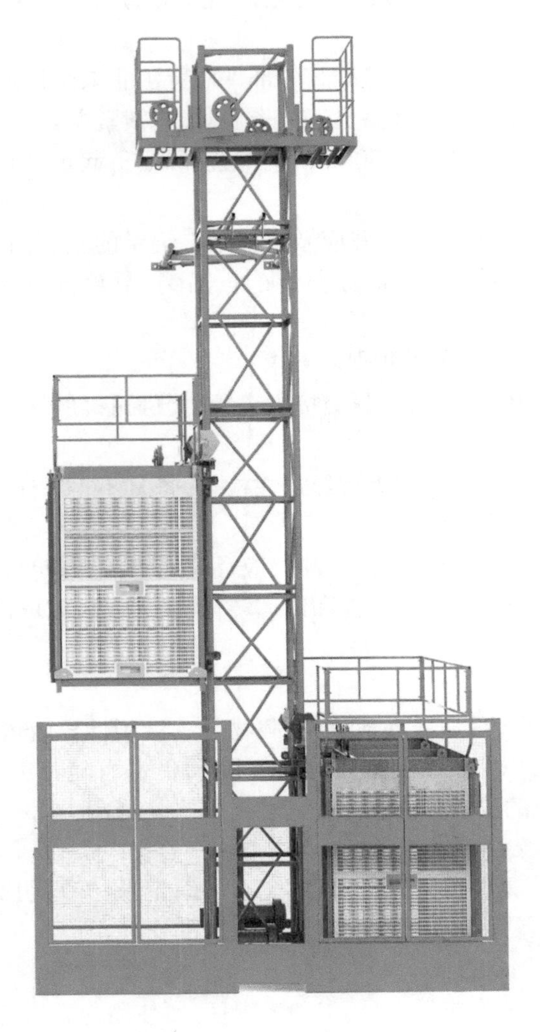

图 6-13　施工升降机

作站台层门、过桥板、安全栏杆等。

安装工地应具备能量足够的电源，并须配备一个专供升降机使用的电源箱，每个吊笼均应由一个开关控制，供电熔断器的电流参见施工升降机安装、拆卸工程专项施工方案。

3. 检查安装工具设备及安全防护用具

安装前应仔细检查安装工具、设备及安全防护用品（包括辅助机具，如汽车；起重机辅助工具，如绳索、卡环；安全防护用具等）的可靠性，确保无任何问题方可开始施工。

4. 双笼不带对重升降机的安装程序

（1）将基础表面清扫干净后安装底盘，然后安装 1 个基础节和 2 个标准节，并将左右两吊笼下的吊笼缓冲弹簧安装到位。

（2）安装吊笼：

①用起重设备将左吊笼吊起就位，并安装左吊笼的传动小车。

②将左吊笼的传动小车与左吊笼的连接耳板对好后,穿入传感器销轴,并将止动槽向上,装上固定板。将左吊笼的传动小车的制动器复位。

③采用同样方法安装右吊笼并连接传动板。

④安装左、右吊笼的笼顶安全围栏。

⑤继续安装标准节和附着至需要高度,紧固所有标准节螺栓。注意附着架间距应≤7.5 m,最高一个附着架以上的悬臂高度≤9 m。

(3)左、右吊笼电机分别通电试运行。要求升降机启、制动平稳,无异常声音。齿轮与齿条的啮合间隙应保证0.2~0.5 mm。导轮与条背面的间隙为0.5 mm。各个滚轮与标准节立管的间隙为0.5 mm。

(4)安装调试。

5.施工升降机的接高

(1)接高前检查:检查吊装用辅具和安装工具是否齐全。检查防冲顶开关是否正常。采用升降机自备的吊杆安装,则应检查吊杆及与吊杆配套的标准节专用吊具是否完好。标准节不应有明显变形或严重锈蚀,焊缝不应有明显缺陷,立管、齿条等不应严重磨损。

(2)不带对重升降机的接高程序:

①拆掉防冲顶机械装置、上限位碰铁和上极限碰铁。

②若采用升降机自备的吊杆安装,先将吊杆放入吊笼顶部的安装孔内,电动吊杆还应接好电源,即可使用(若利用现场的起重设备,如塔式起重机等安装导轨架,可先将4~6节标准节在地面上连成一组,然后吊上导轨架)。

③用标准节吊具钩住一标准节,带锥套的一端向下将标准节吊至吊笼顶部并放稳。

④启动升降机,当吊笼升至接近导轨架顶部时,应点动至传动小车顶部距导轨架顶部大约为300 mm时停止。

⑤用吊杆吊起标准节,对准下面标准节立管和齿条上的销孔放下吊钩,用螺栓紧固。

⑥松开吊钩,将吊杆转回。

按使用说明书规定的拧紧力矩紧固全部标准节螺栓。按上述方法将标准节依次相连直至达到所需高度。随着导轨架的不断加高,应同时安装附墙架,并检查导轨架的垂直度。每安装1道附墙架,按表6-2检查并调整导轨架的垂直度。

表6-2 导轨架垂直度允许偏差

导轨架架设高度(h)/m	≤70	70~100	100~150	150~200	>200
允许偏差/mm	不大于导轨架架设高度的1%	70	90	110	130

6.施工升降机附着的安装

(1)附着前检查。吊装用辅具和安装工具是否齐全。

(2)附着程序。根据工地现场的实际情况,附墙架有多种型号,可按照升降机使用说明书的要求,安装对应型号的附墙架。以下附着程序以工地最常用的I型附墙架为例:

①在导轨架上安装两件臂,用螺栓紧固。

②将安装座与建筑物连接。

③将两根支撑管与安装座连接。

④用螺栓及销子将其余部分连接起来,按表 6-2 的要求检测并调整导轨架的垂直度。

⑤紧固所有螺栓,慢慢启动升降机,确保吊笼及对重不与附墙架相碰。

7. 施工升降机的验收

施工升降机安装完成后,应进行的验收程序如下:

(1)安装单位自检。安装单位安装完成后,应及时组织单位的技术人员、安全人员、安装组长对施工升降机进行验收。验收内容包括:施工升降机安装方案及交底、基础资料、金属结构、运转机构、安全装置、电气系统、绳轮钩部件。检查内容可参见《建筑施工升降机安装、使用、拆卸安全技术规程》(JGJ 215—2010)中附录 B 的要求。

(2)委托第三方检验机构进行检验。需要注意的是,检测单位完成检测后,出具的检测报告是整机合格,其中可能会有一些一般项目不合格;设备供应方应对不合格项目进行整改,并出具整改报告。

(3)资料审核。施工单位对上述资料原件进行审核,审核通过后,留存加盖单位公章的复印件,并报监理单位审核。监理单位审核完成后,施工单位组织设备验收。

(4)组织验收。施工单位组织设备供应方、安装单位、使用单位、监理单位对施工升降机联合验收。实行施工总承包的,由施工总承包单位组织验收。

8. 验收完成后的使用登记

施工升降机安装验收合格之日起 30 日内,施工单位应向工程所在地县级以上地方人民政府建设主管部门办理建筑起重机械使用登记。

(二)施工升降机的安全使用

施工升降机的司机必须经专门安全技术培训,考试合格,持证上岗。严禁酒后作业。

每班首次运行时,必须空载及满载运行,梯笼升离地面 1 m 左右停车,检查制动器灵敏性,然后继续上行楼层平台,检查安全防护门、上限位、前后门限位,确认正常方可投入运行。

运行至最上层和最下层时仍应操纵按钮,严禁以行程限位开关自动碰撞的方法停机。

作业后,将梯笼降到底层,各控制开关扳至零位,切断电源,锁好闸箱和梯门。

梯笼乘人、载物时必须使载荷均匀分布,严禁超载作业。

楼层平台安全防护门必须向内开启设计,乘坐人员卸货后必须插好安全防护门。

乘坐人员不得在梯笼运行过程中将手指或杂物从梯笼门缝隙伸到外边。

安全吊杆有悬挂物时不得开动梯笼。

六、物料提升机

物料提升机是指起重量在 2 000 kg 以下,以卷扬机为动力,以底架、立柱及天梁为架体,以钢丝绳为传动,以吊笼(吊篮)为工作装置,在架体上装设滑轮、导轨、导靴、吊笼、安全装置等和卷扬机配套构成的完整的垂直运输体系,如图 6-14 所示。

(一)物料提升机的安装与拆卸

1. 安装前的准备

根据施工要求和场地条件,并综合考虑发挥物料提升机的工作能力,合理确定安装位置。

做好安装的组织工作。包括安装作业人员的配备,高处作业人员必须具备高处作业的业务素质和身体条件。

按照说明书的基础图制作基础。

基础养护期应不少于 7 d,基础周边 5 m 内不得挖排水沟。

2. 安装前的检查

检查基础的尺寸是否正确,地脚螺栓的长度、结构、规格是否正确,混凝土的养护是否达到规定期,水平度是否达到要求(用水平仪进行验证)。

检查提升卷扬机是否完好,地锚拉力是否达到要求,刹车开、闭是否可靠,电压是否在 380 V×(1±5%)之内,电机转向是否合乎要求。

检查钢丝绳是否完好,与卷扬机的固定是否可靠,特别要检查全部架体达到规定高度时,在全部钢丝绳输出后,钢丝绳长度是否能在卷筒上保持至少 3 圈。

检查各标准节是否完好,导轨、导轨螺栓是否齐全、完好,各种螺栓是否齐全、有效,特别是用于紧固标准节的高强度螺栓数量是否充足;各种滑轮是否齐备,有无破损。检查吊笼是否完整,焊缝是否有裂纹,底盘是否牢固,顶棚是否安全。

图 6-14　物料提升机

断绳保护装置、载重量限制装置等安全保护装置应事先进行检查,确保安全、灵敏、可靠无误。

3. 安装与拆卸

井架式物料提升机的安装,一般按以下顺序:将底架按要求就位→将第一节标准节安装于标准节底架上→提升抱杆→安装卷扬机→利用卷扬机和抱杆安装标准节→安装导轨架→安装吊笼→穿绕起升钢丝绳→安装安全保护装置。物料提升机的拆卸,按安装架设的反程序进行。

(二)物料提升机的验收

物料提升机安装完成后,应进行的验收程序如下:

(1)安装单位自检。安装单位安装完成后,应及时组织单位的技术人员、安全人员、安装组长对物料提升机进行验收。验收内容包括:物料提升机安装方案及交底、基础资料、金属结构、运转机构、安全装置、电气系统。

(2)委托第三方检验机构进行检验。需要注意的是,检测单位完成检测后,出具的检测报告是整机合格，其中可能会有一些一般项目不合格；设备供应方应对不合格项目进行整改，并出具整改报告，最好采用图文的形式，以保证整改的真实性。

（3）资料审核。施工单位对上述资料原件进行审核，审核通过后，留存加盖单位公章的复印件，并报监理单位审核。监理单位审核完成后，施工单位组织设备验收。

（4）组织验收。施工单位组织设备供应方、安装单位、使用单位、监理单位对物料提升机联合验收。实行施工总承包的，由施工总承包单位组织验收。

（5）验收完成后应进行使用登记。施工升降机安装验收合格之日起30内，施工单位应向工程所在地县级以上地方人民政府建设主管部门办理建筑起重机械使用登记。

七、汽车起重机

汽车起重机是起重作业部分安装在专用汽车起重机底盘或通用货车底盘上的起重机（见图6-15），具有载重汽车的行驶性能，可快速转移到作业场地并快速投入工作。特别适用于流动性大、不固定的作业场地。汽车起重机主要分成两大部分：底盘部分和起重机部分，又称上、下车。汽车起重机底盘的作用是保证起重机具有行驶功能，能使起重机实现快速的远距离转移。底盘可分为专用底盘和通用底盘两大类：通用底盘只适用于小吨位的起重机；专用底盘与通用底盘的最主要区别在于车架。前者是专用的能安装回转支撑的车架，其特点不仅是承载能力大，而且具有极强的抗扭曲功能；而通用底盘则只有在其原底盘车架上再设计一个能安装回转支承，需要设置抗扭功能极强的辅助车架才能满足起重作业的需要。

图6-15　汽车起重机

（一）汽车起重机的安全使用

起重机应在平坦坚实的地面上作业、行走和停放。在正常作业时，坡度不得大于3°

并应与沟渠、基坑保持安全距离;在公路或城市道路上行驶时应执行交通管理部门的有关规定。

1. 汽车起重机在作业前应对起重机进行的检查

(1)各安全保护装置和指示仪表应齐全。

(2)燃油、润滑油、液压油及冷却水应添加充足。

(3)钢丝绳及连接部位应符合规定。

(4)液压系统压力应正常。

(5)轮胎气压及各连接件应无松动。

(6)开动油泵前先使发动机低速运转一段时间。调节支腿,务必按规定顺序打好完全伸出的支腿,使起重机呈水平状态,调整机体使回转支承面的倾斜度在无载荷时不大于1/1 000(水准泡居中)。

2. 检查工作地点的地面条件

(1)工作地点地面必须具备能将起重机呈水平状态,并能充分承受作用于支腿的力矩条件。

(2)注意地基是否松软,如较松软,必须给支腿垫好能承载的木板或木块。

(3)支腿不应靠近地基挖方地段。

(4)应预先调查地下埋设物,在埋设物附近放置安全标牌,以引起注意。

3. 再次确认吊运参数

(1)确认所吊重物的重量和重心位置,以防超载。

(2)根据起重作业曲线,确定工作台半径和额定总起重量及调整臂杆长度和臂杆的角度,使之安全作业。

(3)应确认提升高度。根据起重机的机型,吊钩提升的高度都有具体规定。

(4)应预先估计绑绳套用钢丝绳的高度和起吊货物的高度所需的余量,否则不能把货物提升到所需的高度。应留出臂杆底面与吊货之间的空隙。

(二)汽车起重机起吊作业中的注意事项

起升(或下降)动作:严格按载荷表的规定,禁止超载,禁止超过额定力矩。在起重机作业中绝不能断开全自动超重防止装置(ACS 系统),禁止从臂杆前方或侧面拖曳载荷,禁止从驾驶室前方吊货。操纵中不准猛力推拉操纵杆,开始起升前,检查离合器杆必须处于断开位置上。自由降落作业只能在下降吊钩时或所吊载荷小于许用载荷的30%时使用,禁止在自由下落中紧急制动。当起吊载荷要悬挂停留较长时间时,应该锁住卷筒鼓轮。在下降货物时禁止锁住鼓轮。在起重作业时要注意鸣号警告。在起重作业范围内除信号员外其他人不得进入。两台起重机共同起吊一货物时,必须有专人统一指挥,两台起重机性能、速度应相同,各自分担的载荷值,应小于一台起重机的额定总起重量的80%;其重物的重量不得超过两机起重量总和的75%。

回转动作:不要紧急停转,以防吊物剧烈摆动发生危险;注意机上是否有人或后边有无障碍危险;不回转时将回转制动锁住。

起重臂伸缩臂杆动作:不得带载伸臂杆;伸缩臂杆时,应保持吊臂前滑轮组与吊钩之间有一定距离。起重外臂外伸时,吊钩应尽量低;主副臂杆全部伸出,臂角不得小于使用说明书规定的最小角度,否则整机将倾覆。

八、桥式、门式起重机

(一)桥式起重机

桥式起重机使用最为普遍,它架设在建筑物固定跨间支柱的轨道上,用于车间、仓库等处,在室内或露天做装卸和起重搬运工作。工厂内一般称其为“行车”或“天车”。桥式起重机见图 6-16。

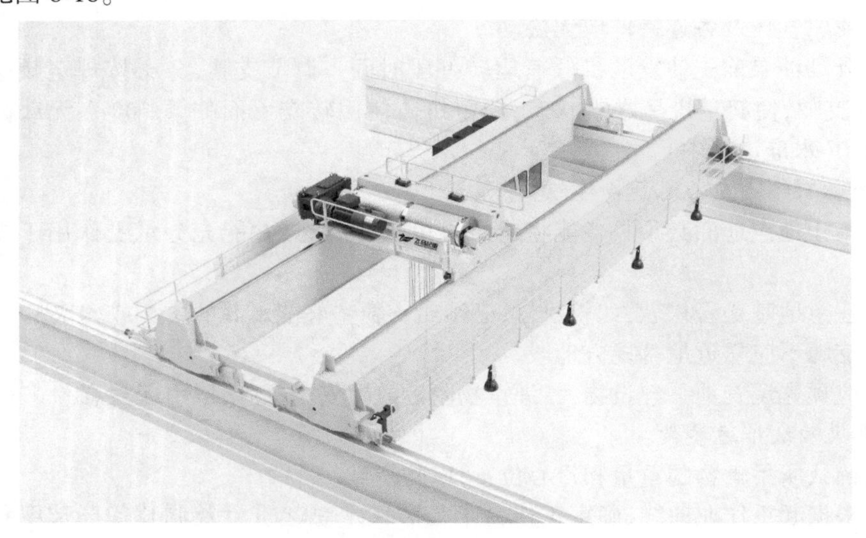

图 6-16　桥式起重机

(二)门式起重机

门式起重机是桥式起重机的一种变形,又叫龙门吊,如图 6-17 所示,主要用于室外的货场货、料场货、散货的装卸作业。它的金属结构像门形框架,承载主梁下安装两条支脚,可以直接在地面的轨道上行走,主梁两端可以具有外伸悬臂梁。

图 6-17　门式起重机

(三)桥式、门式起重机的安全使用

(1)每台起重机必须在明显的地方挂上额定起重量的标牌。

(2)工作中,桥架上不许有人或用吊钩运送人。

(3)起重机不允许超载使用。

(4)起重机在没有障碍物的线路上运行时,吊钩或吊具以及吊物底面,必须离地面 2 m 以上。越过障碍物时,须超过障碍物 0.5 m 高。

(5)吊运小于额定起重量 50%的物件,允许两个机构同时动作;吊运大于额定起重量 50%的物件,则只可以一个机构动作。

(6)具有主、副钩的桥式起重机,不要同时上升或下降主、副钩(特殊例外)。

(7)不允许用碰限位开关作为停车的办法。

(8)吊钩处于下极限位置时,卷筒上必须保留有两圈以上的安全绳圈。

(9)桥式起重机所有的电气设备外壳均应接地。如小车轨道不是焊接在主梁上,应采取焊接地线措施。接地线可用截面面积大于 75 mm^2 的锌扁铁或 10 mm^2 的裸铜线或大于 30 mm^2 的镀锌圆钢。司机室或起重机体的接地位置应多于两处。起重机上任何一点到电源中性点间的接地电阻,均应小于 4 Ω。

九、起重机械安拆作业安全管理

建筑施工机械是在建筑施工现场应用广泛的机械设备,机械设备伤害事故也是建筑行业多发事故的主要类型之一,特别是建筑起重机械违规作业和管理不当更易造成群死群伤的重大事故。

根据《特种设备安全监察条例》的规定:房屋建筑工地和市政工程工地用起重机械场(厂)内专用机动车辆的安装、使用的监督管理,由建设行政主管部门依照有关法律法规的规定执行。

根据《质检总局关于修订〈特种设备目录〉的公告》(2014 年第 114 号)的规定,施工现场使用的额定起重力矩大于或等于 40 t·m 的塔式起重机、施工升降机(物料提升机在国家标准中应参照人员可进入的货用施工升降机)为特种设备。在建筑起重机械的租赁、安装、拆卸和使用过程中,出租单位、安装单位、使用单位、总承包单位和监理单位应当进行相应的管理。对于以下几种类型的设备不得出租和使用:

(1)属国家明令淘汰或者禁止使用的。

(2)超过安全技术标准或者制造厂家规定的使用年限的。

(3)经检验达不到安全技术标准规定的。

(4)没有完整安全技术档案的。

(5)没有齐全有效的安全保护装置的。

出租单位应提供建筑起重机械特种设备制造许可证、产品合格证、备案证明和自检合格证明,提交安装使用说明书,并应当在签订的建筑起重机械租赁合同中,明确租赁双方的安全责任。出租单位应建立安全技术档案,档案中应包括以下内容:

(1)购销合同、制造许可证、产品合格证、安装使用说明书、备案证明等原始资料。

(2)定期检验报告、定期自行检查记录、定期维护保养记录、维修和技术改造记录、运行故障和生产安全事故记录、累计运转记录等运行资料。

(3)历次安装验收资料。

安装单位应当依法取得建设主管部门颁发的相应资质和建筑施工企业安全生产许可证,并在其资质许可范围内承揽建筑起重机械安装、拆卸工程。安装单位应当在安装工作前与建筑起重机械使用单位签订的建筑起重机械安装、拆卸合同中明确双方的安全生产责任,对于实行施工总承包的情况应与施工总承包单位签订建筑起重机械安装、拆卸工程安全协议书。安装单位应当履行如下安全职责:

(1)按照安全技术标准及建筑起重机械性能要求,编制建筑起重机械安装、拆卸工程专项施工方案,并由本单位技术负责人签字。

(2)按照安全技术标准及安装使用说明书等检查建筑起重机械及现场施工条件。

(3)组织安全施工技术交底并签字确认。

(4)制定建筑起重机械安装、拆卸工程生产安全事故应急救援预案。

(5)将建筑起重机械安装、拆卸工程专项施工方案,安装、拆卸人员名单,安装、拆卸时间等材料报施工总承包单位和监理单位审核后,告知工程所在地县级以上地方人民政府建设主管部门。

安装单位在安装过程中应当按照专项施工方案及安全操作规程组织安装、拆卸作业。专业技术人员、专职安全生产管理人员应当进行现场监督,技术负责人应当定期巡查。在安装完毕后应当按照安全技术标准及安装使用说明书的有关要求对建筑起重机械进行自检、调试和试运转。自检合格的,应当出具自检合格证明,并向使用单位进行安全使用说明。

安装单位应当建立建筑起重机械安装、拆卸工程档案,档案中应包含以下内容:

(1)安装、拆卸合同及安全协议书。

(2)安装、拆卸工程专项施工方案。

(3)安全施工技术交底的有关资料。

(4)安装工程验收资料。

(5)安装、拆卸工程生产安全事故应急救援预案。使用单位应当在安装完成后组织出租、安装、监理等有关单位进行验收,或者委托具有相应资质的检验检测机构进行验收。建筑起重机械经验收合格后方可投入使用,未经验收或者验收不合格的不得使用。自建筑起重机械安装验收合格之日起30日内,使用单位向工程所在地县级以上地方人民政府建设主管部门办理建筑起重机械使用登记。登记标志置于或者附着于该设备的显著位置。

使用单位在建筑起重机械使用过程中应当履行如下安全职责:

(1)根据不同施工阶段、周围环境以及季节、气候的变化,对建筑起重机械采取相应的安全防护措施。

(2)制定建筑起重机械生产安全事故应急救援预案。

(3)在建筑起重机械活动范围内设置明显的安全警示标志,对集中作业区做好安全防护。

(4)设置相应的设备管理机构或者配备专职的设备管理人员。

(5)指定专职设备管理人员、专职安全生产管理人员进行现场监督检查。

(6)建筑起重机械出现故障或者发生异常情况的,立即停止使用,消除故障和事故隐患后,方可重新投入使用。

施工总承包单位应当履行下列安全职责：

(1)向安装单位提供拟安装设备位置的基础施工资料，确保建筑起重机械进场安装、拆卸所需的施工条件。

(2)审核建筑起重机械的特种设备制造许可证、产品合格证、备案证明等文件。

(3)审核安装单位、使用单位的资质证书、安全生产许可证和特种作业人员的特种作业操作资格证书。

(4)审核安装单位制订的建筑起重机械安装、拆卸工程专项施工方案和生产安全事故应急救援预案。

(5)审核使用单位制订的建筑起重机械生产安全事故应急救援预案。

(6)指定专职安全生产管理人员监督检查建筑起重机械安装、拆卸、使用情况。

(7)施工现场有多台塔式起重机作业时，应当组织制订并实施防止塔式起重机相互碰撞的安全措施。对于依法发包给两个及两个以上施工单位的工程，不同施工单位在同一施工现场使用多台塔式起重机作业时，建设单位应当协调组织制订防止塔式起重机相互碰撞的安全措施。

监理单位应当履行下列安全职责：

(1)审核建筑起重机械特种设备制造许可证、产品合格证、备案证明等文件。

(2)审核建筑起重机械安装单位、使用单位的资质证书、安全生产许可证和特种作业人员的特种作业操作资格证书。

(3)审核建筑起重机械安装、拆卸工程专项施工方案。

(4)监督安装单位执行建筑起重机械安装、拆卸工程专项施工方案情况。

(5)监督检查建筑起重机械的使用情况。

(6)发现存在生产安全事故隐患的，应当要求安装单位、使用单位限期整改，对安装单位、使用单位拒不整改的，及时向建设单位报告。

建筑起重机械的相关特种作业人员(安装拆卸工、起重信号工、起重司机、司索工等)应当经建设主管部门考核合格，并取得特种作业操作资格证书后，方可上岗作业。特种作业人员的特种作业操作资格证书由国务院建设主管部门规定统一的样式。省、自治区、直辖市人民政府建设主管部门负责组织实施建筑施工企业特种作业人员的考核。

建设主管部门履行安全监督检查职责时，有权采取下列措施：

(1)要求被检查的单位提供有关建筑起重机械的文件和资料。

(2)进入被检查单位和被检查单位的施工现场进行检查。

(3)对检查中发现的建筑起重机械生产安全事故隐患，责令立即排除；重大生产安全事故隐患排除前或者排除过程中无法保证安全的，责令从危险区域撤出作业人员或者暂时停止施工。

知识链接

《起重机设计规范》(GB/T 3811—2008)

《起重机　钢丝绳　保养、维护、检验和报废》(GB/T 5972—2023)

《建筑施工塔式起重机安装、使用、拆卸安全技术规程》(JGJ 196—2010)

《塔式起重机设计规范》(GB/T 13752—2017)

《建筑施工升降机安装、使用、拆卸安全技术规程》(JGJ 215—2010)

第三节　土石方机械安全技术

土石方机械是指挖掘、铲运、推运或平整土壤和砂石等的机械,广泛用于建筑施工水利建设、道路构筑、机场修建、矿山开采、码头建造、农田改良等工程中。施工作业中要保障土石方机械正确、安全使用,充分发挥机械效能,确保安全生产。

一、土石方机械的分类

土石方机械可分为挖掘机械、铲土运输机械、平整作业机械、压实机械、水力土石方机械和凿岩、破岩机械等几类。

(1)挖掘机械。用于挖掘高于或低于承机面的物料(包括土壤、煤、泥沙及经过预松后的岩土和矿石等),并将其装入运输车辆或卸至堆料场,又分为单斗挖掘机和多斗挖掘机两类。

(2)铲土运输机械。用于铲运、推运或平整承机面的物料,主要靠牵引力工作,根据用途又分为推土机、铲运机、装载机、平地机和运土机等。另外,土方机械根据行走系统结构可分为轮胎式和履带式两种。土方机械一般由动力装置(大部分为柴油机)、传动装置、行走装置和工作装置等组成。除多斗挖掘机是连续作业外,其他土方机械都是周期性作业。施工中选用土方机械的主要依据是作业对象、作业要求和机器本身的特性等。另外,选用铲土运输机械还应考虑运料距离。如推土机沿地面推运物料时适于 30~60 m 的距离;自行式铲运机能自装、自运、自卸地面物料,适于 180~2 000 m 的长运距;单斗装载机与自卸汽车配套使用时,适于 300 m 以上的运距,平地机适于大面积场地的平整作业等。

(3)平整作业机械。利用刮刀平整场地或修整道路的土方机械。常用的有自动平地机。

(4)压实机械。利用静压、振动或夯击原理,密实地基土壤和道路铺砌层,使其密度增大、承载能力提高的土方机械,分羊足碾、光轮压路机、轮胎压路机、振动压路机、蛙式打夯机和内燃打夯机等。

(5)水力土石方机械。利用高速水射流冲击土壤或岩体,进行挖掘作业,然后将泥浆(或岩浆)输送到指定地点的土石方机械。常用的有水泵、水枪、吸泥泵等,能综合完成挖掘、输送、填筑等作业,利用刀形或斗形工作装置切削土壤,效率较高,但消耗水电量大,应用有局限性。

(6)凿岩、破岩机械。此类机械用于破碎岩层和石块,常用的有凿岩机和破碎机等机械。

二、常用土石方机械的安全技术要求

(一)一般技术要求

(1)机械操作人员必须经过安全技术培训,考试合格后,持证上岗。

(2)机械进入现场前,必须查明行驶路线上的桥梁、涵洞的通行高度和承载力。通过涵洞前必须注意限高,确认安全后低速通过。

码 6-3　文档:施工机械使用注意事项

(3)作业前依照安全技术措施检查施工现场,查明地上地下管线和构筑物的状况。

(4)机械设备在沟槽附近行驶时应低速,作业时必须避开管线和构筑物,并与沟槽保持安全距离。

(5)配合机械清底、修坡等人员,必须在机械回转半径以外作业;必须在机械回转半径范围内作业时,应停机后才可作业。

(6)机械作业时遇到下列情况时必须停止作业:作业区域土体不稳定,有坍塌可能;发生暴雨、雷电、水位暴涨;施工标记及防护设施被破坏和出现其他不能保证作业安全的情况。

(7)机械运转作业过程中,不得进行任何保养、紧固、润滑、检查等作业。

(二)机动翻斗车

机动翻斗车是一种方便灵活的水平运输机械,在建筑施工中常用于运输砂浆、混凝土熟料以及散装物料等,如图 6-18 所示。各地大都使用的是载重量 1 t 的翻斗车。该车采用前轴驱动,后轮转向,整车无拖挂装置。前桥与车架呈刚性连接,后桥用销轴与车架铰接,能绕销轴转动,确保在不平整的道路上正常行驶。

图 6-18　机动翻斗车

工作前应检查本机各部件无异常,再启动柴油机,并在启动前,将变速杆放于空挡位置,将油门踏板扳在慢车位置。冬季启动时,可将张紧轮脱开,减少摩擦便于启动;柴油机发动后,试车片刻,确信运转正常,无异常声响,待车跑起来后再换二挡、三挡,禁止三挡起步。

操作中司机必须精神集中,注意各种工作情况有无异常现象,如有机件过热、连接松动、作用失灵等故障,一经发现,应立即停车检修,不可“带病”勉强行驶。翻斗车内严禁乘人。

路面情况不良时必须低速挡行驶,避免剧烈加速和剧烈颠簸。由低速挡往高速挡变换时,应逐渐提高车速,避免将油门一下子踏到底的猛烈动作。在一般情况下,制动要平稳,尽量避免急剧刹车;换挡时应正确使用离合器,离合器开始接合时应缓慢,当完全接合后,应迅速把脚移开踏板,在行驶中不得使用半踏离合器的办法来降低车速。只有当翻斗车完全停止后,才可换入倒挡。

爬坡时如道路情况不良,应根据车速情况,事先换低速挡爬坡。下坡时,不宜调挡行驶,严禁脱挡高速滑行,避免紧急刹车,防止车子向前倾翻,禁止下25°以上的陡坡。

翻斗车停稳后,才能抬起锁紧机构手柄进行卸料,禁止在制动的同时翻斗卸料;在坑边缘倒料时,必须设置安全可靠的车挡方可进行施工。车辆离坑边10 m处必须减速行驶,到靠近车挡处倒料,防止车辆翻入坑内造成事故。黏结在斗子里的混凝土、灰浆,翻斗倒不出来时,应进行人工清除,禁止用车辆高速行驶、突然制动、惯性翻斗的办法来清除斗内残留物。

机动翻斗车上公路行驶或夜间工作,灯光一定要齐全。上公路行驶必须严格遵守交通规则。在夜间运行或在人多路段内行驶时,应降低车速。

下班前应认真清洗车辆。在冬季,停车后必须放尽发动机的冷却水,避免冻坏发动机。

(三)推土机

托运装卸车时,跳板必须搭设牢固稳妥,推土机开上、开下时必须低挡运行。装车就位停稳后要将发动机熄火,并将主离合器杆、制动器都放在操纵位置上,同时用三角木把履带塞牢,如长途运输还要用铁丝绑扎固定,以防在运输时移动。

在陡坡上纵向行驶时,不能拐死弯,否则会引起履带脱轨,甚至造成侧向倾翻。下坡时,不准切断主离合器滑行,否则推土机速度将不易控制,造成机件损坏或发生事故。在下陡坡时,应使用低速挡,将油门放在最小位置,慢速行驶。必要时,可将推土机调头下行,并将推土板接触地面,利用推土板和地面产生的阻力控制推土机速度。

高速行驶时,切勿急转弯,尤其在石子路上和黏土路上不能高速急转弯,否则会严重损坏行走装置,甚至使履带脱轨。推土机见图6-19。

(四)挖掘机

挖掘机工作时,应停置在平坦的地面上,并应刹住履带行走机构。挖掘机通道上不得堆放任何机具等障碍物。挖掘机工作范围内,禁止任何人停留。

挖掘机作业中,如发现地下电缆、管道或其他地下建筑物,应立刻停止工作,并立即通知有关单位处理。挖掘机在工作时,应等汽车司机将汽车制动停稳后方可向车厢回转倒土,回转时禁止铲斗从驾驶室上越过,卸土时铲斗应尽量放低,并注意不得撞击汽车任何部位。

在操作中,进铲不应过深,提斗不宜过猛。一次挖土高度不能高于4 m。正铲作业时,禁止任何人在悬空铲斗下面停留或工作。挖掘机停止工作时铲斗不得悬空吊着。司机的脚不得离开脚踏板。铲斗满载时,不得变换动臂的倾斜度。在挖掘工作过程中,应做到"四禁止":

(1)禁止铲斗未离开工作面时进行回转。

图 6-19　推土机

(2)禁止进行急剧的转动。

(3)禁止用铲斗的侧面刮平土堆。

(4)禁止用铲斗对工作面进行侧面冲击。

挖掘机动臂转动范围,应控制在 45°~60°,倾斜角控制在 30°~45°。挖掘机走行上坡时,履带主动轮应在后面,下坡时履带主动轮在前面,动臂在后面,大臂与履带平行。回转机构应该处于制动状态,铲斗离地面不得超过 1 m。上下坡不得超过 20°,下坡应低速,禁止变速滑行。

禁止将挖掘机布置在上下两个采掘段(面)内同时作业;在工作面转动时,应选取平整地面并排除通道内的障碍物;在松软地面移动时,须在行走装置下方垫方木。禁止在电线等高空架设物下作业,不准满载铲斗长时间滞留在空间。

挖掘机需在斜坡上停车时,铲斗必须降落到地面,所有操纵杆置于中位,停机制动,且应在履带或轮胎后部垫置楔块。挖掘机见图 6-20。

图 6-20　挖掘机

(五)装载机

发动机部分,按柴油机操作规程进行检查和准备。

机械在发动前,先将变速杆置于空挡位置,各操纵杆置于停车位置,铲斗操作杆置于浮动位置,然后再启动发动机。

作业前,应检查作业场地周围有无障碍物和危险品,并对施工场地进行平整,便于装载机和汽车的出入;装载机应先无负荷运转3~5 min,检查各部件是否完好,确认一切正常后,再开始装载作业。除驾驶室外,机上其他地方严禁载人。

装料时铲斗的装料角度不宜过大,以免增加装料阻力。装料时应低速进行,不得采用加大油门、高速将铲斗插入料堆的方式进行装料。驱动轮如有打滑现象,应微升铲斗,再装料。如某些料场打滑情况严重,应使用防滑链条。

在土质坚硬的情况下,不宜强行装料,应先用其他机械松动后,再用装载机装料。向车上卸料时,必须将铲斗提升到不会触及车厢挡板的高度,严防铲斗碰撞车厢。

向车上卸料时,不准将铲斗从汽车驾驶室顶上越过。装载机不能在坡度较大的场地上作业。

在装载作业中,应经常注意液力变矩器油温情况,当油温超过规定数值时,应停机降温后再继续作业。装载机一般应采用中速行驶。在平坦的路面上行驶时,可以短时间采用高速挡。在上坡及不平坦的道路上行驶应采用低速挡。下坡时,应采用制动减速,不可踩离合器踏板,以防切断动力发生溜车事故。

行驶中,在不妨碍通过性能的前提下,铲斗应尽可能降低高度。

装载机作业时,铲斗下边严禁站人。操作人员离开驾驶位置时,必须将铲斗落地。装载机应停放在平坦、安全、不妨碍交通的地方,并将铲斗落到地面。停机前,发动机应怠速运转5 min,切忌突然停车熄火。

装载机见图6-21。

图6-21 装载机

（六）铲运机

铲运机作业时，应先采用松土器翻松。铲运机作业区内应无树根、树桩、大的石块和过多的杂草等。

开动前，应使铲斗离开地面，机械周围应无障碍物。作业中，严禁任何人上下机械，传递物件，以及在铲斗内、拖把或机架上坐立。多台拖式铲运机联合作业时，各机之间前后距离不得小于 10 m（铲时不得小于 5 m），左右距离不得小于 2 m；多台自行式铲运机联合作业时，前后距离不得小于 20 m（铲土时不得小于 10 m），左右距离不得小于 2 m。行驶中，应遵守下坡让上坡、空载让重载、支线让干线的原则。

在狭窄地段运行时，未经前机同意，后机不得超越。两机交会或超越平行时应减速，两机间距不得小于 0.5 m。

铲运机上、下坡道时，应低速行驶，不得中途换挡，下坡时不得空挡滑行，行驶的横向坡度不得超过 6°，坡宽应大于机身 2 m 以上。

在新填筑的土堤上作业时，离堤坡边缘不得小于 1 m。需要在斜坡横向作业时，应先将斜坡挖填，使机身保持平衡。

在坡道上不得进行检修作业。在陡坡上严禁转弯、倒车或停车。在坡上熄火时，应将铲斗落地、制动牢靠后再行启动。下陡坡时，应将铲斗触地行驶，帮助制动。

拖式铲运机铲土时，铲土与机身应保持直线行驶。助铲时应有助铲装置，应正确掌握斗门开启的大小，不得切土过深。两机动作应协调配合，做到平稳接触，等速助铲。自行式铲运机铲土时，或利用推土机助铲时，应随时微调转向盘，铲运机应始终保持直线前进。不得在转弯情况下铲土。

在下陡坡铲土时，铲斗装满后，在铲斗后轮未到达缓坡地段前，不得将铲斗提离地面，应防止铲斗快速下滑冲击主机。沿沟边或填方边坡作业时，轮胎离路肩不得小于 0.7 m，并应放低铲斗，降速缓行。

拖式铲运机不得在大于 15°的横坡上行驶，也不得在横坡上铲土。下坡时，不得空挡滑行，应踩下制动踏板辅以内燃机制动，必要时可放下铲斗，以降低下滑速度。

在凹凸不平地段行驶转弯时，应放低铲斗，不得将铲斗提升到最高位置。转弯时，应采用较大回转半径低速转向，操纵转向盘不得过猛；当重载行驶或在弯道上、下坡时，应缓慢转向。

穿越泥泞或软地面时，铲运机应直线行驶，当一侧轮胎打滑时，可踏下差速器锁止踏板。当离开不良地面时，应停止使用差速器锁止踏板。不得在差速器锁止时转弯。拖拉陷车时，应有专人指挥，前后操作人员应协调，确认安全后，方可起步。

（七）平地机

启动平地机发动机时间不得超过 30 s，如果需要再次启动必须把钥匙回转到关闭位置，等待 2 min 后再启动。

在作业过程中如果有报警信号或者报警声音，必须停止工作，待修复排除问题后才能继续作业。

发动机启动后，各仪表读数必须在允许的范围内，发动机运转不得操作冷启动开关，否则会造成发动机严重损坏。驾驶平地机不得把脚放在离合器或者制动踏板上。起步、停车、转向必须使用离合器。

行驶过程中应该把刮刀提高,并保持平地机宽度,确保转向时前轮不碰撞刮刀。转向时,或者用轴驱动轮转向时,不得锁止差速器。可以使前轮倾斜以减少平地机转向半径,但是在高速的时候不能够使用,以防止出现急剧的反作用力。转向后应该把前轮定在垂直的位置。

在陡坡上作业时,不得使用铰接机架,以防止翻车,造成严重的人机伤害。在陡坡上来回作业的时候,刮刀伸出的方向应该始终朝向下坡方向。

平地机见图 6-22。

图 6-22　平地机

(八)压路机

压路机必须在前后、左右无障碍物和人员时才能启动,严禁闲杂人员在设备周围乘凉或休息。

轮胎压路机需将轮胎气压调整到规定的作业压力范围,全机各个轮胎气压一致。对松软的路基及傍山地段的初压,作业前必须勘查施工现场,确认安全后,压路机方可驶入作业。压路机靠近路堤边缘作业时,应根据路堤的高度,留有必要的安全距离。碾压傍山道路时,必须由里侧向外侧碾压。

两台以上压路机同时作业,其前后距离不得小于 3 m;在坡道上行驶时,其间距不得小于 20 m。

必须在规定的碾压路段外转向,不允许压路机在惯性滚动的状态下变换方向。严禁用换向离合器作制动用。

三轮压路机在正常情况下,禁止使用差速锁止装置,特别在转弯时严禁使用。

上坡时变速应在制动后进行。压路机在坡道上行驶禁止换挡,下坡时禁止脱挡滑行。

严禁用牵引法拖动压路机,不允许用压路机牵引其他机具。严禁在压路机没有熄火且下无支垫、三角木的情况下,进行机下检修。

压路机应停放在安全、平坦、坚实并对交通及施工作业无妨碍的地方。停放在坡道上时,前后轮应置垫三角木。

在进行路面作业时,压路机前后轮的刮板,应保持平整良好。碾轮洒水机刮泥人员应与操作手密切配合,必须跟在碾压轮行走的后方,要注意压路机转向。

压路机操作人员必须充分考虑到机械的视线死角，严禁存在盲目现象和侥幸心理驾驶机械。

压路机碾压路肩时，应注意安全，不得盲目直接贴边碾压；在雨雪等特殊条件下应充分考虑机械附着性能，防止机械滑溜。

压路机见图 6-23。

图 6-23　压路机

(九)凿岩机

凿岩前检查各部件(包括凿岩机、支架或凿岩台车)的完整性和转动情况，加注必要的润滑油，检查风路、水路是否畅通，各连接接头是否牢固。工作面附近进行敲帮问顶，即检查工作面附近顶板及二帮有无活石、松石，并作必要的处理。

工作面平整的炮眼位置，要事先捣平才许凿岩，防止打滑或炮眼移位。严禁打干眼，要坚持湿式凿岩，操作时先开水、后开风，停钻时先关风、后关水。开眼时先低速运转待钻进一定深度后再全速钻进。钻眼时扶钎人员不准戴手套。使用气腿钻眼时，要注意站立姿势和位置，绝不能靠身体加压，更不能站立在凿岩机前方钢钎杆下，以防断钎伤人。

凿岩中发现不正常声音，排粉出水不正常时，应停机检查，找出原因并消除后，才能继续钻进。退出凿岩机或更换钎杆时，凿岩机可慢速运转，切实注意凿岩机钢钎位置，避免钎杆自动脱落伤人，并及时关闭气路。使用气腿式凿岩机凿岩时，要把顶尖切实顶牢，防止顶尖打滑伤人。使用向上式凿岩机收缩支架时，须扶住钎杆，以防钎杆自动落下伤人。

凿岩台车见图 6-24。

(十)破碎机

破碎机作业人员必须遵守国家、公司及车间各项安全管理规章制度，充分履行本职岗位的各项安全工作。作业前应穿戴好完整的劳动防护用品，必须戴工作帽，发辫应罩在帽内，扣紧袖口，禁止将上衣敞开，禁止用绳、线绑扎衣、裤和袖口。

操作前必须对设备机械部分、电气部分及作业环境进行仔细检查：

(1)破碎机电机、皮带机皮带轮等是否完好，检查防尘罩与破碎机的间隙是否在安全范围内。

(2)清除破碎机机体及周围的物料，确保破碎机作业现场卫生。

(3)启动前，操作人员必须发出启动信号，所有人撤离破碎机后，方可启动。

图 6-24　凿岩台车

(4)应进行空车试运转,确认无问题后,方可正式启动破碎机进行作业。

(5)操作工在破碎机运行中,禁止脱离岗位,如需离开,必须停止运行。

(6)当破碎机发生故障时,必须停机处理,故障排除后,要由处理故障人员通知,别人才能开动破碎机;禁止单独一人处理故障,处理故障时必须有监护人。

(7)在破碎机运行中,严禁用手、木棍、竹片、铁铲及其他物件铲、刮、清理或用扫帚清扫。

(8)不准跨越运转中的破碎机,禁止任何人在破碎机上走或坐卧休息;禁止在破碎机上任意放机具、材料、物件。

(9)破碎机发生故障时,必须停机处理故障,并在破碎机启动位置挂上“有人检修,禁止启动”的警告牌,同时要有监护人监护。

(10)运行结束后,应进行信号联系,拉下电闸,切断电源,做好善后处理工作,方可离开。

第四节　中小型机械安全技术

中小型机械主要是指建筑工地上使用的混凝土搅拌机、砂浆搅拌机、卷扬机、机动翻斗车、蛙式打夯机、磨石机、混凝土振捣器等。这些机械设备数量多、分布广,常因使用维修保养不当而发生事故。

一、混凝土机械

码 6-4　文档:常见的中小型机械

(一)混凝土搅拌机

1. 混凝土搅拌机的类型

按混凝土搅拌方式分,混凝土搅拌机有自落式和强制式。

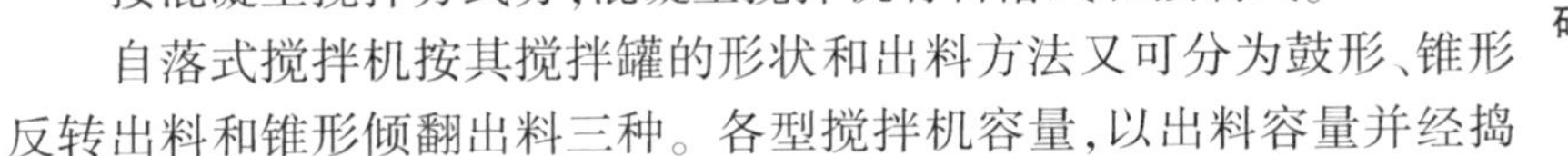

自落式搅拌机按其搅拌罐的形状和出料方法又可分为鼓形、锥形反转出料和锥形倾翻出料三种。各型搅拌机容量,以出料容量并经捣实后的每罐新鲜混凝土体积(m^3)作为额定容量(出料容量×1 000 确定,如 JG-750 型,表示出料容量为 0.75 m^3)。各型代号:J—搅拌机;G—鼓形;Z—锥形反转出料;E—锥形倾翻出料;Q—强制式;R—内燃式。

鼓形搅拌机的滚筒外形呈鼓形,靠 4 个托轮支承,保持水平,中心转动。滚筒后面进料,前面出料,是国内建筑施工中应用最广泛的一种。

自落式双锥反转出料搅拌机见图 6-25。

图 6-25　自落式双锥反转出料搅拌机

2. 混凝土搅拌机的使用

固定式的搅拌机要有可靠的基础,操作台面牢固,便于操作,操作人员应能看到各工作部位情况;移动式的搅拌机应在平坦坚实的地面上支架牢靠,不准以轮胎代替支撑,使用时间较长的(一般超过 3 个月的),应将轮胎卸下妥善保管。使用前要空车运转,检查各机构的离合器及制动装置情况,不得在运行中做注油保养。

作业中严禁将头或手伸进料斗内,也不得贴近机架察看,运转出料时,严禁用工具或手进入搅拌筒内扒动。运转中途不准停机也不得在满载时启动搅拌机。作业中发生故障时,应立即切断电源,将搅拌筒内的混凝土清理干净,然后再进行检修。检修过程中电源处应设专人监护(或挂牌)并拴牢上料斗的摇把,以防误动摇把,使料斗提升,发生挤伤事故。

作业后，要进行全面冲洗，筒内料出净，料斗降落到最低处坑内，若需升起放置，必须用链条将料斗扣牢。料斗升起扣牢后，坑内方准下人。

3. 混凝土搅拌机安全技术

(1)混凝土搅拌机安装必须平稳牢固，轮胎必须架空或卸下另行保管，并必须搭设防雨、防砸或保温的工作棚。操作地点保持整洁，棚外应挖设排除清洗机械废水的沉淀池。

(2)混凝土搅拌机的电源接线必须正确，必须要有可靠的保护接零(或保护接地)和漏电保护开关，布线和各部绝缘必须符合规定要求。

(3)操作司机必须是经过培训，并经考试合格，取得操作证者，严禁非司机操作。

(4)司机必须按清洁、紧固、润滑、调整、防腐的十字作业法，每次对搅拌机进行认真维护与保养。

(5)每次工作开始时，应认真检视各部件有无异常现象。开机前应检查离合器、制动器和各防护装置是否灵敏可靠，钢丝绳有无破损，轨道、滑轮是否良好，机身是否平衡，周围有无障碍，确认没有问题时，方能合闸试机。以 2~3 min 试运转，滚筒转动平衡，不跳动，不跑偏，运转正常，无异常声响后，再正式生产操作。

(6)机械开动后，司机必须思想集中，坚守岗位，不得擅离职守，并须随时注意机械的运转情况，若发现不正常现象或听到不正常的声响，必须将筒内的存料放出，停机进行检修。

(7)搅拌机在运转中，严禁修理和保养，并不准用工具伸到筒内扒料。

(8)上料不得超过规定，严禁超负荷使用。

(9)料斗提升时，严禁在料斗的下方工作或通行。料斗的基坑需要清理时，必须事先与司机联系，待料斗用安全挂钩挂牢固后方准进行。

(10)检修搅拌机时，必须切断电源，如需进入滚筒内检修，必须在电闸箱上挂有"有人工作，禁止合闸"的标示牌，并设专人看守，要绝对保证能够避免误送电源事故的发生。

(11)停止生产后，要及时将筒内外刷洗干净，严防混凝土黏结。工作结束后，将料斗提升到顶上位置，用安全挂钩挂牢。离开现场前，拉下电闸并锁好电闸箱。

(二)混凝土振捣器

(1)插入式振捣器电动机电源上应安装漏电保护装置，熔断器选配应符合要求，接零应安全可靠。电动机接零线不良者严禁开机使用。

(2)操作人员应掌握一般安全用电知识。操作振捣器作业时，应穿戴好胶鞋和绝缘橡皮手套。

(3)振捣器停止使用时，应立即关闭电动机；搬动振捣器时，应切断电源，以确保安全。不得用软管和电缆拖拉、扯动电动机。

(4)电缆线上不得有裸露之处，电缆线必须放置在干燥、明亮处；不允许在电缆线上堆放其他物品，也不允许车辆在其上面直接通过，更不允许用电缆线吊挂振捣器等物。

(5)振捣器作业时，软管弯曲半径不得小于 50 cm；软管不得有断裂。

(6)振捣器启振时，必须由操作人员掌握，不得将启振的振捣棒平放在钢板或水泥板等坚硬物上，以免撞坏发生危险。

(7)严禁用振捣棒撬拨钢筋和模板,或将振捣棒当大锤使用,操作时勿使振捣棒头夹到钢筋里或遇到其他硬物而受到损坏。

(8)作业后,振捣棒必须做好清洗、保养工作。振捣器要放在干燥处。

混凝土振捣见图6-26。

图6-26　混凝土振捣

二、砂浆搅拌机

砂浆搅拌机是根据强制搅拌的原理设计的,在搅拌时,拌筒一般固定不动,以筒内带条形拌叶的转轴来搅拌物料。其卸料方式有两种:一种是使拌筒倾翻,筒口朝下出料;另一种是拌筒不动,底部由出料口出料。后者出料虽方便,但有时因出料口处门关不严而漏浆,故一般多使用倾翻式出料。

砂浆搅拌机安全使用要点:

(1)砂浆搅拌机的传动皮带防护罩必须牢固可靠

(2)砂浆搅拌机进料口防护棚必须安全有效。

(3)砂浆搅拌机必须按规定设置开关箱。

(4)砂浆搅拌机应使用单向开关。

(5)砂浆搅拌机拌灰叶片不应松动和摩擦料筒。

(6)砂浆搅拌机电源线必须架空,绝缘良好。

(7)砂浆搅拌机外壳必须安装保护接地(零),接地电阻不大于4 Ω。

三、卷扬机

卷扬机在建筑施工中使用广泛,它可以单独使用,也可以作为其他起重机械的卷扬机构。其种类按动力分有手动、电动、蒸汽、内燃等；按卷筒数分有单筒、双筒、多筒；按速度分有快速、慢速。常用形式为电动单筒卷扬机和电动双筒卷扬机。卷扬机的标准传动形式是卷筒通过离合器而连接于原动机，其上配有制动器，原动机始终按同一方向转动。提升时，合上离合器；下降时，离合器打开，卷扬机卷筒由于载荷重力的作用而反转，重物下降，其转动速度用制动器控制。另一种卷扬机是由电动机、达轮减速机、卷筒、制动器等构成，载荷的提升和下降均为一种速度，由电机的正反转控制，电机正转时物料上升，反转时下降。

安全使用要点：

(1)安装位置视野良好，施工过程中不影响司机对操作范围内全过程的监视；地基坚固，防止卷扬机移动和倾覆；从卷筒到第一个导向滑轮的距离，按规定，带槽卷筒应大于卷筒宽度的15倍，无槽卷筒应大于20倍；搭设操作棚是给操作人员创造一个安全作业条件。

(2)卷扬机司机应经专业培训持证上岗。

(3)留在卷筒上的钢丝绳最少应保留3~5圈。

(4)钢丝绳要定期涂油并放在专用的槽道，以防碾压倾轧破坏钢丝绳的强度。

四、夯土机械

(一)夯土机械安全技术

(1)夯土机械的操作手柄必须采取绝缘措施。

(2)操作人员必须穿戴绝缘胶鞋和绝缘手套，两人操作，一人扶夯，一人负责整理电缆。

(3)夯土机械必须装设防溅型漏电保护器。其额定漏电动作电流小于15 mA，额定漏电动作时间小于0.1 s。

(4)夯土机械的负荷线应采用橡皮护套铜芯电缆。其电缆长度应小于50 m。

(5)多机作业时，其平行间距不得小于5 m，前后间距不得小于10 m。机前进方向和夯机四周1 m范围内，不得站立非操作人员。夯机连续作业时间不应过长，当电动机超过额定温升时，应停机降温。夯机发生故障时，应先切断电源，然后排除故障。作业后应切断电源，卷好电缆线，清除夯机上的泥土，并妥善保管。

(二)蛙式打夯机

蛙式打夯机是建筑施工中常见的小型压实机械，虽有不同形式，但构造基本相同，主要由机械结构和电气控制两部分组成，如图6-27所示。机械结构部分由拖盘、传动机构、前轴装置、夯头架、操纵手柄组成；电气控制部分包括电动机、开关控制及胶皮电缆。夯头架上的偏心块与皮带松紧度可以调整，因偏心块的旋转使蛙夯跳动、冲击、夯实土壤。

蛙式打夯机使用的安全要点：

(1)蛙式打夯机只适用于夯实灰土、素土地基以及场地平整工作，不能用于夯实坚硬或软硬不均相差较大的地面，更不得夯打混有碎石、碎砖的杂土。

(2)凡需搬运蛙式打夯机时，必须切断电源，不准带电搬运。

(3)蛙式打夯机操作必须有两个人，一人扶夯，一人提电线，操作人员应穿戴好绝缘

图 6-27　蛙式打夯机

用品。

(4)两台以上蛙式打夯机同时作业时,左右间距不小于 5 m,前后不小于 10 m。

(5)相互间的胶皮电缆不要缠绕交叉,并远离夯头。

(三)振动冲击夯

(1)振动冲击夯适用于黏性土、砂及砾石等散状物料的压实,不得在水泥路面和其他坚硬地面作业。

(2)振动冲击夯在接通电源启动后,应检查电动机旋转方向,有错误时应倒换相线。

(3)正常作业时,不得使劲往下压手把,影响夯机跳起高度。在较松的填料上作业或上坡时,可将手把稍向下压,并应能增加夯机前进速度。

(4)内燃冲击夯不宜在高速下连续作业。在内燃机高速运转时不得突然停车。

(5)电动冲击夯应装有漏电保护装置,操作人员必须戴绝缘手套,穿绝缘鞋。作业时,电缆线不应拉得过紧,应经常检查线头安装,不得松动及引起漏电。严禁冒雨作业。

(6)作业中,如冲击夯有异常响声,应立即停机检查。

(7)作业后,应清除夯板上的泥沙和附着物,保持夯机清洁,并妥善保管。

振动冲击夯见图 6-28。

五、砂轮锯安全要求

(1)工作前穿好紧身合适的防护服,不要穿过于肥大的外套。不许裸身,穿背心短裤、凉鞋等。

(2)操作者应佩戴防护手套和防击打的护目镜。

(3)工作地点要保持清洁,不准存放易燃易爆物品。

(4)为了防止砂轮破损时碎片伤人,砂轮锯必须装有防护罩,禁止用没有防护罩的砂轮锯进行操作。

(5)工作前必须认真检查各部位是否处于良好的安全状态。

(6)开始工作时,应用手调方式使砂轮片和工件之间留有适当间隙,砂轮片要慢慢向

图 6-28　振动冲击夯

工件给进，力量要小，用力要均匀，切不可有冲击现象，以防轮片崩裂。机器运转时操作者不能离开工作地点，发现运转不正常时，应立即停机，并把砂轮锯退出工作部位。

(7)不准切割装有易燃易爆物品的工件或各种密闭件。

(8)工作中，砂轮锯附近及正前方严禁站人。

(9)砂轮锯必须由专人操作，其他人员不得擅自使用。

(10)检修时，必须在停止工作、切断电源后方可进行。

(11)工作完毕后，要切断电源，清理现场，将切屑集中打扫至指定场所，以免切屑刺伤脚部。

砂轮锯切割作业如图 6-29 所示。

图 6-29　砂轮锯切割作业

第五节　吊篮安全技术

一、吊篮介绍

(一)吊篮的工作原理

吊篮是悬挂机构架设于建筑物或构筑物上,提升机通过钢丝绳驱动悬吊平台沿立面上下运行的一种非常设悬挂设备,如图 6-30 所示。吊篮由悬挂机构、悬吊平台(通常称为篮体)、提升机安全锁、钢丝绳、电气控制系统组成。

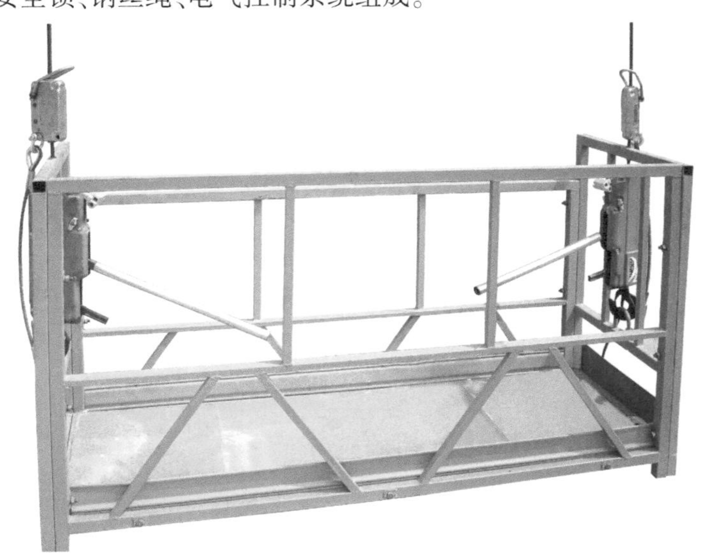

图 6-30　吊篮

(二)吊篮的分类

吊篮按驱动方式分为手动、气动和电动。吊篮型号由类、组、型代号,特性代号,主参数代号,悬吊平台结构层数和更新变型代号组成。

例如:额定载重量 500 kg,电动,单层爬升式高处作业吊篮的型号表示为 ZLP500。

(三)吊篮的工作环境

吊篮在下列环境下应能正常工作:

(1)环境温度-20~+40 ℃。

(2)环境相对湿度不大于 90%(25 ℃)。

(3)电源电压偏离额定值±5%。

(4)工作处阵风风速小于 8.3 m/s(相当于 5 级风力)。

(四)吊篮的安全装置

(1)安全锁是悬吊平台下滑速度达到锁绳速度或悬吊平台倾斜角度达到锁绳角度时能自动锁住安全钢丝绳,使悬吊平台停止下滑或倾斜的装置。安全锁在锁绳状态下应不能自动复位。有离心触发式安全锁和摆臂式防倾斜安全锁两种。离心触发式安全锁,悬吊平台运行速度达到安全锁锁绳速度时,即能自动锁住安全钢丝绳,使悬吊平台在 200 mm 范围内停住;摆臂式防倾斜安全锁,悬吊平台工作时纵向倾斜角度不大于 8°时,能自动锁住并停止运行。

(2)上行程限位装置。

(3)手动滑降装置。在断电时使悬吊平台平稳下降。

(4)安全钢丝绳。安全钢丝绳应独立设置并通过安全锁。

二、吊篮的安装

(一)吊篮的安装要求

吊篮在安装前应对安装位置的情况进行检查,应符合说明书中的要求,或满足下列建筑设计相关要求:

码 6-5 文档:使用吊篮需要注意的问题

(1)建筑物或构筑物支撑处应能承受吊篮的全部重量。

(2)建筑物在设计和建造时应便于吊篮安全安装和使用,并提供工作人员的安全出入通道。

(3)楼面上设置安全锚固环或安装吊篮用的预埋螺栓,其直径不应小于 16 mm。

(4)建筑物上应设置供吊篮使用的电源插座。

(5)应向吊篮使用者提供吊篮安装的有关资料。

(二)吊篮的安装流程

吊篮安装流程为:安装悬挂机构—组装悬吊平台—安装钢丝绳并调试。其中安装悬挂机构时,应注意下列问题:

(1)连接位置的螺栓或销轴应安装到位并拧紧。

(2)后支架配重的数量和重量应符合要求。

(3)加强绳应拉紧。

(4)前支架的上、下立柱应在一条直线上。

(三)吊篮的验收

吊篮安装结束后应进行验收,必须进行吊篮安全锁的锁绳试验和承载能力试验。

(四)吊篮在使用中应遵守的要求

吊篮在使用中应遵守如下要求:

(1)在正常工作状态下,吊篮悬挂机构的抗倾覆力矩与倾覆力矩的比值不得小于 2。

(2)对于篮体的悬挂点不在端部的吊篮,钢丝绳吊点距悬吊平台端部距离应不大于悬吊平台全长的 1/4,悬挂机构的抗倾覆力矩与额定载重量集中作用在悬吊平台外伸段中心引起的最大倾覆力矩之比不得小于 1.5。

(3)吊篮的每个吊点必须设置 2 根钢丝绳,安全钢丝绳必须装有安全锁或相同作用的独立安全装置。

(4)安全钢丝绳和工作钢丝绳均应在地面坠有重物。

(5)提升机出现漏油现象应立即停止使用。

事故案例分析

一、事故概况

在左消力池,驾驶员李某操作 8 t 汽车吊车从汽车上转运钢筋。由于钢丝绳捆扎钢筋的受力点不在中心点,钢筋吊起产生一头高一头低。李某怕钢筋在摆动中碰撞汽车扒腿,就叫信号指挥张某扶住钢筋一头低的位置。突然,吊车前倾,吊车臂杆钩同吊起的钢筋急速落地,而就在此时,在现场工作的实习技术员孙某低着头进入起吊区域,急剧下落的钢筋将其全身压住,抢救无效死亡。

二、事故原因

(一)直接原因

(1)孙某安全意识淡薄,不注意周围环境,盲目地进入起重作业危险区域。

(2)李某对起吊钢筋重量估计不足,吊臂在周转中倾角负荷不清,超重盲目起吊,致使吊车超重前倾。

(二)间接原因

安全教育和技术培训不够,人员安全素质较差。

(三)主要原因

非起重作业人员违章进入起重作业区,驾驶员违章盲目超重起吊。

三、预防措施

(1)做好对新入场职工安全生产知识的教育工作。

(2)起重作业人员必须经过严格的培训学习,取得操作证后才能上岗。

知识链接

《高处作业吊篮》(GB/T 19155—2017)

课后练习

请扫描二维码,做测试题。

码 6-6　第六章测试题

参 考 文 献

[1] 水利部建设管理与质量安全中心. 水利水电工程建设安全生产管理[M]. 北京:中国水利水电出版社,2018.
[2] 水利部安全监督司. 水利生产安全事故案例集[M]. 北京:中国水利水电出版社,2016.
[3] 刘学应,王建华. 水利工程施工安全生产管理[M]. 北京:中国水利水电出版社,2017.
[4] 温州市水利局,浙江水利水电学院. 水利水电工程安全文明施工标准化工地创建指导[M]. 北京:中国水利水电出版社,2016.
[5] 王东升,杨松森. 水利水电工程安全生产法律法规[M]. 北京:中国建筑工业出版社,2019.
[6] 王东升,徐培蓁. 水利水电工程施工安全生产技术[M]. 北京:中国建筑工业出版社,2019.
[7] 中国安全生产科学研究院. "全国中级注册安全工程师职业资格考试辅导教材"安全生产法律法规:2022 版[M]. 北京:应急管理出版社,2022.
[8] 中国安全生产科学研究院. "全国中级注册安全工程师职业资格考试辅导教材"安全生产管理:2022 版[M]. 北京:应急管理出版社,2022.
[9] 中国安全生产科学研究院. "全国中级注册安全工程师职业资格考试辅导教材"安全生产技术基础:2022 版[M]. 北京:应急管理出版社,2022.
[10] 张贵良. 建筑工程安全技术与管理[M]. 南京:南京大学出版社,2021.
[11] 郑惠忠. 新编施工临时用电[M]. 上海:同济大学出版社,2015.
[12] 刘世煌. 水利水电工程风险管控[M]. 北京:中国水利水电出版社,2018.
[13] 赵连平. 建筑工程安全管理[M]. 哈尔滨:哈尔滨工程大学出版社,2020.
[14] 王玉辉,张清海. 水利工程施工安全生产指导手册[M]. 北京:中国水利水电出版社,2021.
[15]《水利水电工程施工安全技术规程标准应用指南》编写组. 水利水电工程施工安全技术规程标准应用指南[M]. 北京:中国水利水电出版社,2009.
[16] 代洪伟. 建筑工程安全管理[M]. 北京:机械工业出版社,2020.
[17] 杨建华. 建筑工程安全管理[M]. 北京:机械工业出版社,2019.